循序學習 AutoCAD 2018

（附範例、動態教學光碟）

康鳳梅、許榮添、詹世良　編著

全華圖書股份有限公司

國家圖書館出版品預行編目資料

循序學習 AutoCAD 2018 / 康鳳梅、許榮添、詹世良
編著-- 初版. -- 新北市：全華圖書
2019.09
　面　；　公分
ISBN；978-986-503-186-2 (平裝附光碟片)
1.AutoCAD 2018(電腦程式)
312.49A97　　　　　　　　　　108015089

循序學習 AutoCAD 2018(附範例、動態教學光碟)

作者 / 康鳳梅、許榮添、詹世良

發行人 / 陳本源

執行編輯 / 楊智博

封面設計 / 蕭暄蓉

出版者 / 全華圖書股份有限公司

郵政帳號 / 0100836-1 號

印刷者 / 宏懋打字印刷股份有限公司

圖書編號 / 06420007

初版一刷 / 2019 年 12 月

定價 / 新台幣 650 元

ISBN / 978-986-503-186-2

全華圖書 / www.chwa.com.tw

全華網路書店 Open Tech / www.opentech.com.tw

若您對書籍內容、排版印刷有任何問題，歡迎來信指導 book@chwa.com.tw

臺北總公司(北區營業處)
地址：23671 新北市土城區忠義路 21 號
電話：(02) 2262-5666
傳真：(02) 6637-3695、6637-3696

中區營業處
地址：40256 臺中市南區樹義一巷 26 號
電話：(04) 2261-8485
傳真：(04) 3600-9806

南區營業處
地址：80769 高雄市三民區應安街 12 號
電話：(07) 381-1377
傳真：(07) 862-5562

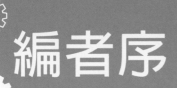

　　由於現代電腦的普及，使得許多工作都需應用電腦，對於製圖亦不例外。運用電腦配合繪圖軟體來從事製圖，稱為電腦輔助製圖(Computer Aided Drawing，簡稱CAD)。以電腦輔助製圖可用來取代傳統製圖中所用之萬能繪圖儀繪製水平、垂直、斜線及圓規畫圓等功能外，更可運用 CAD 中之平移、複製、鏡射、旋轉、放大、縮小、插入等功能融入機械製圖中，是製圖達到正確、快速、美觀與清晰之效用，尤其對於經常需要修改之圖形，有了電腦，更具效益。

　　當圖面佈局不錯，比例繪製錯誤需要更正時，使用電腦可以免去重畫的麻煩，因而電腦輔助製圖也出現蓬勃的發展，由於製圖的層面涵蓋太廣，本書將僅就平面設計與機械方面的應用略作論述，電腦輔助機械製圖(Computer Aided Mechanical Drawing簡稱 CAMD)是工程業界應用最廣的。使用 CAMD 需要具有良好製圖與識圖的能力，方能發揮其強大的功能；有了製圖與識圖的能力，配合操作 CAD 系統的能力，始能繪製正確完整的工作圖。有鑑於此，筆者等在課餘之時，以多年電腦輔助機械設計製圖之教學經驗，將其整合歸納，以循序學習方式來編寫。

　　本書共有八個單元，以 AutoCAD2018 繪製平面設計圖與機械工程圖，作有系統之敘述，每單元均有精選範例及綜合練習，所有圖例與練習皆附有圖檔，為有志於以AutoCAD2018 繪製設計圖之讀者，最適合之參考書。

　　本書雖經作者審慎研究編著而成，惟恐仍有疏漏之處，尚望各界不吝指正。

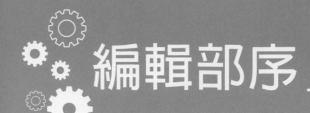

編輯部序

　　「系統編輯」是我們的編輯方針，我們所提供給您的，絕不只是一本書，而是關於這門學問的所有知識，它們由淺入深，循序漸進。

　　本書以新版本「AutoCAD 2018」繪圖軟體做為教學平面，內文以簡單易懂的步驟式文字敘述配合詳細的操作指令，使初學者能在短時間內了解繪圖的操作。

　　為配合現今產業界認證、徵才之趨勢，另附加技能檢定參考練習題目，以增加學習效益。本書適用於各科技大學、技術高中之機械相關科系「電腦輔助機械製圖」、「電腦輔助製造」課程使用或有採用「AutoCAD 2018」軟體的學校以及對此軟體有興趣者。

　　同時，為了使您能有系統且循序漸進研習相關方面的叢書，我們以流程圖方式，列出各有關圖書的閱讀順序，以減少您研習此門學問的摸索時間，並能對這門學問有完整的知識。若您在這方面有任何問題，歡迎來函連繫，我們將竭誠為您服務。

相關叢書介紹

書號：06409007
書名：Autodesk Inventor 2018
　　　特訓教材基礎篇
　　　(附範例及動態影音教學光碟)
編著：黃穎豐、陳明鈺
16K/576 頁/580 元

書號：06410007
書名：Autodesk Inventor 2018
　　　特訓教材－進階篇
　　　(附範例及動態影音教學光碟)
編著：黃穎豐、陳明鈺
16K/480 頁/550 元

書號：06294017
書名：SOLIDWORKS 2016 基礎範例
　　　應用(第二版)(附多媒體光碟)
編著：許中原
16K/592 頁/580 元

書號：06220007
書名：深入淺出零件設計 SolidWorks
　　　2012(附動態影音教學光碟)
編著：郭宏賓、江俊顯
　　　康有評、向韋愷
16K/608 頁/730 元

書號：06207007
書名：Creo Parametric 2.0 入門與實
　　　務－基礎篇(附範例光碟)
編著：王照明
16K/520 頁/480 元

書號：06208007
書名：Creo Parametric 2.0
　　　入門與實務－進階篇
　　　(附範例光碟)
編著：王照明
16K/600 頁/620 元

書號：06030007
書名：CATIA 3D 產品造形創新設計
　　　(附範例光碟片)
編著：林清福、李建樺
16K/472 頁/600 元

書號：05603017
書名：CATIA 電腦輔助三維元件
　　　設計(附範例光碟片)(修訂版)
編著：杜黎蓉 、林博正
16K/632 頁/580 元

書號：0519605
書名：ANSYS 入門(第六版)
編著：康　淵、陳信吉
16K/376 頁/420 元

◎上列書價若有變動，請以
最新定價為準。

流程圖

書號：0379901
書名：投影幾何學(修訂版)
編著：王照明

書號：05903067
書名：工程圖學－與電腦製圖
　　　之關聯(第七版)
　　　(附多媒體光碟)
編著：王輔春、楊永然、朱鳳傳
　　　康鳳梅、詹世良

書號：03407047
書名：圖學(第五版)
　　　(附範例光碟)
編著：王照明

書號：05968027
書名：電腦輔助機械製圖 AutoCAD
　　　適用 AutoCAD 2000～
　　　2012 版(附範例光碟)
編著：謝文欽、蕭國崇、江家宏

書號：06420007
書名：循序學習 AutoCAD 2018
　　　(附範例、動態教學光碟)
編著：康鳳梅、許榮添、詹世良

書號：06359007
書名：電腦輔助繪圖 AutoCAD
　　　2018(附範例光碟)
編著：王雪娥、陳進煌

書號：06411007
書名：高手系列－
　　　學 SOLIDWORKS 2018
　　　翻轉 3D 列印
　　　(附動態影音教學光碟)
編著：詹世良、張桂瑛

書號：0519605
書名：ANSYS 入門(第六版)
編著：康　淵、陳信吉

CHWA TECHNOLOGY

目錄

Chapter 6 尺度標註

Chapter 7 工作圖繪製

Chapter 8 3D 實體繪製

附錄

基本操作

1-1 軟體簡介

　　資訊爆炸的 e 世代，凡是有競爭力、有效率的事業體，都會善用電腦軟體，提昇工作效率。光是應用在電腦輔助機械製圖的軟體便有數以千百種計，市面上常見有 AutoCAD、TurboCAD、TwinCAD、Pro-Engineer、I-DEAS、Micro Station、Solid Works、Solid Edge、MegaCAD、CADKEY、MDT、GeniCAD、Unigraphics、HiCAD 等等，在效能與專業表現上各有所長，本教材因應目前產業界在機械加工方面的需求，經評估分析後，以目前產業界使用最多、高等使用介面與視窗系統完全相容、中文化操作介面又適合學習以及採開放式架構，使用者可就專業領域需求設計自己的模組，檔案交換格式種類眾多如 DXF、ACIS、Windows 中繼檔以及 3DS 檔等功能之軟體----AutoCAD 2018 做為編寫本教材之內容。

1-2 進入 AutoCAD 2018

　　安裝好軟體後只要在電腦桌面上點選雙擊 滑鼠左鍵，即可進入

AutoCAD 2018。如果桌面上未出現請由 Windows 系統左下角「開始」/「所有程式」/「Autodesk」/「 AutoCAD 2018 - 繁體中文 」 /「 AutoCAD 2018 - 繁體中文 」 點按即可起動軟體。

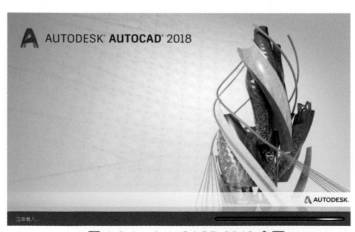

▲圖 1-2-1　AutoCACD 2018 介面

1-3 環境介紹

開啓軟體後，圖 1-3-1(a)是「開始」動作，可直接點取「啓動圖面」進入作圖。或是點取圖 1-3-1(b)「樣板 ▼」展開選項，選取「acadiso.dwt」公制單位樣板檔，若是使用英制單位選取「acad.dwt」英制樣板檔。

(a)　　　　　　　　　　　　　　　(b)

▲圖 1-3-1

新建後，在「快速存取工具列」右方「▼」點選工作區，進入「製圖與註解」之工作區畫面，如圖 1-3-2 所示。進入 AutoCAD 後，可以看到軟體操作介面視窗如下，包括「主要功能表列」、「快速存取工具列」、「功能區」、「繪製區中的游標」、「視埠控制」、「ViewCube 工具」、「UCS 圖示」，將依序介紹。

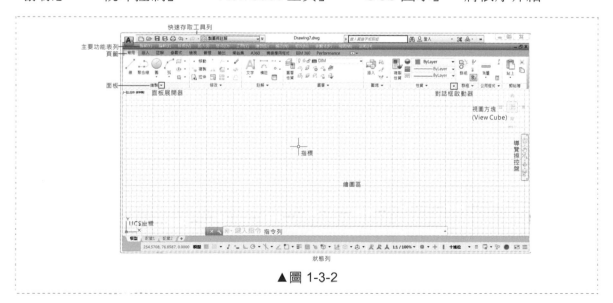

▲圖 1-3-2

1. 應用程式功能表：點選左
   上角「」即可快速「新
   建」、「開啓」、「儲存」、
   「另存」、「匯入」、「匯
   出」檔案等等，右上方空
   白處可輸入檔案快速搜
   尋。

2. 快速存取工具列：可以開
   新檔案、開舊檔案、儲
   存、列印即回復動作外。
   尤其「展示功能表列」包
   含檔案、編輯、檢視、插
   入等，「主要功能表列」
   就是舊版本的「下拉式功
   能表」，對於不熟習「頁
   籤」、「面板」介面的使
   用者，可以方便找到指
   令。

點選右下角之「工作區切換」點選「製圖與註解」、「3D
基礎」、「3D 塑型」等工作區換操作介面。

3. 功能區：功能區是由多個「面板」組成(黃色區域)，這些面板依工作性質被分類
   爲各種「頁籤」(紅色區域)，例如「常用」、「插入」、「註解」等。功能區面
   板中提供的許多工具和控制項在其他工具列和對話方塊中是相同的。「常用」
   標籤包含的面板有「繪製」、「修改」、「圖層」、「註解」、「圖塊」等。

點選面板「繪製▼」將會出現其他有關繪製之工具列圖標，點選左下角圖
釘即可釘住展開之面板。

面板展開器

釘住面板

　　以「標註▼」面板為例，若右邊有「↘」符號，點選將開啟標註型式管理員對話框，讓使用者設定參數。

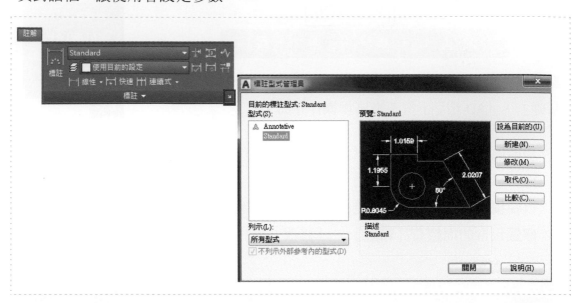

　　以滑鼠左鍵按住將「修改▼」面板拖離功能區頁籤，拖曳到繪圖區上，則該面板會浮動在任何放置。滑鼠靠近面板，點選右上角「▣」符號可將面板返回至功能區。

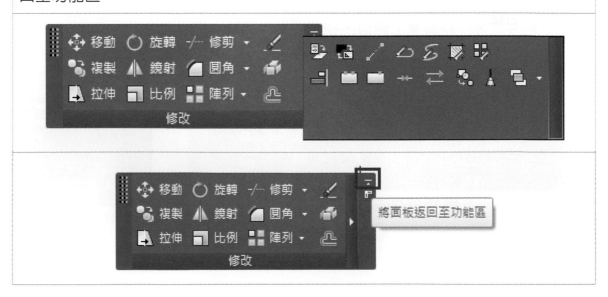

4. 繪製區中的游標：

　　AutoCAD 的指向設備一般是指滑鼠與數位板，作為點選指令圖像、定位、選取物件等工作。滑鼠品牌眾多，一般為兩鍵式與三鍵式滑鼠，新型三鍵式滑鼠中間有滾輪最為常用，如下圖左所示為有線滾輪滑鼠，下圖右為無線滾輪滑鼠(摘錄自羅技科技公司)。

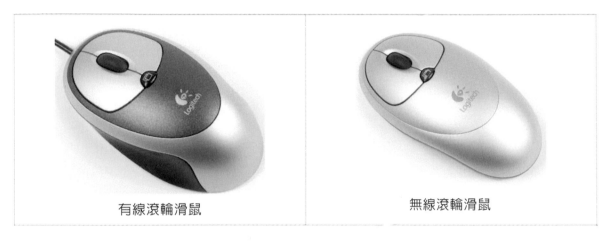

有線滾輪滑鼠　　　　　　　　　　　　　無線滾輪滑鼠

各鍵功能敘述如下：

(1) 左鍵：點選鍵，可以點選功能表之指令，或工具列之圖像，直接點選物件或框選物件。

(2) 右鍵：滑鼠指標在不同區域時會有不同的功用，例如在「繪圖區」時，按右鍵與按 Enter 相同，會完成結束指令動作或重複上一個指令。在「工具列」處點選右鍵將會出現工具列所有功能選項之選單，最常用是配合 Shift 鍵＋右鍵，將出現「物件鎖點」功能表選單。

(3) 中間滾輪：按住滾輪移動滑鼠可以平移視景，快按滾輪「二下」則可將視景縮放到到圖面的實際範圍。滾輪向前滾動可將視景拉近放大，滾輪向後滾動則視景拉遠縮小。

　　　　滾輪滑鼠的按鈕之間有一個小輪子。左、右按鈕的作用模式與標準滑鼠的按鈕相同。您可以根據離散值來旋轉這個輪子。您可以使用此輪子在圖面中縮放與平移，而不必使用任何 AutoCAD 指令。依預設，縮放係數設定為 10%；輪子旋轉時的每個增量將以 10%變更縮放等級。系統變數 ZOOMFACTOR 控制增量變更，不論是向前或向後。該值愈大，則變化愈大。

　　　　下表列示了 AutoCAD 支援的滾輪滑鼠動作。

若要...	請執行...
縮放拉近或拉遠	向前旋轉滾輪則拉近，向後則拉遠
縮放至圖面實際範圍	在滾輪按鈕上按兩下
平移	按住滾輪按鈕，並拖曳滑鼠
平移(操縱桿)	按住 Ctrl 與滾輪按鈕，並拖曳滑鼠
顯示「物件鎖點」功能表	系統變數 MBUTTONPAN 設定為 0 時，按一下滾輪按鈕

　　　　如果滑鼠之功能有異時，因廠牌之不同請參閱其說明書設定安裝。在繪製區中，游標的外觀會依使用者進行的作業而有所不同，介紹如下：

「┼」如果系統提示指定點的位置，游標則會顯示為十字游標。

「□」如果系統提示選取一個物件，游標則會變更為稱為點選框的小方塊。

「┼」當不在指令中，游標則顯示為十字游標與點選框游標的組合。

「Ｉ」如果系統提示輸入文字，游標則會顯示為垂直列。

　　　　由應用程式功能表，點選左上角「▲▾」，在右下角「選項」或在繪圖區空白處按滑鼠「右鍵」，最下方「選項」即可出現選項對話框，設定滑鼠點選框大小，建議點選框大小設定與掣點大小同，繪圖時更可快速點選，以利作圖時效。

「選項」/「檔案」，自動儲存檔案的位置，可以追蹤因為自動儲存的檔案位置，***.ac\$為AutoCAD 的暫存檔，將其附檔名改為***.dwg 即可開啟圖檔。

「選項」/「顯示」，點選「顏色」，從對話框中可以改變介面環境之顏色。

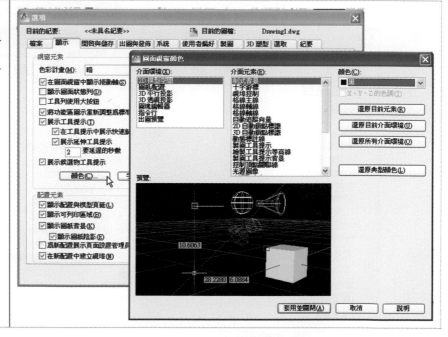

「選項」/「開啟與儲存」，可以在「檔案儲存」設定另存為不同版本的檔案，在「檔案安全防護」設定自動儲存時間，內訂為10分鐘。

5. 視埠控制：

　　視埠控制會顯示在每個視埠左上角，提供便利的方式來變更視圖、視覺型式和其他設定。[-] [上] [2D 線架構]分述如下：

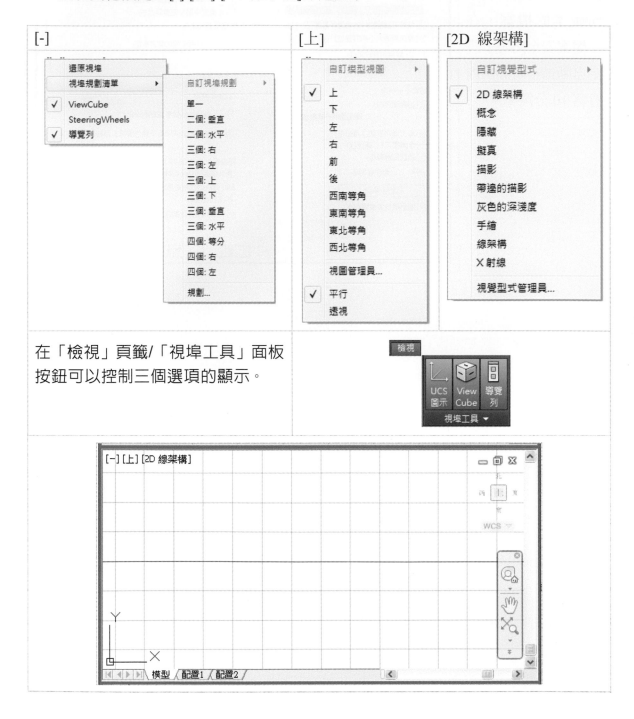

[-]	[上]	[2D 線架構]
還原視埠 視埠規劃清單　▶　　自訂視埠規劃　▶ 　　　　　　　　　　單一 ✓ ViewCube　　　　　二個: 垂直 　SteeringWheels　　二個: 水平 ✓ 導覽列　　　　　　三個: 右 　　　　　　　　　　三個: 左 　　　　　　　　　　三個: 上 　　　　　　　　　　三個: 下 　　　　　　　　　　三個: 垂直 　　　　　　　　　　三個: 水平 　　　　　　　　　　四個: 等分 　　　　　　　　　　四個: 右 　　　　　　　　　　四個: 左 　　　　　　　　　　規劃...	自訂模型視圖　　▶ ✓ 上 　下 　左 　右 　前 　後 　西南等角 　東南等角 　東北等角 　西北等角 　視圖管理員... ✓ 平行 　透視	自訂視覺型式　　▶ ✓ 2D 線架構 　概念 　隱藏 　擬真 　描影 　帶邊的描影 　灰色的深淺度 　手繪 　線架構 　X 射線 　視覺型式管理員...
在「檢視」頁籤/「視埠工具」面板按鈕可以控制三個選項的顯示。	檢視 UCS 圖示　View Cube　導覽列 視埠工具 ▼	

6. ViewCube 工具：

ViewCube 是一個方便的工具，可控制 3D 視圖的方向，按「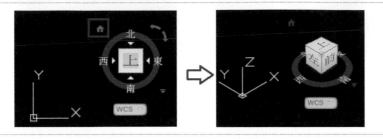」可以呈現 3D 立體視埠，按「上」可以回復 2D 平面圖視埠。將在進階篇 3D 作圖詳述。

7. UCS 圖示：

繪圖區中顯示一個代表矩形座標系統 XY 軸的圖示，稱為「使用者座標系統」或 UCS。

可以選取、移動並旋轉 UCS 圖示以變更目前的 UCS。UCS 在 2D 中十分有用，而在 3D 中則不可或缺。

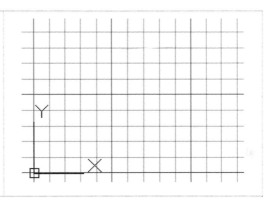

8. 其他工具列：

(1) 主要功能表列：可顯示在繪製區的頂部。依預設在「製圖與註解」和「3D 塑型」工作區中是關閉功能表列。

| 檔案(F) | 編輯(E) | 檢視(V) | 插入(I) | 格式(O) | 工具(T) | 繪製(D) | 標註(N) | 修改(M) | 參數式(P) | 視窗(W) | 說明(H) |

(2) 工具列：工具列中包含啟動指令的按鈕。當將滑鼠或指向設備移到工具列按鈕上時，工具提示將顯示按鈕名稱。按鈕右下角有一個黑色的小三角形標記，表示包含相關指令的圖示列工具列。

(3) 狀態列：應用程式狀態列會顯示游標的座標值、繪製工具、以及用於快速檢視和註解比例調整的工具。可以將繪製工具按鈕做為圖示或文字檢視。也可以從這些繪製工具的快顯功能表輕鬆變更鎖點、極座標、物件鎖點和物件追蹤的設定。

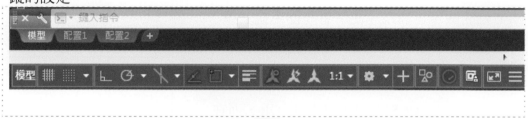

應用程式狀態列圖示，右邊按「」可以自訂狀態列內容。

(4) 指令行視窗：指令視窗中顯示指令、系統變數、選項、訊息以及提示等。所有操作過程需要輸入指令縮寫、選項等以呼應圖面操作。

指令：
指令：

指令：

重點整理：「製圖與註解」與「AutoCAD 主要功能表列」最常用指令位置對照。

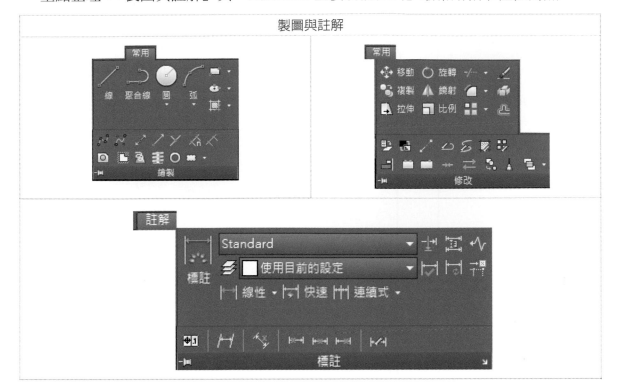

AutoCAD 主要功能表列

繪製(D)

- 塑型(M) ▶
- 線(L)
- 射線(R)
- 建構線(T)
- 複線(U)
- 聚合線(P)
- 3D 聚合線(3)
- 多邊形(Y)
- 矩形(G)
- 螺旋線(I)
- 弧(A) ▶
- 圓(C) ▶
- 環(D)
- 雲形線(S) ▶
- 橢圓(E) ▶
- 圖塊(K) ▶
- 表格...
- 點(O) ▶
- 填充線(H)...
- 漸層...
- 邊界(B)...
- 面域(N)
- 遮蔽(W)
- 修訂雲形(V)
- 文字(X) ▶

標註(N)

- 快速標註(Q)
- 線性(L)
- 對齊式(G)
- 弧長(H)
- 座標式(O)
- 半徑(R)
- 轉折(J)
- 直徑(D)
- 角度(A)
- 基線式(B)
- 連續式(C)
- 標註空間(P)
- 標註切斷(K)
- 多重引線(E)
- 公差(T)...
- 中心標記(M)
- 檢驗(I)
- 轉折線性(J)
- 傾斜(Q)
- 對齊文字(X) ▶
- 標註型式(S)...
- 取代(V)
- 更新(U)
- 重新關聯標註(N)

修改(M)

- 性質(P)
- 複製性質(M)
- 變更為依圖層(B)
- 物件(O) ▶
- 截取(C) ▶
- 可註解物件比例(O) ▶
- 刪除(E)
- 複製(Y)
- 鏡射(I)
- 偏移(S)
- 陣列 ▶
- 刪除重複的物件
- 移動(V)
- 旋轉(R)
- 比例(L)
- 拉伸(H)
- 調整長度(G)
- 修剪(T)
- 延伸(D)
- 切斷(K)
- 接合(J)
- 倒角(C)
- 圓角(F)
- 混成曲線
- 3D 作業(3) ▶
- 實體編輯(N) ▶
- 曲面編輯(F) ▶
- 網面編輯(M) ▶
- 點雲編輯(U) ▶

1-4 快速入門

正式進入圖形繪製，最重要的繪製與編輯修改，在「常用」頁籤下的「繪製」與「修改」面板是最常用且互相搭配應用的，圖 1-4-1 是兩個面板展開所示的指令。

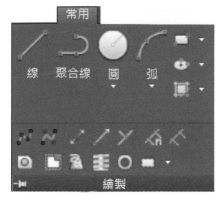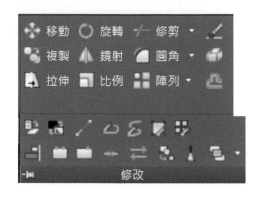

▲圖 1-4-1

學習 AutoCD 軟體操作技能，主要是應用在產品設計製圖，一開始從基本的圖形練習逐步熟悉，而進階到可獨立專案設計製圖。因此，很殷重的期許讀者，要從兩個方面著手學習。

1. 在抄繪別人所設計的圖例時，是看著圖面尺度去繪製，但是不同的尺度標註有著不同的製造程序，繪製過程也因此不同。

2. 如果這圖形是自行設計的，應該思維圖形的結構合理性，甚至考慮在製造時的關連性。

本書所舉範例，會有不同的繪製模式讓讀者思考。

1-4-1 線(Line)

▼表 1-4-1　線指令表

指令	Line(精簡指令 L)	常用頁籤/繪製面板	

動態輸入「 」打開。每輸入完座標按 Enter 。

指令：_line

指定第一點：50,150 輸入第 1 點座標 50,150

指定下一點或 [退回(U)]：@25,0 畫到第 2 點

指定下一點或 [退回(U)]：@0,-10 畫到第 3 點

指定下一點或 [封閉(C)/退回(U)]：@30<30 畫到第 4 點

指定下一點或 [封閉(C)/退回(U)]：@30<150 畫到第 5 點

指定下一點或 [封閉(C)/退回(U)]：@0,-10 畫到第 6 點

指定下一點或 [封閉(C)/退回(U)]：@-25,0 畫到第 7 點

指定下一點或 [封閉(C)/退回(U)]：C 封閉 Close 到第 1 點

因為題目在箭頭尖端是標註長度與角度，適用於相對極座標模式，角度的輸入逆時針方向是「+角度」，順時針方向是「-角度」。

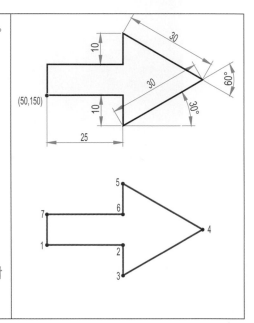

動態輸入「 」打開。每輸入完座標按 Enter 。

指令：_line

指定第一點：50,50 輸入第 1 點座標 50,50

指定下一點或 [退回(U)]：@25,0 畫到第 2 點

指定下一點或 [退回(U)]：@0,-10 畫到第 3 點

指定下一點或 [封閉(C)/退回(U)]：@30,15 畫到第 4 點

指定下一點或 [封閉(C)/退回(U)]：@-30,15 畫到第 5 點

指定下一點或 [封閉(C)/退回(U)]：@0,-10 畫到第 6 點

指定下一點或 [封閉(C)/退回(U)]：@-25,0 畫到第 7 點

指定下一點或 [封閉(C)/退回(U)]：C 封閉 Close 到第 1 點

直線「 」繪製水平線或是垂直線時打開「F8」正交模式，往水平或是垂直方向移動，直接輸入「距離」按 Enter 即可完成水平線或是垂直線之繪製。

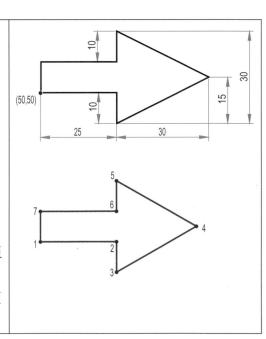

1-4-2 圓(Circle)

▼表 1-4-2 圓指令表

指令	Circle	精簡指令	C
常用頁籤/繪製面板		主要功能列	繪製/圓

「 中心點、半徑」指令：_circle 指定圓的中心點或 [三點(3P)/兩點(2P)/相切、相切、半徑(T)]：<u>指定中心點 P1</u> 指定圓的半徑或 [直徑(D)]：10 <u>輸入半徑值 10</u>	
「 中心點、直徑」指令：_circle 指定圓的中心點或 [三點(3P)/兩點(2P)/相切、相切、半徑(T)]：<u>指定中心點 P2</u> 指定圓的半徑或 [直徑(D)]：d 指定圓的直徑：20 <u>輸入直徑值 20</u>	

　　為了讓讀者快速進入操作 AutoCAD 這套設計功能強大的軟體，體會設計製圖的樂趣，將以一個簡單的圖例，說明操作過程。

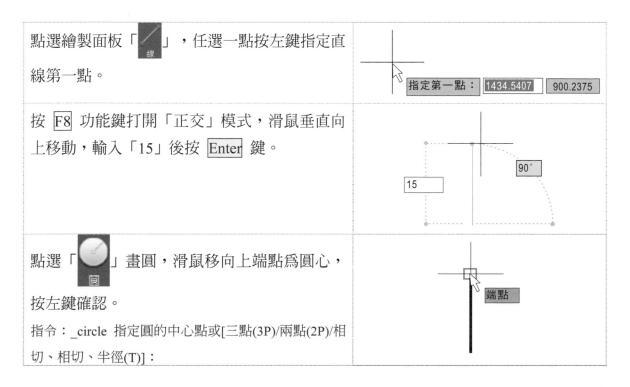

點選繪製面板「線」，任選一點按左鍵指定直線第一點。	
按 F8 功能鍵打開「正交」模式，滑鼠垂直向上移動，輸入「15」後按 Enter 鍵。	
點選「圓」畫圓，滑鼠移向上端點為圓心，按左鍵確認。 指令：_circle 指定圓的中心點或[三點(3P)/兩點(2P)/相切、相切、半徑(T)]：	

輸入半徑值「5」，按 Enter 鍵。 指令：_circle 指定圓的中心點或 [三點(3P)/兩點(2P)/ 相切、相切、半徑(T)]：指定圓的半徑或[直徑(D)] <1.9368>： 5 Enter	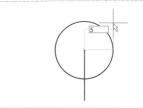
點選修改面板「 修剪」指令，滑鼠從左上角 P1 點框選至 P2 點，完全框選圖形後，按 Enter 鍵。 指令：_trim 目前的設定：投影=UCS 邊=無 選擇修剪邊... 選取物件或 <全選>： 指定對角點： 找到 2 個 選取物件：Enter	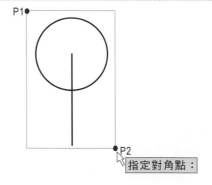
點選圓內直線，修剪完成。 選取要修剪的物件，或按住 Shift 並選取要延伸的物 件，或[籬選(F)/框選(C)/投影(P)/邊(E)/刪除(R)/退回 (U)]：	
點選修改面板之「 鏡射」指令。 框選物件後，找到 2 個物件後按 Enter 鍵。以 直線下方端點為鏡射起點，往右拉。F8 正交模 式要打開。 指令：_mirror 選取物件：指定對角點：找到 2 個 選取物件：Enter 指定鏡射線的第一點：點端點 指定鏡射線的第二點：水平向右點任一點 是否刪除來源物件？[是(Y)/否(N)] <N>： Enter	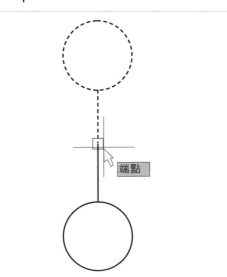

解析

　　點選「繪製」面板下之「線」與「圓」繪製圖形，再以「修改」面板下之「修剪」與「環形陣列」編輯圖形。

　　繪製指令有：線、射線、建構線、複線、聚合線、多邊形、矩形、螺旋線、弧、圓、環、雲形線、橢圓、圖塊、表格、點、漸層等。

　　修改指令有：刪除、複製、鏡射、偏移、陣列、移動、旋轉、比例、拉伸、調整長度、修剪、延伸、切斷、接合、倒角、圓角等。經由「繪製」與「修改」即可以編輯各種圖形。

　　在「檢視」頁籤下之「工具選項板」，開啟後可以展開「修改」、「繪製」、「引線」、「表格」、「填充線」、「結構」、「土木」、「配電」等指令。

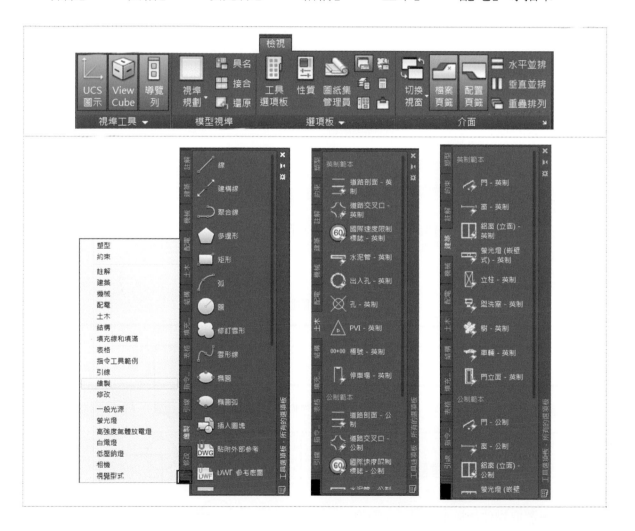

繪製過程相關說明與選項輸入皆在「指令列視窗」內呈現，尤其對於選取物件後，要按 Enter 鍵表示已經選取物件完成。

選取物件：指定對角點：找到 2 個
選取物件：Enter

圖形的線條是多元的為了編輯方便，所以需要設定線型與圖層工程圖面除了圖形外，尺度標註更是重要的元素，相關設定需要在各種對話框中設定，將依序介紹於後。

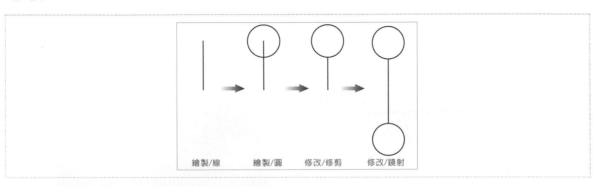

繪製/線　　　繪製/圓　　　修改/修剪　　　修改/鏡射

1-5　刪除(ERASE)

在繪圖過程中有畫錯或不需要之物件，選取後均可用「刪除」指令刪除之。選取方法於下一節介紹。

刪除(Erase)

▼表 1-5-1　刪除指令表

指令	Erase	精簡指令	E
頁籤功能區		主要功能列	修改/刪除

圖面中刪除所選的物件的指令，選取物件後按鍵盤 Delete 鍵一樣有刪除功能。

指令：_erase
選取物件：找到 1 個　**點選藍色圓**
選取物件：Enter　**刪除藍色圓**
可以重複選取物件後按 Enter 一次刪除。

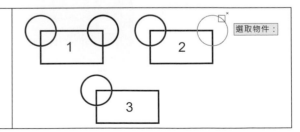

1-6 選取物件的方法

繪圖時，常需要選取一個或多個物件來進行編輯，AutoCAD 在指令行視窗出現「選取物件」時，有各種不同的選取模式。

選取物件的方式有哪些選項呢？輸入指令：SELECT 按 Enter 後輸入「？」即有多個選項，以下即以刪除指令，作選取物件的介紹。

```
指令：SELECT
選取物件：？
應有一個點或窗選(W)/前次(L)/框選(C)/方塊(BOX)/全部(ALL)/籬選(F)/多邊形窗選(WP)/多邊形框選(CP)/群組(G)/加入(A)/移除(R)/多重(M)/前一個(P)/退回(U)/自動(AU)/單一(SI)/子物件(SU)/物件(O)
```

一、直接點選

```
指令：ERASE
選取物件：找到 1 個　點取一線
選取物件：Enter
```

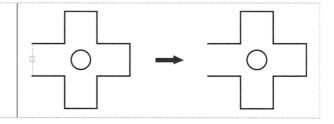

二、全部選取(ALL)

```
指令：ERASE
選取物件：ALL　輸入選項 ALL
找到 12 個
選取物件：Enter
```

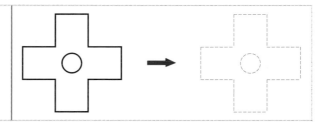

三、框選(CROSSING, C)

　　選取時，若滑鼠沒選到物件，系統會自動切換為「框選」或「窗選」模式，並提示你請「指定對角點」，移動滑鼠「由右向左上或左下」拉出選取框圍住選取物件，此時選取框會呈現「虛線」，即為「框選」，框選選取物件，只要物件被選到部分即是被選取。如移動滑鼠「由左向右上或右下」拉出之選取框則會呈現「實線」的窗選，「窗選」選取物件，完全被框選起來的物件才有作用。但「框選」除以滑鼠「由右向左」選取外，如在選取物件提示下鍵入「C」，則滑鼠不論從「右向左」或「左向右」均為框選，但如鍵入窗選「W」，則選取框永為實線框。

⚙方法一 — 右下往左上

指令：ERASE

選取物件：從點 1 到點 2 跨選

指定對角點：找到 9 個

選取物件：Enter

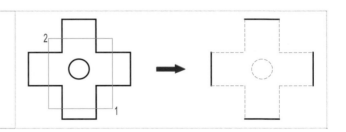

⚙方法二 — 左上往右下

指令：ERASE

選取物件：從點 1 到點 2 框選

指定對角點：找到 1 個

選取物件：Enter

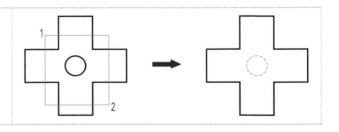

四、窗選(WINDOW, W)

✿方法一 — 右下往左上

指令：ERASE

選取物件：W　輸入選項 W

指定第一角點：點取第 1 點

指定對角點：找到 1 個點取第 2 點

選取物件：Enter

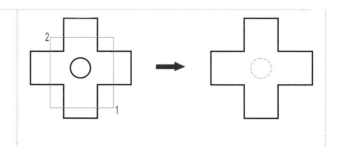

✿方法二 — 左上往右下

指令：ERASE

選取物件：W　輸入選項 W

指定第一角點：點取第 1 點

指定對角點：找到 1 個點取第 2 點

選取物件：Enter

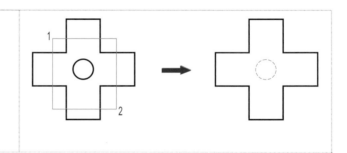

✿方法三 — 完全窗選，才算選取

指令：_erase

選取物件：W　輸入選項 W

指定第一角點：點取第 1 點

指定對角點：找到 5 個點取第 2 點

選取物件：Enter

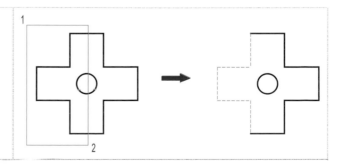

五、多邊形框選(CROSSING POLYGON, CP)

多邊形並不指正多邊形，只要是封閉的多邊形即可。

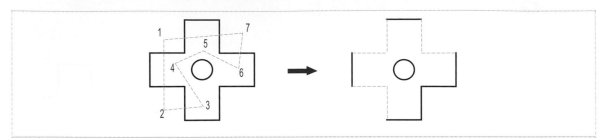

指令：ERASE

選取物件：CP　輸入選項 CP

多邊形第一點：點取點 1

指定直線端點或 [退回(U)]：點取點 2

指定直線端點或 [退回(U)]：點取點 3

指定直線端點或 [退回(U)]：點取點 4

指定直線端點或 [退回(U)]：點取點 5

指定直線端點或 [退回(U)]：點取點 6

指定直線端點或 [退回(U)]：點取點 7

指定直線端點或 [退回(U)]： Enter 找到 6 個

六、多邊形窗選(WINDOW POLYGON,WP)

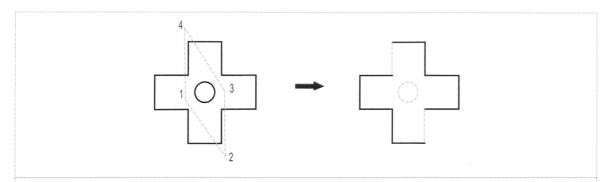

指令：ERASE

選取物件：WP　輸入選項 WP

多邊形第一點：點取點 1

指定直線端點或 [退回(U)]：點取點 2

指定直線端點或 [退回(U)]：點取點 3

指定直線端點或 [退回(U)]：點取點 4

指定直線端點或 [退回(U)]： Enter　找到 3 個

七、籬選(FENCES, F)

　　一條選取全部通過物件的線稱為「籬線」，使用籬線可選取在複雜圖面中不相鄰的物件，使選取的動作變得更簡單。

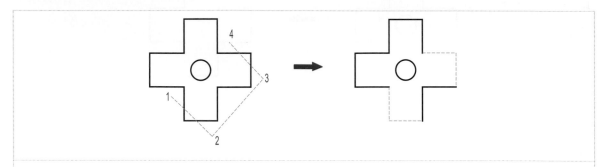

指令：ERASE

選取物件：F　輸入選項 F

第一籬選點：點取點 1

指定直線端點或 [退回(U)]：點取點 2

指定直線端點或 [退回(U)]：點取點 3

指定直線端點或 [退回(U)]：點取點 4

指定直線端點或 [退回(U)]： Enter

找到 4 個

八、移除或加入(REMOVE or ADD)

當選取整組物件後，想要「移除」該組中特定的物件，即可鍵入「R」移除，該特定物件即可不被選取，同樣選取後，回過頭來要「加入」一物件，可鍵入「A」即可再被選取。AutoCAD2018 亦提供按下 Shift 鍵即可在選取中「移除」或「加入」一個物件。

指令：ERASE

選取物件：All

找到 13 個

選取物件：按住 Shift 點選 1

找到 1 個，1 已移除，共 12

選取物件：按住 Shift 點選 2

找到 1 個，1 已移除，共 11

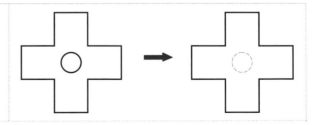

九、最後完成之物件(LAST, L)

註：此圖形圓圈為最後完成之物件

指令：ERASE

選取物件：L 輸入選項 L

找到 1 個

十、過濾器篩選(FILTER)

在指令提示下，輸入「FILTER」，即可顯示「物件選取過濾器」交談框，在「選取過濾器」選擇欲過濾之物件性質後，選擇「新增列示」，再按「套用」即可。

例如在「選取過濾器」下，選取「圓」再選擇「新增列示」，清單中將新增「物件＝圓」，選擇「套用」即可過濾選取之物件。

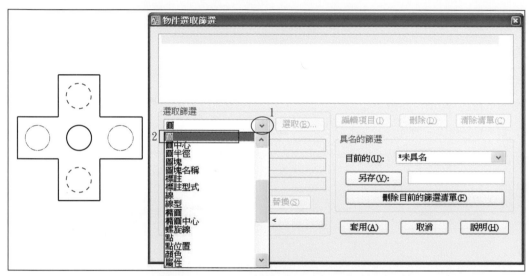

如下圖圓形物件將被過濾出來。

指令：FILTER

將過濾器套用至選取。

選取物件：滑鼠點選 1 到 2 點

指定對角點：找到 5 個

選取物件：Enter

結束過濾的選取。

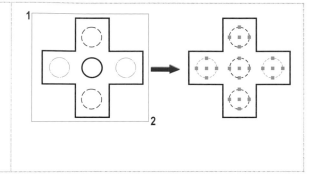

同時加入多種「選取過濾器」性質，過濾物件。從「選取過濾器」中再點取「顏色」，從「選取」中，點選顏色後按「確定」，再按「新增列示」。

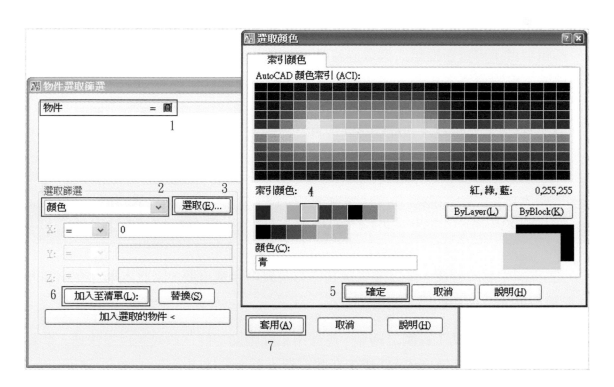

則過濾器之過濾條件為「物件＝圓」、「顏色＝4-青藍」點取如下圖欲過濾之物件，則過濾出綠色之圓。

指令：FILTER
對選項套用過濾器
選取物件：滑鼠點選 1 到 2 點
指定對角點：找到 2 個
選取物件：Enter
結束過濾的選取。

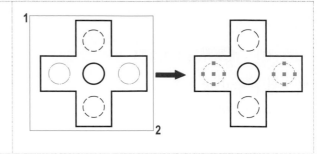

對話框中選項補充說明：

1. 加入選取的物件：可以從圖面中點取物件，將其屬性增加至過濾器中。
2. 另存新檔：在旁邊空白處輸入檔名，可以將所欲過濾之性質命名存檔，下次使用時可在「具名的過濾器」中選取使用。
3. 編輯項目：可重新編輯「選取過濾器」中項目之設定。
4. 刪除：刪除過濾器中某一過濾器設定。
5. 清除列示：清除過濾器中所列示之所有項目。

此一指令大都用在一張圖中，同性質之物件散佈在圖之各處，欲選取時方使用之。

1-7　功能鍵與狀態列(FUNCTION KEY & STATUS BAR)

工程圖中點的位置，線以及兩線關係的繪製均非常重要，因此本單元介紹圓形圖形繪製前先介紹功能鍵及狀態列。

利用電腦輔助工程圖之繪製，應善用相關輔助功能之設定，以達快速、準確之作圖，相關之設定 AutoCAD 集中在狀態列，以下分述之。

1-7-1　鎖點模式

電腦繪圖與使用製圖儀器手工繪製的最大不同，是所有的長度、大小都要準確無誤，接觸點都要到位，所以在最後標註尺度時，才可由電腦自動呈現正確的尺度。

　　所以一個線段就有「端點」、「中點」，一個圓就有「中心點」、「四分點」，兩條線會有「交點」、「互垂點」，圓弧間有「相切點」，物件間有「最近點」等。這些都是讓圖形準確到位的輔助工具。

在狀態列「　▼」按滑鼠右鍵出現右方所有鎖點模式，其中「端點」、「交點」、「最近點」已被常駐為鎖點模式，點選「設定」出現對話框。

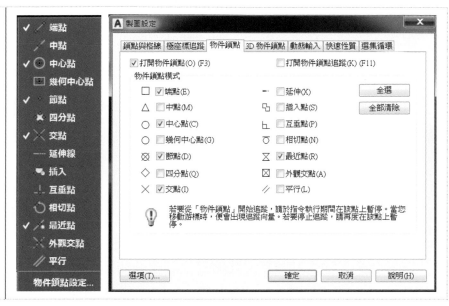

　　此三個常駐鎖點模式是製圖過程中使用頻率最高的，繪圖過程中如果要使用一次「中點」鎖點模式，按住 Shift 鍵按滑鼠右鍵即可出現即時鎖點模式，繪製後即回到常駐三個鎖點模式。

以「　／　」依序從 1、2、
　　　　線
3 點繪製直線，按 Enter 二次後，按 Shift 加右鍵選「中點」點 4 位置，往點 5 以最近點按左鍵。

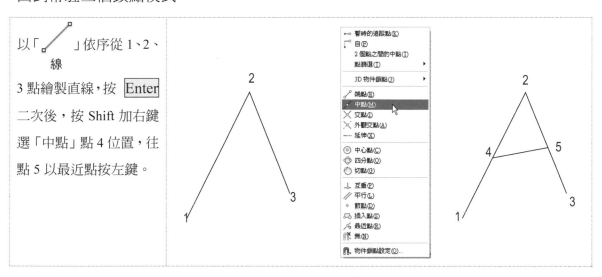

AutoCAD 之物件鎖點為使能更有效率地使用，它還有感官的輔助設定，含有：

1. 標記：在物件鎖點位置上顯示符號，此符號即指出其鎖點類型如交談框內所示端點顯示「□」，中心點「○」等。

2. 類型提示：指出游標下方顯示類型鎖點。

3. 磁鐵：當游標接近該點時，即將其鎖在鎖點上。

4. 鎖點框：圍住游標，並定義一個區域，一般選擇不顯示。

　　這些標記框的大小、顏色等均可在基本操作單元「環境設定」繪圖項內設定之。繪製工程圖時常駐式之模式較常選用端點、交點、中心點與最近點。

　　若要設定使用單次式之物件鎖點，其方法有：

1. 將標準工具列中之「物件鎖點」圖示列打開在該鎖點類型小圖標上點選。

2. 按住 Shift 並在繪圖區內按一下右鍵後，選取一小圖標。

3. 在指令列上輸入其縮寫，其縮寫及其圖像如下：

▼表 1-7-1　物件鎖點指令縮寫表

物件鎖點	工具列圖像	指令	描述	圖示
端點	╱	END	鎖點到物件(如線或弧)之端點	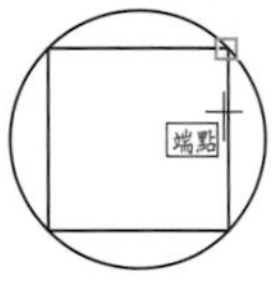
中點	╱	MID	鎖點到物件(如線或弧)之中點	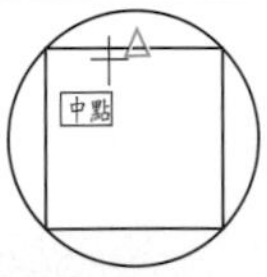
中心點	◎	CEN	鎖點到圓、橢圓或弧之中心點，游標需移動到圓、弧上	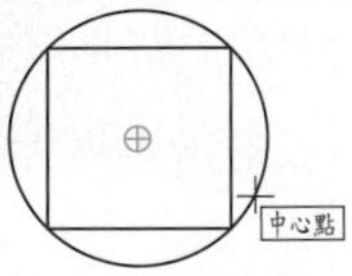
四分點	◇	QUA	鎖點到物件(如圓或弧)上 0、90、180、270 度之四分點	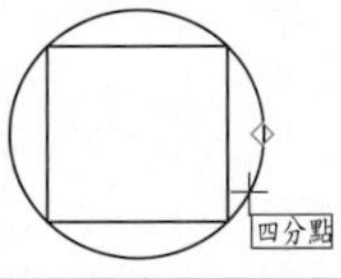

▼表 1-7-1 物件鎖點指令縮寫表(續)

物件鎖點	工具列圖像	指令	描述	圖示
交點	✕	INT	鎖點到物件(如線或弧)之相交點	交點
垂直點	⊥	PER	鎖點到與物件(如線)互相垂直之點	垂直點
相切點	⟲	TAN	鎖點到與物件(如線或弧)相切之點	延遲相切點
最近點	⁄	NEA	鎖點到物件(如線或弧)最近之一點	最近點

1-7-2 極座標追蹤(POLAR TRACKING)

在狀態列「極座標追蹤 ◯ ▾」按右鍵「追蹤設定」出現製圖設定對話框。

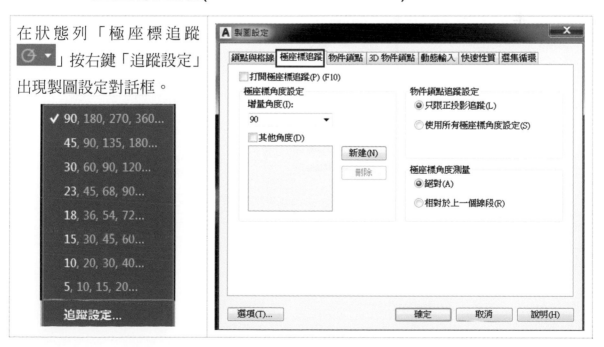

打開極座標追蹤 F10，增量角度「90」，點取「只限正交追蹤」，在 0°、90°、180°、270°時畫線可得到輔助極座標標示。

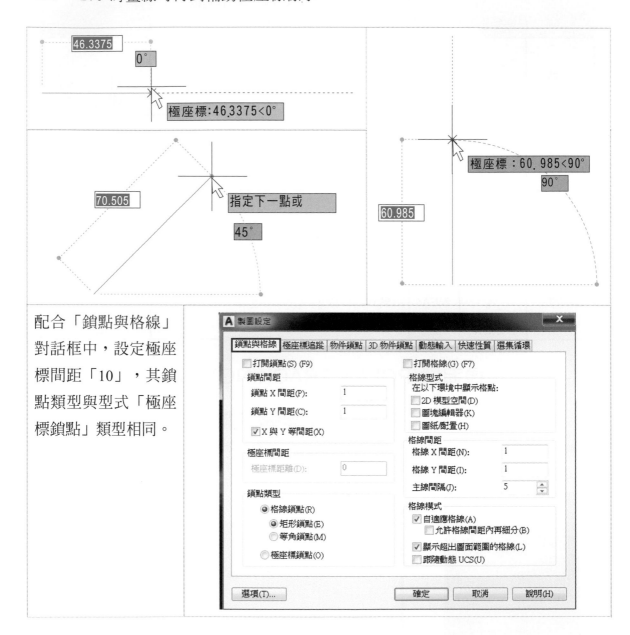

配合「鎖點與格線」對話框中，設定極座標間距「10」，其鎖點類型與型式「極座標鎖點」類型相同。

若「極座標追蹤」對話框中，增量角度「30」。
可自動定位 10 的倍數長度與 30° 倍數角度。

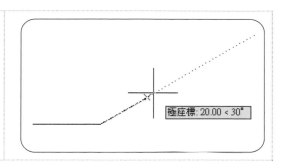

1. 延伸與交點(P1-7-1.dwg)

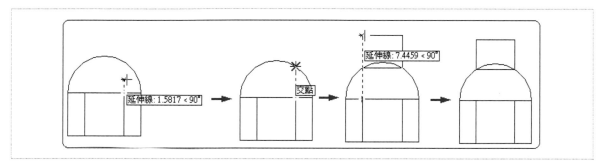

2. 平行(P1-7-2.dwg)

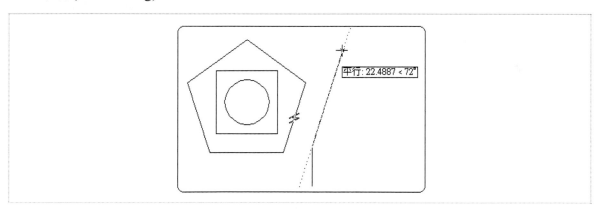

1-7-3 物件追蹤(OBJECT SNAP TRACKING, F11)

作圖時靠近參考點時,會出現鎖點框與輔助線,追蹤與物件之關係。適當的物件追蹤可以協助作圖,看設定過多角度,將會造成定位參考點太多之困擾。

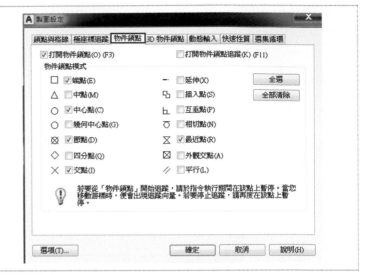

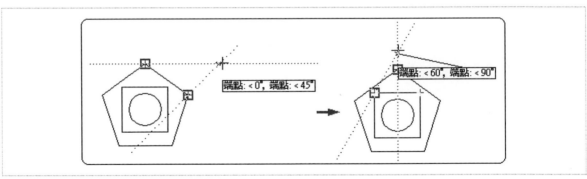

1-8 螢幕控制方式

▼表 1-8-1　ZOOM 指令表

指令	ZOOM		精簡指令	Z
下拉式功能表	檢視/縮放			
指令列	指令: Z ZOOM 指定視窗角點,輸入比例係數(nX 或 nXP),或[全部(A)/中心點(C)/動態(D)/實際範圍(E)/前次(P)/比例(S)/視窗(W)/物件(O)] <即時>:			

AutoCAD 在 R14 版後，在標準工具列上增加小圖標，使用上非常方便，此些指令執行結束後，可按 ESC 或 Enter 結束，亦可按滑鼠右鍵，會顯示「結束」或其他指令繼續執行。

▼表 1-8-2 縮放比

圖標	簡稱	說明
實際範圍	實際範圍	顯示所有圖形之作圖範圍。
窗選	窗選(W)	顯示局部窗選放大之圖形。
前次	前次(P)	回復到上一視窗所顯示之畫面。
即時	即時	按滑鼠左鍵，向上為放大畫面，向下為縮小畫面。
全部	全部(A)	顯示繪圖區域全部圖形。
動態	動態(D)	動態縮放視窗圖形與設定位置。
比例	比例(S)	依據所設定之比例值縮放視窗。
中心點	中心點(C)	顯示設定中心點。
物件	物件	在視圖中心縮放顯示一個或多個所選物件
拉近	拉近	游標帶有(+)，按住視窗中點鈕，垂直移到視窗頂端，會拉近 100%
拉遠	拉遠	游標帶有(−)，按住視窗中點鈕，垂直移到視窗底端，會拉遠 100%。

圖紙範圍為(420,297)A3 規格，在視窗所顯示之縮放功能，圖形(齒輪)之中心點位置 P 座標為(50,50)，縮放功能介紹如下：(P1-8-1.dwg)

1. 全部(All,A)：顯示設定繪圖區域之全部圖形，P 點位置為(50,50)。

指令：z Enter

ZOOM 指定視窗角點，輸入比例係數(nX 或 nXP)，或[全部(A)/中心點(C)/動態(D)/實際範圍(E)/前次(P)/比例(S)/視窗(W)/物件(O)] <即時>：

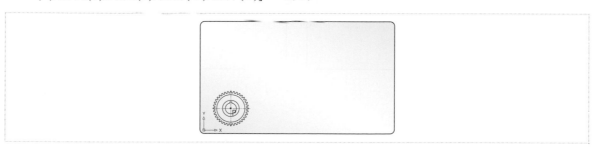

2. 中心點(Center,C)：可將指定之點，成為顯示視窗之中心點位置，如下圖 P 點。

   指令：'_zoom

   指定視窗角點，輸入比例係數(nX 或 nXP)，或[全部(A)/中心點(C)/動態(D)/實際範圍(E)/前次(P)/比例(S)/視窗(W)/物件(O)] <即時>： _C

   指定中心點：選取參考點位置 P

   輸入倍率或高度   <300.2818>： Enter

   註：可以輸入高度值(例如 100)，得到高度 100 時，圖形在視窗中心點之位置，此時圖形會較大。

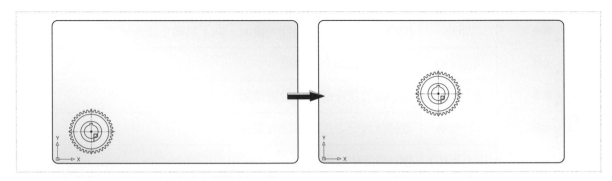

3. 動態(Dynamic,D)：使用滑鼠調整預覽黑框大小與位置後按 Enter 即可調整至所需之視窗位置。

   指令：'_zoom

   指定視窗角點，輸入比例係數(nX 或 nXP)，或

   [全部(A)/中心點(C)/動態(D)/實際範圍(E)/前次(P)/比例(S)/視窗(W)/物件(O)] <即時>： _d

   點選滑鼠左鍵作視窗框之大小與位置後，按 Enter

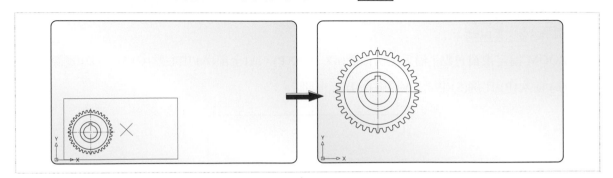

4.　實際範圍(Extents, E)：顯示最大作圖之範圍。

指令：'_zoom

指定視窗角點，輸入比例係數(nX 或 nXP)，或

[全部(A)/中心點(C)/動態(D)/實際範圍(E)/前次(P)/比例(S)/視窗(W)/物件(O)] <即時>：　_e

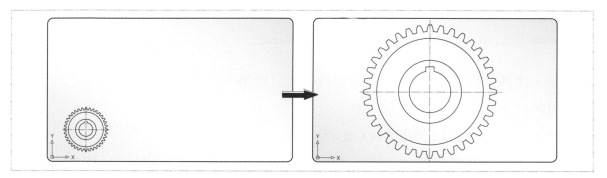

5.　比例(Scale, S)：依據設定之比例值縮放視窗，下圖為目前視窗大小。

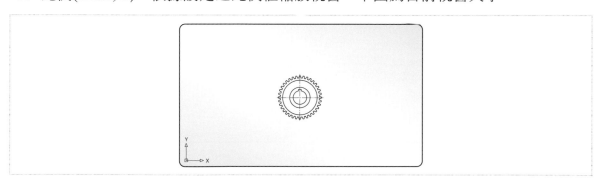

輸入比例係數為 2，以圖紙範圍大小為縮放之標準依據。

指令：'_zoom

指定窗選角點，輸入比例係數(nX 或 nXP)，或[全部(A)/中心點(C)/動態(D)/實際範圍(E)/前

次(P)/比例(S)/視窗(W)/物件(O)] <即時>：　_s

輸入比例係數　(nX 或 nXP)：　2　　輸入係數為 2

再次執行比例係數為 2，圖形不會再改變大小。

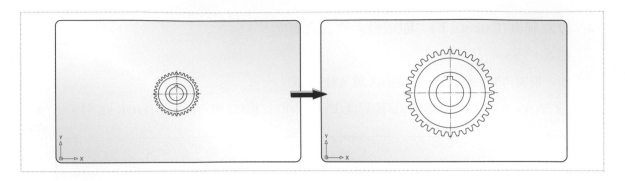

輸入比例係數爲 2X，以目前視窗爲縮放之標準。

指令：'_zoom

指定窗選角點，輸入比例係數(nX 或 nXP)，或

[全部(A)/中心點(C)/動態(D)/實際範圍(E)/前次(P)/比例(S)/視窗(W)/物件(O)] <即時>：_s

輸入比例係數　(nX 或 nXP)：2x　　輸入係數爲 2X

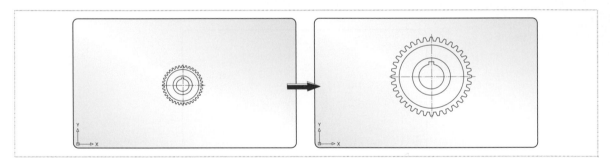

再次執行比例係數爲 2X，目前視窗圖形會一再變大。

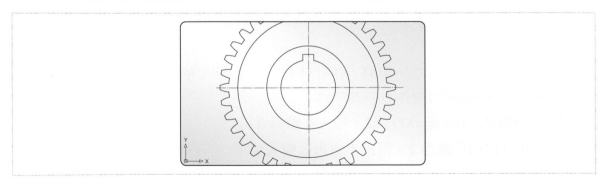

6. 窗選(Window, W)：以滑鼠指定欲放大範圍之對角點，可做局部視窗放大。

指令：'_zoom

指定窗選角點，輸入比例係數(nX 或 nXP)，或[全部(A)/中心點(C)/動態(D)/實際範圍(E)/前次(P)/比例(S)/視窗(W)/物件(O)] <即時>：_w

指定第一角點：點 1　　指定對角點：點 2

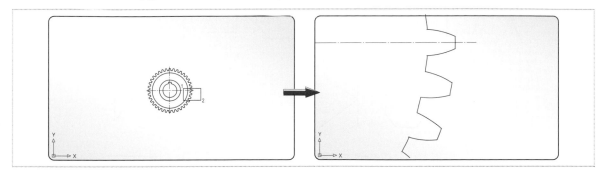

7. 即時縮放(Real time)：　按住滑鼠左鍵，向上拖曳為放大畫面，向下拖曳為縮小畫面。

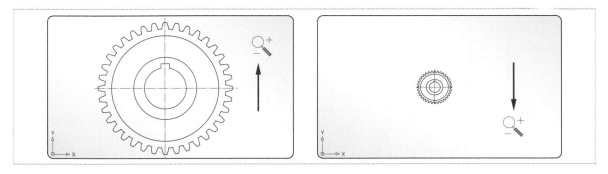

8. 平移(PAN)：

　　點取 🖐平移 小圖標後出現 🖐 小圖標，按住滑鼠左鍵可任意平移圖形至視窗任意位置，如下圖按住滑鼠左鍵從左下角 P1 點，向右上角移動，即可將視窗圖形平移至所需位置。

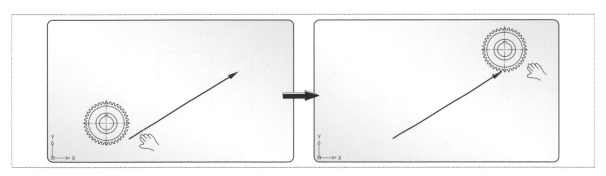

1. 請以所知之指令繪製下列圖形，大小形狀可自行變更設計之。

直線圖形

2-1 座標(COORDINATE)

　　由點構成線，由線構成所有圖形，因此點在圖形的座標值是為圖形的關鍵。AutoCAD 點的座標值輸入方法有絕對座標、相對座標及相對極座標。絕對座標即俗稱之笛卡兒座標；相對座標及相對極座標是表示其座標值與前一輸入點之相對位置，相對座標以「@X，Y」，相對極座標以「@距離＜角度」表示，其中「@」表示相對位置。

　　繪製圖形時，狀態列有諸多圖標，例如有鎖點(F9)、格線(F7)、正交(F8)等。下面圖例請讀者「關閉」不需要之功能。正交模式(F8)依不同需要隨時打開或關閉。

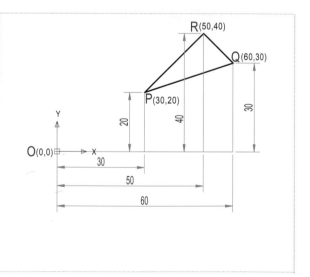

一、絕對座標方式畫直線

「線」

所有作圖座標點皆以座標系統 XY 軸的圖示，稱為「使用者座標系統」或 UCS 座標 O(0,0)為原點，輸入模式為(x,y)，作圖如下：

指令：_line 指定第一點： 30,20
指定下一點或 [退回(U)]： 60,30
指定下一點或 [退回(U)]： 50,40
指定下一點或 [封閉(C)/退回(U)]： c

二、相對座標方式畫直線

以任一點為原點，相對於下一點的輸入模
式(@x,y)，以右圖為例：

點選任一位置為 P 點

指令：_line 指定第一點： 點任一點 P

以 P 為原點 Q 之相對座標@30,10

指定下一點或[退回(U)]： @30,10

以 Q 為原點 R 之相對座標@-10,10

指定下一點或[退回(U)]： @-10,10

輸入 C 封閉圖形

指定下一點或[封閉(C)/退回(U)]： c

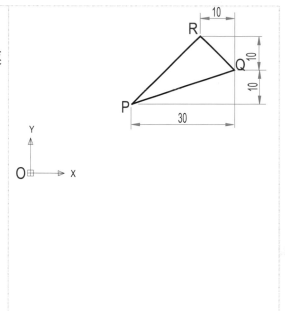

三、極座標方式畫直線

以任一點為原點，相對於下一點以距離
與角度決定下一點位置，輸入模式(@距
離,角度)，右圖例以 O 為起點方法如下：
P1 點，距離為半徑值 25，角度以以 X
軸為 0 度，逆時針為正 30 度

指令：_line 指定第一點：點任一點 O

指定下一點或 [退回(U)]：@25<30

指定下一點或 [退回(U)]： Enter

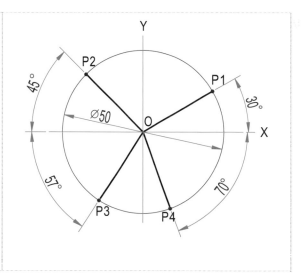

P2 點，以 O 點為起點，雖然是標註 45 度，但應以 X 軸 0 度逆時針為＋135 度

指令：_line 指定第一點：點選 O 點

指定下一點或 [退回(U)]：@25<135

指定下一點或 [退回(U)]：Enter

P3 點，距離 25，角度以 X 軸 0 度順時針為-123 度

指令：_line 指定第一點：點選 O 點

指定下一點或 [退回(U)]：@25<-123

指定下一點或 [退回(U)]：Enter

P4 點座標為(@25<-70)

指令：_line 指定第一點：點選 O 點

指定下一點或 [退回(U)]：@25<-70

指定下一點或 [退回(U)]：Enter

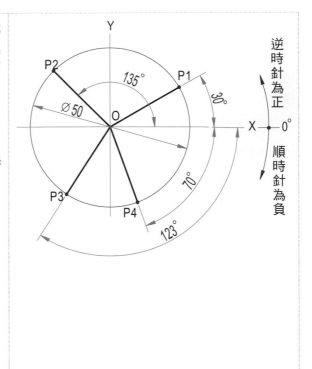

思考題：以下兩題，不同角度標註的圖形，作圖方法是否相同？

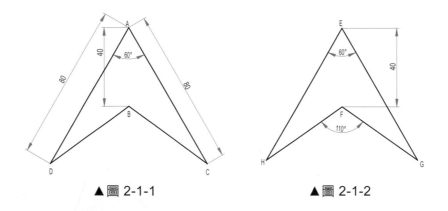

▲圖 2-1-1　　　　　▲圖 2-1-2

　　本範例以直線「／」建構因尺度標註不同的圖形，作為比較與解析。圖 2-1-1 所示已標註 AC、AD、∠A 等長度與角度，B 點在 A 點下方距離 40 處，所以每一點的位置都是確定的。而圖 2-1-2 只標註 EF 距離 40，∠E 與 ∠F 角度，直線 EG 與 EH 長度未標註？作法如何呢？

　　圖 2-1-1 的作圖步驟如下：

1. 「▨」畫線，打開動態輸入「+▭」極座標自動產生「@」，如圖2-1-3(a)。

   指定第一點：<u>起點為任意點A</u>

   指定下一點或 [退回(U)]：@80<-60 <u>輸入「80<60」</u>

2. 按F8或是打開正交模式「◨」，「▨」畫線，如圖2-1-3 (b)。

   指定第一點：<u>點選A點</u>

   指定下一點或 [退回(U)]： <正交 打開> 40 <u>滑鼠垂直向下輸入40，得到B點</u>

   指定下一點或 [退回(U)]： <正交 關閉> <u>指定下一點C點</u>

   指定下一點或 [封閉(C)/退回(U)]：Enter

3. 「▨」畫線，打開動態輸入「+▭」，如圖2-1-3 (c)。

   指定第一點： <u>點選A點</u>

   指定下一點或 [退回(U)]：@80<-120 <u>輸入「80<-120」</u>

   指定下一點或 [退回(U)]：<u>連接下一點B</u>

   指定下一點或 [封閉(C)/退回(U)]：Enter

4. 刪除「▨」直線AB，完成如圖2-1-3 (d)

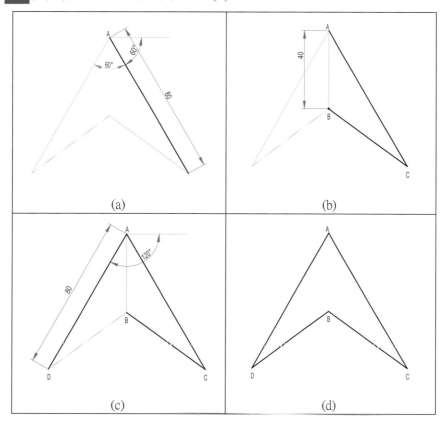

▲圖 2-1-3

圖 2-1-2 的作圖步驟如下：

1. 「⬚」畫線，打開動態輸入「➕」極座標自動產生「@」，如圖2-1-4(a)所示。

   指定第一點：**起點為任意點E**

   指定下一點或 [退回(U)]：@50<-60　**輸入「50<-60」，50為自訂值(讀者自訂)**

   指定下一點或 [退回(U)]：Enter

2. 按F8或是打開正交模式「⬚」，「⬚」畫線，如圖2-1-4 (b)。

   指定下一點或 [退回(U)]：<正交 打開> 40　**滑鼠垂直向下輸入40，得到F點**

   指定下一點或 [退回(U)]：@20<-35　**輸入「20<-35」，20為自訂值(讀者自訂)**

   指定下一點或 [封閉(C)/退回(U)]：Enter

3. 以E點為起點輸入極座標如圖2-1-4 (c)

   指定下一點或 [退回(U)]：@50<-120 **輸入「50<-120」，50為自訂值(讀者自訂)**

4. 以F點為起點輸入極座標如圖2-1-4 (d)

   指定下一點或 [退回(U)]：@20<-145 **輸入「20<-145」，20為自訂值(讀者自訂)**

5. D、H兩點交會於直線之延伸處，此時可運用修改指令「⬚ 延伸」或是「⬚ 圓角」使得交會點產生，本處以「⬚ 圓角」為例說明，如圖2-1-4 (e)所示，完成交會點H後重複「⬚ 圓角」動作，完成交會點G。

   指令：_fillet

   目前的設定：模式 ＝ 修剪，半徑 ＝ 0.0000

   選取第一個物件或 [退回(U)/聚合線(P)/半徑(R)/修剪(T)/多重(M)]：R **輸入選項R**

   請指定圓角半徑 <0.0000>：0 **輸入半徑0**

   選取第一個物件或 [退回(U)/聚合線(P)/半徑(R)/修剪(T)/多重(M)]：**點選1點**

   選取第二個物件，或按住 Shift 並選取物件以套用角點 或 [半徑(R)]：**點選2點，產生交會點H**

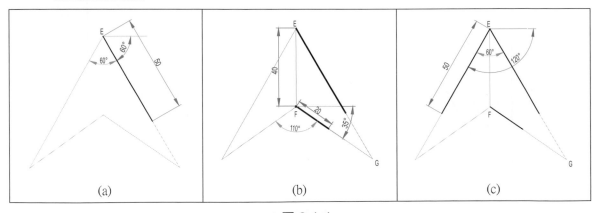

▲圖 2-1-4

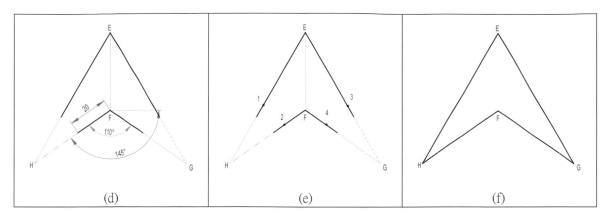

▲圖 2-1-4　（續）

問題探討解析

　　類似圖形因為題目的設計資料不同，尺度不一樣，會有不同建構幾何圖形的方法，甚至方法有很多種，目前是基礎平面幾何圖形的繪製，當學習更多「繪製」與「修改」指令後，繪製圖形將會更加快速便捷。未來3D模型建構更需要思慮建構步驟，將會一一解析說明。

立即練習

請依據尺度以 1：1 抄繪圖形。

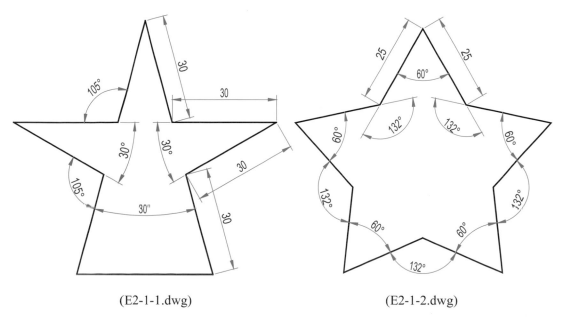

(E2-1-1.dwg)　　　　　　　　　　(E2-1-2.dwg)

2-2 精簡指令檔(ACAD.PGP)簡介

AutoCAD 繪製圖形所使用之指令除了「功能區」、「工具列」外也可以在指令列直接輸入指令。

在 AutoCAD 典型/工具/自訂/編輯程式參數(acad.pgp)點選後以記事本開啟，可以查知精簡指令，畫線(Line)只要在指令列輸入(L)即可，簡述如下：

```
;
;    Program Parameters File For
AutoCAD 2018
………
A,     *ARC
AR,    *ARRAY
C,     *CIRCLE
CO,    *COPY
E,         *ERASE
L,         *LINE
M,     *MOVE
O,     *OFFSET
```

其中如「L，*LINE」即表示，「LINE」只要輸入「L」即可，「L」即為精簡指令，精簡指令讀者可依自己的習慣重新設定，設定時直接改精簡指令，結束後必須重新啟動程式或輸入指令「re initial」或「re init」。以下是本書節錄常用的精簡指令供讀者參考。

▼表 2-2-1　各精簡指令表

精簡指令	指　　令	說　明	精簡指令	指　　令	說　明
A	*ARC	弧	LT	*LINETYPE	線型
AR	*ARRAY	陣列	LTS	*LTSCALE	線型比例
B	*BLOCK	圖塊	M	*MOVE	移動
BH	*BHATCH	剖面線	MI	*MIRROR	鏡射
BR	*BREAK	切斷	O	*OFFSET	偏移複製
C	*CIRCLE	圓	PE	*PEDIT	聚合線編輯
CH	*PROPERTIES	性質	PL	*PLINE	聚合線
CHA	*CHAMFER	倒角	PO	*POINT	點
CO	*COPY	複製	POL	*POLYGON	多邊形
DT	*DTEXT	單行文字	PU	*PURGE	清除
E	*ERASE	刪除	R	*REDRAW	重畫
ED	*DDEDIT	編輯文字	RA	*REDRAWALL	全部重畫
EL	*ELLIPSE	橢圓	RE	*REGEN	重生
EX	*EXTEND	延伸	REA	*REGENALL	全部重生
F	*FILLET	圓角	RO	*ROTATE	旋轉
G	*GROUP	物件群組	S	*STRETCH	延伸
H	*BHATCH	剖面線	SC	*SCALE	比例
I	*INSERT	插入	SPL	*SPLINE	不規則曲線
L	*LINE	線	TR	*TRIM	修剪
LA	*LAYER	圖層	Z	*ZOOM	視窗
LI	*LIST	列示			

2-3 矩形(RECTANGLE)

畫矩形只要輸入矩形之兩對角點即可。

▼表 2-3-1　矩形指令表

指令	Rectang	精簡指令	REC
常用頁籤/繪製面板/矩形	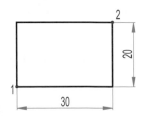 矩形	主要功能列	繪製/矩形

1. 兩對角點：

　　指令：
　　指令：_rectang
　　指定第一個角點或 [倒角(C)/高程(E)/圓角(F)/厚度(T)/寬度(W)]：指定第一角點 1
　　指定其他角點或 [面積(A)/尺寸(D)/旋轉(R)]：@30,20 輸入相對於第一點之位置@30,20

2. 尺寸

　　指令：
　　指令：_rectang
　　指定第一個角點或 [倒角(C)/高程(E)/圓角(F)/厚度(T)/寬度(W)]：指定第一角點 1
　　指定其他角點或 [面積(A)/尺寸(D)/旋轉(R)]：D 輸入選項
　　D 指定矩形的長 <10.0000>：30 輸入矩形長度 30
　　指定矩形的寬 <10.0000>：20 輸入矩形長度 20
　　指定其他角點或 [面積(A)/尺寸(D)/旋轉(R)]：指定第 2 點（註）

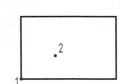

註：使用「尺寸(D)」時，輸入矩形長與寬後，以點 1 為基準點，指定其他角點 2 時，將有四個象限位置可以選擇。

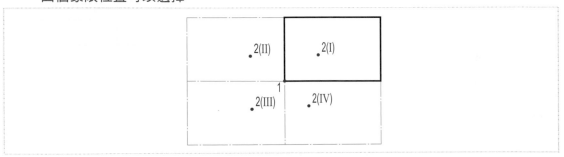

　　矩形畫好後，仍有下列指令可執行，其中高程(Elevation)，厚度(Thickness)應用於 3D 圖形，本書此部分省略。

3. 倒角 (CHAMFER , C)：i

(1)等距離倒角

指令：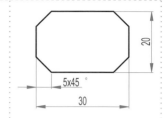

指令：_rectang

指定第一個角點或 [倒角(C)/高程(E)/圓角(F)/厚度(T)/線寬(W)]：C 輸入選項 C

指定矩形的第一個倒角距離 <0.0000>：5 輸入倒角距離 5

指定矩形的第二個倒角距離 <5.0000>：Enter

指定第一個角點或 [倒角(C)/高程(E)/圓角(F)/厚度(T)/線寬(W)]：指定點 左下角點

指定其他角點或 [面積(A)/尺寸(D)/旋轉(R)]：@30,20 輸入相對座標值@30,20

(2)不等距離倒角

① 倒角 10(Y)x5(X)

指令：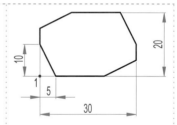

指令：_rectang

指定第一個角點或[倒角(C)/高程(E)/圓角(F)/厚度(T)/線寬(W)]：C 輸入選項 C

指定矩形的第一個倒角距離 <0.0000>：10 輸入倒角距離 10

指定矩形的第二個倒角距離 <10.0000>：5 輸入倒角距離 5

指定第一個角點或 [倒角(C)/高程(E)/圓角(F)/厚度(T)/線寬(W)]：指定點 1

指定其他角點或 [面積(A)/尺寸(D)/旋轉(R)]：@30,20 輸入相對座標值@30,20

② 倒角 5(Y)x10(X)

指令：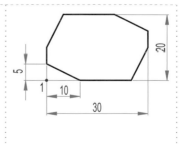

指令：_rectang

目前的矩形模式：倒角=10.0000 x 5.0000

指定第一個角點或 [倒角(C)/高程(E)/圓角(F)/厚度(T)/線寬(W)]：C 輸入選項 C

指定矩形的第一個倒角距離 <10.0000>：5 輸入倒角距離 5

指定矩形的第二個倒角距離 <5.0000>：10
輸入倒角距離 10
指定第一個角點或 [倒角(C)/高程(E)/圓角
(F)/厚度(T)/線寬(W)]：指定點 1
指定其他角點或 [面積(A)/尺寸(D)/旋轉
(R)]：@30,20 輸入相對座標值@30,20

4. 圓角(FILLET, F)

指令：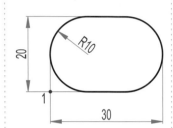

指令：_rectang
指定第一個角點或[倒角(C)/高程(E)/圓角(F)/厚度(T)/
線寬(W)]：F 輸入選項 F
指定矩形的圓角半徑 <20.0000>：10　輸入圓角半徑
10
指定第一個角點或[倒角(C)/高程(E)/圓角(F)/厚度(T)/
線寬(W)]：指定點 1
指定其他角點或 [面積(A)/尺寸(D)/旋轉(R)]：@30,20
輸入相對座標值@30,20

5. 線寬(WIDETH, W)

指令：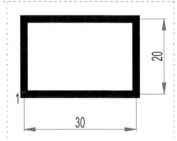

指令：_rectang
指定第一個角點或 [倒角(C)/高程(E)/圓角(F)/厚度
(T)/線寬(W)]：W 輸入選項 W
指定矩形的線寬 <0.0000>：2　輸入線寬 2
指定第一個角點或 [倒角(C)/高程(E)/圓角(F)/厚度
(T)/線寬(W)]：指定點 1
指定其他角點或 [面積(A)/尺寸(D)/旋轉(R)]：@30,20
輸入相對位置@30,20

立即練習

請依下列圖示尺度繪製下圖，尺度標註省略。

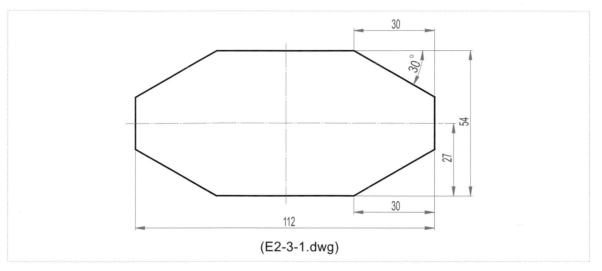

(E2-3-1.dwg)

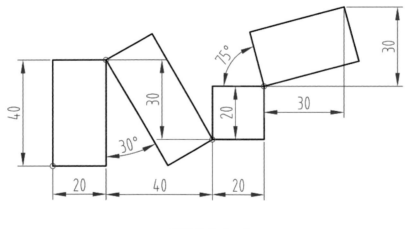

(E2-3-2.dwg)

2-4 多邊形(POLYGON)

正多邊形是以 3 到 1024 條等長的閉合聚合線為邊所畫出來的圖形。其畫法可有已知一邊長繪製多邊形，或內接或外切一個假想圓來繪製多邊形。

▼表 2-4-1　縮製多邊形

指令	Polygon	精簡指令	POL
常用頁籤/繪製面板	多邊形	主要功能列	繪製/多邊形

1. 內接於圓內(I)

指令：_polygon 輸入邊的數目<4>：6　　**輸入多邊形邊數 6**

指定多邊形的中心點或 [邊緣(E)]：　**點選中心點 1**

輸入選項 [內接於圓內(I)/外切接於圓上(C)] <I>：Enter **選項內接於圓內 I**

指定圓的半徑：20　**輸入半徑值 20**

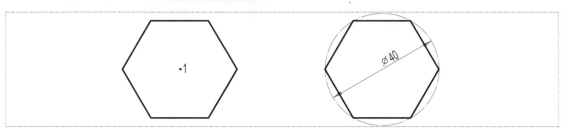

2. 外切接於圓上

指令：_polygon 輸入邊的數目<4>：6　　**輸入多邊形邊數 6**

指定多邊形的中心點或 [邊緣(E)]：　**點選中心點 2**

輸入選項[內接於圓內(I)/外切接於圓上(C)] <I>：C　**輸入選項 C**

指定圓的半徑：20　**輸入半徑值 20**

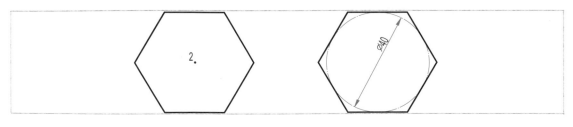

3. 邊緣 (E)

指令：_polygon 輸入邊的數目<4>：6　　輸入多邊形邊數 6
指定多邊形的中心點或 [邊緣(E)]：E　　輸入邊緣選項 E
指定邊緣的第一個端點：　指定第一個端點 1
指定邊緣的第二個端點：@20<45　　點選第二端點或輸入相對於第一點之位置
@20<45

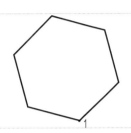
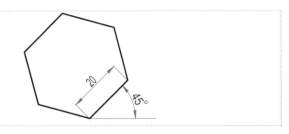

立即練習

請依下列圖示尺度繪製下圖，尺度標註省略。(提示：以正多邊形的邊畫正三角形)

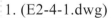

1. (E2-4-1.dwg)

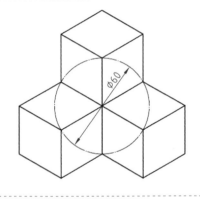

2. (E2-4-2.dwg)

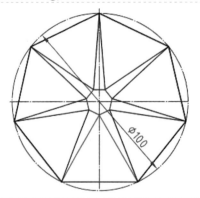

3. (E2-4-3.dwg)

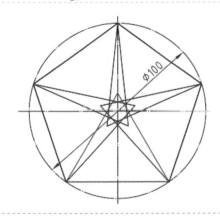

4. (E2-4-4.dwg)

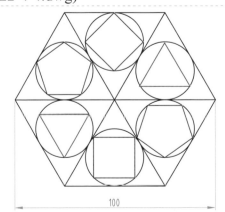

2-5 分解(EXPLODE)

▼表 2-5-1　分解指令表

指令	Explode	精簡指令	X
頁籤功能區		常用頁籤 /修改面板/分解	

說明

1. 具有寬度的聚合線，分解後其寬度為 0。
2. 多邊形圖元分解後為單一線段。
3. 尺度分解後，尺度線、尺度界線、數值、箭頭，各為獨立物件。
4. 剖面線分解為單一線段物件。
5. 分解指令一次只能分解一個組合群組，對於多層次的組合，需作多次的分解。

指令：

指令：_explode

選取物件：找到 1 個，共 1點取欲分解物件

選取物件：Enter

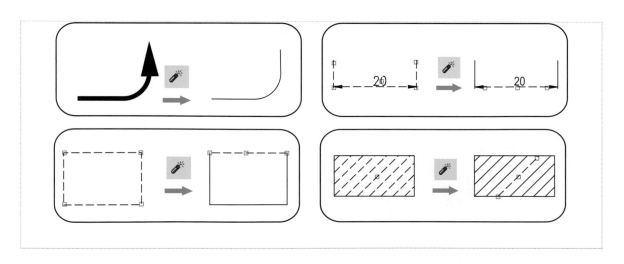

2-6 偏移複製(OFFSET)

▼表 2-6-1 偏移複製指令表

指令	Offset	精簡指令	O
常用頁籤/修改面板	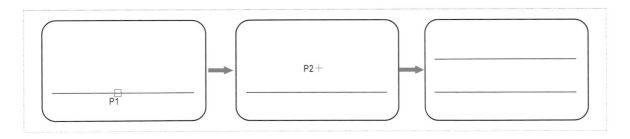	主要功能列	修改/偏移

　　偏移複製一個與選取物件類似的新物件,須以指定的距離偏移來定位。此指令應用甚廣,工程圖中常用於繪製作圖底線。

指令:

指令:_offset

目前的設定:刪除來源=否　圖層=來源　OFFSETGAPTYPE=0

指定偏移距離或 [通過(T)/刪除(E)/圖層(L)] <通過>:10　<u>輸入偏移距離 10</u>

選取要偏移的物件或 [結束(E)/退回(U)] <結束>:<u>點取 P1 點</u>

指定要在那一側偏移的點或 [結束(E)/多重(M)/退回(U)] <結束>:<u>點取 P2 點向上</u>
<u>偏移</u>

1. 偏移

指令：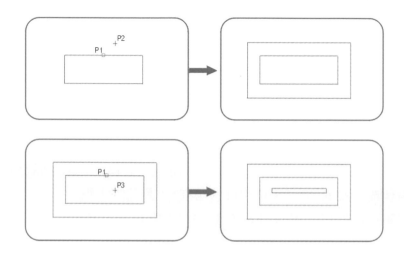

指令：_offset

目前的設定：刪除來源=否　　圖層=來源　　OFFSETGAPTYPE=0

指定偏移距離或 ［通過(T)/刪除(E)/圖層(L)］ <10.0000>：10 <u>輸入偏移距離 10</u>

選取要偏移的物件或 ［結束(E)/退回(U)］ <結束>：<u>點取偏移物件矩形 P1</u>

指定要在那一側偏移的點或 ［結束(E)/多重(M)/退回(U)］ <結束>：<u>指定偏移側點 P2</u>

選取要偏移的物件或 ［結束(E)/退回(U)］ <結束>：<u>點取偏移物件矩形 P1</u>

指定要在那一側偏移的點或 ［結束(E)/多重(M)/退回(U)］ <結束>：<u>指定偏移側點 P3</u>

2. 通過

指令：_offset

目前的設定：刪除來源=否　　圖層=來源　　OFFSETGAPTYPE=0

指定偏移距離或 ［通過(T)/刪除(E)/圖層(L)］ <10.0000>：t <u>輸入選項 t</u>

選取要偏移的物件或 ［結束(E)/退回(U)］ <結束>： <u>點選 P1 點</u>

指定通過點或 ［結束(E)/多重(M)/退回(U)］ <結束>：<u>點選 P2 點</u>

選取要偏移的物件或 ［結束(E)/退回(U)］ <結束>：Enter

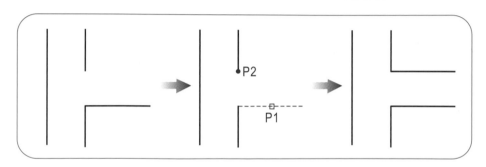

立即練習

請依據尺度繪製圖形。

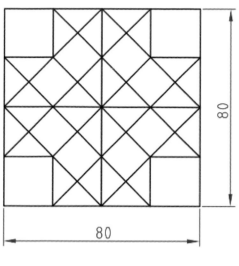

80

80

(E2-6-1.dwg)

2-7 修剪(TRIM)

圖形中有些突出或多餘線條,可利用指定的邊緣將其修剪,是編修圖形常用之指令。

▼表 2-7-1 修剪指令表

指令	Trim	精簡指令	Tr
常用頁籤/修改面板/修剪	✄ 修剪	主要功能列	修改/修剪

1. 單一物件(Project)修剪

　　指令:　✄ 修剪

　　指令:_trim

　　目前的設定:投影=UCS　邊=無　選擇修剪邊 ...

　　選取物件或<全選>:找到 1 個　點取修剪邊緣物件 A

　　選取物件:找到 1 個,共 2　點取修剪邊緣物件 B

選取物件：Enter

選取要修剪的物件，或按住 Shift 並選取要延伸的物件，或[籬選(F)/框選(C)/投影(P)/邊(E)/刪除(R)/退回(U)]： 修剪點 1

選取要修剪的物件，或按住 Shift 並選取要延伸的物件，或[籬選(F)/框選(C)/投影(P)/邊(E)/刪除(R)/退回(U)]： 修剪點 2

選取要修剪的物件，或按住 Shift 並選取要延伸的物件，或[籬選(F)/框選(C)/投影(P)/邊(E)/刪除(R)/退回(U)]： 修剪點 3

選取要修剪的物件，或按住 Shift 並選取要延伸的物件，或[籬選(F)/框選(C)/投影(P)/邊(E)/刪除(R)/退回(U)]： 修剪點 4

選取要修剪的物件，或按住 Shift 並選取要延伸的物件，或[籬選(F)/框選(C)/投影(P)/邊(E)/刪除(R)/退回(U)]： 修剪點 5

選取要修剪的物件，或按住 Shift 並選取要延伸的物件，或[籬選(F)/框選(C)/投影(P)/邊(E)/刪除(R)/退回(U)]： Enter

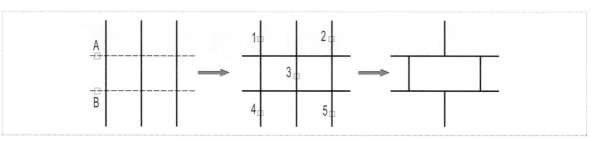

點選物件後，如未按「Enter」鍵，可按「Shift」鍵執行「移除」，亦可直接再選取。

2. 延伸

指令： 修剪

指令：_trim

目前的設定：投影=UCS　邊緣=無

選擇修剪邊緣 …

選取物件：點選窗選點 1

指定對角點：找到 8 個　點選窗選點 2

選取物件：Enter

選取要修剪的物件，或按住 Shift 並選取要延伸的物件，或[籬選(F)/框選(C)/投影(P)/邊(E)/刪除(R)/退回(U)]：　修剪點 3

選取要修剪的物件，或按住 Shift 並選取要延伸的物件，或[籬選(F)/框選(C)/投影(P)/邊(E)/刪除(R)/退回(U)]：　修剪點 4

選取要修剪的物件，或按住 Shift 並選取要延伸的物件，或[籬選(F)/框選(C)/投影(P)/邊(E)/刪除(R)/退回(U)]：　按 Shift 點取延伸點 5

選取要修剪的物件，或按住 Shift 並選取要延伸的物件，或[籬選(F)/框選(C)/投影(P)/邊(E)/刪除(R)/退回(U)]：　按 Shift 點取延伸點 6

選取要修剪的物件，或按住 Shift 並選取要延伸的物件，或[籬選(F)/框選(C)/投影(P)/邊(E)/刪除(R)/退回(U)]：　Enter

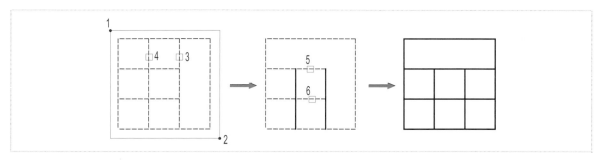

3. 籬選(Fences)修剪

指令：　― 修剪

指令：_trim

目前的設定：投影=UCS　邊=無

選擇修剪邊...

選取物件或 <全選>：　找到 1 個　點取修剪邊緣線點 1

選取物件：找到 1 個，共 2　點取修剪邊緣線點 2

選取物件：Enter

選取要修剪的物件，或按住 Shift 並選取要延伸的物件，或[籬選(F)/框選(C)/投影(P)/邊(E)/刪除(R)/退回(U)]：F　輸入選項 F

指定第一個籬選點：　點取點 3

指定下一個籬選點或 [退回(U)]：　點取點 4

指定下一個籬選點或 [退回(U)]：　Enter

選取要修剪的物件，或按住 Shift 並選取要延伸的物件，或[籬選(F)/框選(C)/投影(P)/邊(E)/刪除(R)/退回(U)]： Enter

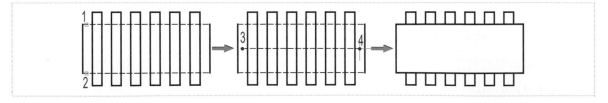

選項功能有「投影(P)」係應用於 3D 圖形，本書此部分省略。

4. 邊緣(Edge)

利用「邊緣(E)」時，系統會出現「延伸(E)」或「不延伸(N)」。

(1) 延伸(E)：

指令： -/- 修剪

指令：_trim

目前的設定：投影=UCS　邊=無

選擇修剪邊...

選取物件或 <全選>： 找到 1 個　點選修剪邊緣 1

選取物件：找到 1 個，共 2　點選修剪邊緣 2

選取物件： Enter

選取要修剪的物件，或按住 Shift 並選取要延伸的物件，或[籬選(F)/框選(C)/投影(P)/邊(E)/刪除(R)/退回(U)]： E　輸入邊緣選項 E

輸入隱含的邊延伸模式 [延伸(E)/不延伸(N)] <不延伸>： E　輸入延伸選項 E

選取要修剪的物件，或按住 Shift 並選取要延伸的物件，或[籬選(F)/框選(C)/投影(P)/邊(E)/刪除(R)/退回(U)]： F　輸入籬選選項 F

指定第一個籬選點： 點取籬選點 3

指定下一個籬選點或 [退回(U)]： 點取籬選點 4

指定下一個籬選點或 [退回(U)]： Enter

物件並未與邊相交。

選取要修剪的物件，或按住 Shift 並選取要延伸的物件，或[籬選(F)/框選(C)/投影(P)/邊(E)/刪除(R)/退回(U)]： Enter

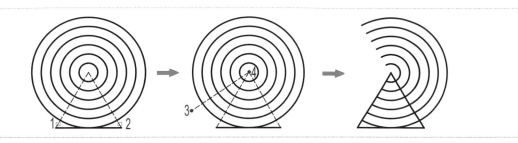

(2) 不延伸(N)

指令： 修剪

指令：_trim

目前的設定：投影=UCS　邊緣=無　選擇修剪邊緣 ...

選取物件：1 找到　點選修剪邊緣 1

選取物件：1 找到，共 2　點選修剪邊緣 2

選取物件：Enter

選取要修剪的物件，或按住 Shift 並選取要延伸的物件，或[籬選(F)/框選(C)/投影(P)/邊(E)/刪除(R)/退回(U)]：　E　輸入邊緣選項 E

輸入隱含的邊延伸模式 [延伸(E)/不延伸(N)] <不延伸>：　N　輸入不延伸選項 N

選取要修剪的物件，或按住 Shift 並選取要延伸的物件，或[籬選(F)/框選(C)/投影(P)/邊(E)/刪除(R)/退回(U)]：　F　輸入籬選選項 F

第一籬選點：　點取籬選點 3

指定下一個籬選點或 [退回(U)]：　點取籬選點 4

指定下一個籬選點或 [退回(U)]：　Enter

物件並未與邊緣相交。選取要修剪的物件，或按住 Shift 並選取要延伸的物件，或[籬選(F)/框選(C)/投影(P)/邊(E)/刪除(R)/退回(U)]：　Enter

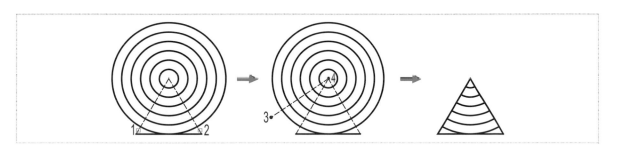

2-8　圖框(Border Line)與標題欄(Title Block)繪製

圖框可分為不裝訂與需裝訂者，如圖 2-8-1 所示，圖框尺度如表 2-8-1 所示。

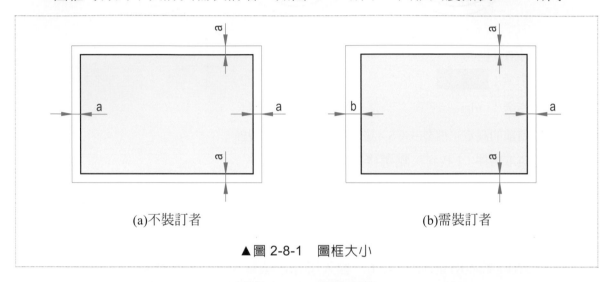

(a)不裝訂者　　　　　　　　(b)需裝訂者

▲圖 2-8-1　圖框大小

▼表 2-8-1　圖框尺度

格式	A0	A1	A2	A3	A4
AxB	1189×841	841×594	594×420	420×297	297×210
A(最小)	15	15	15	10	10
B(最小)	25	25	25	25	25

標題欄的內容因各機構的需求不盡相同，但基本上其格式如圖 2-8-2。

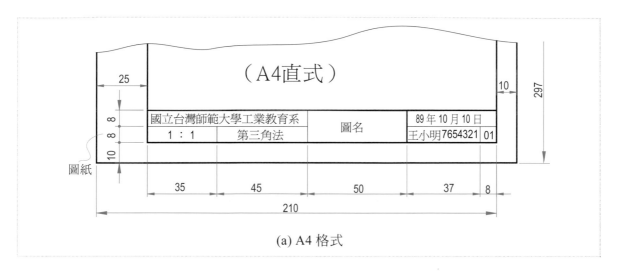

(a) A4 格式

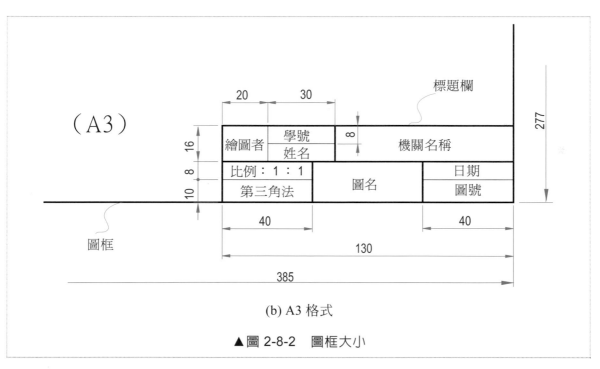

(b) A3 格式

▲圖 2-8-2　圖框大小

2-8-1 圖框及標題欄繪製步驟

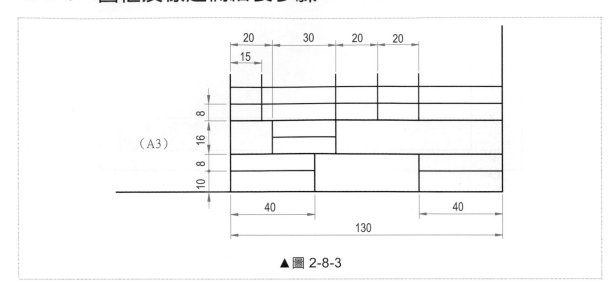

▲圖 2-8-3

動態教學檔參考「**F2-8-1.mp4**」

1. 繪製 A3 圖紙圖框：

從下拉式功能表「繪圖」＼「線」，或直接選取 小圖標，或指令列

精簡指令：L，畫出 A3 圖框

指令：Line 指定第一點： 25,10　輸入絕對座標點 25,10

指定下一點或 [退回(U)]： 410,10　輸入絕對座標點 410,10

指定下一點或 [退回(U)]： 410,287　輸入絕對座標點 410,287

指定下一點或 [封閉(C)/ 退回(U)]： 25,287　輸入絕對座標點 25,287

指定下一點或 [封閉(C)/ 退回(U)]： c　閉合於起點

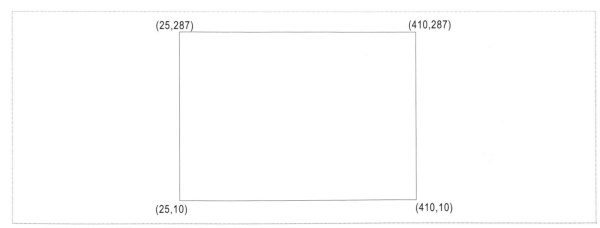

2. 「修改」＼「偏移複製」，或直接選取 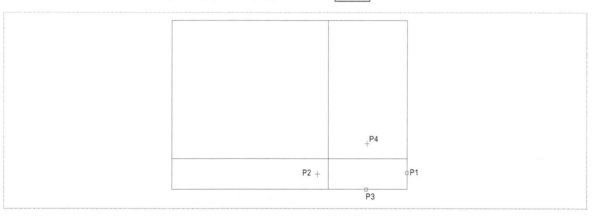 小圖標，或指令列精簡指令：O

  指令：_offset

  指定偏移距離或 [通過(T)/刪除(E)/圖層(L)] <通過>： 130　輸入偏移距離 130

  選取要偏移的物件或 [結束(E)/退回(U)] <結束>：　點取 P1

  指定要在那一側偏移複製：　點取 P2

  選取要偏移的物件或 [結束(E)/退回(U)] <結束>：　Enter

  指令：OFFSET

  指定偏移距離或 [通過(T)/刪除(E)/圖層(L)] <130.0000>： 50　輸入偏移距離 50

  選取要偏移的物件或 [結束(E)/退回(U)] <結束>：　點取 P3

  指定要在那一側偏移的點或 [結束(E)/多重(M)/退回(U)] <結束>：　點取 P4

  選取要偏移的物件或 [結束(E)/退回(U)] <結束>：Enter

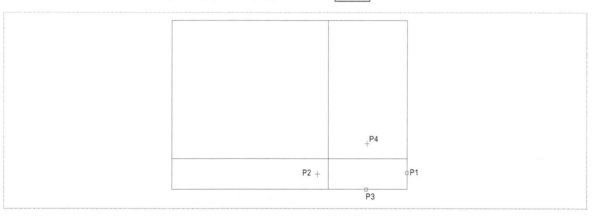

3. 「修改」＼「修剪」，或選取 修剪 小圖標，或指令列精簡指令：TR

  指令：_trim

  目前的設定：投影=UCS　邊緣=無

  選擇修剪邊緣 …

  選取物件：找到 1 個　點取 P5

  選取物件：找到 1 個，共 2　點取 P6

  選取物件：Enter

  選取要修剪的物件，或按住 Shift 並選取要延伸的物件，或[籬選(F)/框選(C)/投影(P)/邊緣
  (E)/刪除(R)/退回(U)]：　點取 P7

選取要修剪的物件，或按住 Shift 並選取要延伸的物件，或[籬選(F)/框選(C)/投影(P)/邊緣(E)/刪除(R)/退回(U)]： 點取 P8

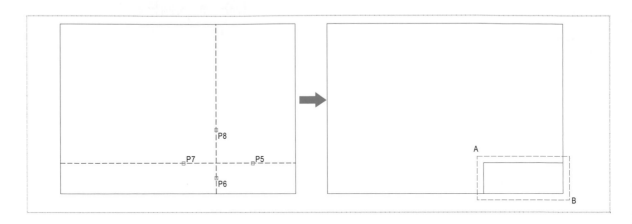

直接滾動滑鼠中鍵，或指令列精簡指令：Z，放大標題欄繪製視窗

選取要修剪的物件或 [投影(P)/邊緣(E)/復原(U)]： '_zoom

>>指定窗選角點，輸入比例係數(nX 或 nXP)，或

[全部(A)/中心點(C)/動態(D)/實際範圍(E)/前次(P)/比例(S)/視窗(W)/物件(O)] <即時>： w

>>指定第一角點： 點取 A 點

>>指定對角點： 點取 B 點

4. 「修改」\「偏移複製」，或直接選取 小圖標，或指令列精簡指令：O，繪製水平線

指令：_offset

指定偏移距離或 [通過(T)/刪除(E)/圖層(L)] <50.0000>： 8

選取要偏移的物件或 [結束(E)/退回(U)] <結束>： 點選 Q1

指定要在那一側偏移的點或 [結束(E)/多重(M)/退回(U)] <結束>： 點選 Q2

選取要偏移的物件或 [結束(E)/退回(U)] <結束>： 點選 Q3

指定要在那一側偏移的點或 [結束(E)/多重(M)/退回(U)] <結束>： 點選 Q4

選取要偏移的物件或 [結束(E)/退回(U)] <結束>： 點選 Q5

指定要在那一側偏移的點或 [結束(E)/多重(M)/退回(U)] <結束>： 點選 Q6

選取要偏移的物件或 [結束(E)/退回(U)] <結束>： 點選 Q7

選取要偏移的物件或 [結束(E)/退回(U)] <結束>： 點選 Q9

指定要在那一側偏移的點或 [結束(E)/多重(M)/退回(U)] <結束>： 點選 Q10

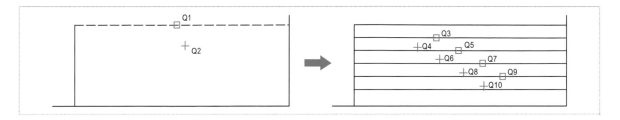

5. 「修改」＼「偏移複製」，或直接選取 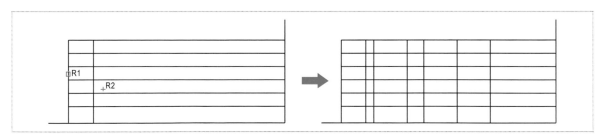 小圖標，或指令列精簡指令：O，
繪製直立線

指令：_offset

指定偏移距離或 [通過(T)/刪除(E)/圖層(L)] <8.0000>： 15

選取要偏移的物件或 [結束(E)/退回(U)] <結束>： 點取 R1

指定要在那一側偏移的點或 [結束(E)/多重(M)/退回(U)] <結束>： 點取 R2

選取要偏移的物件或 [結束(E)/退回(U)] <結束>：

依序完成直立線之偏移複製

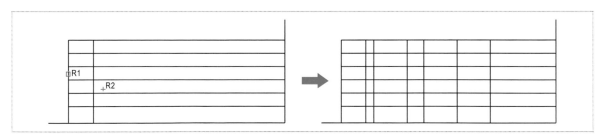

6. 「修改」＼「修剪」，或選取 修剪 小圖標，或指令列精簡指令：TR

修剪多餘之線條

指令：_trim

目前的設定： 投影=UCS 邊緣=無

選擇修剪邊緣 ...

選取物件： 指定對角點： 找到 15 個 從 C 點向左上角 D 點框選

選取要修剪的物件，或按住 Shift 並選取要延伸的物件，或[籬選(F)/框選(C)/投影(P)/邊緣

(E)/刪除(R)/退回(U)]： 點取 1 點

選取要修剪的物件，或按住 Shift 並選取要延伸的物件，或[籬選(F)/框選(C)/投影(P)/邊緣

(E)/刪除(R)/退回(U)]： 點取 2 點

依照圖示點編號 1、2、3、4…依序修剪，完成直立線之修剪

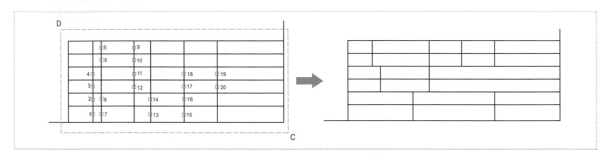

修剪多餘之水平線，如有多餘線段以「刪除」 ![刪除] 指令刪除，即可完成標題欄之繪製。

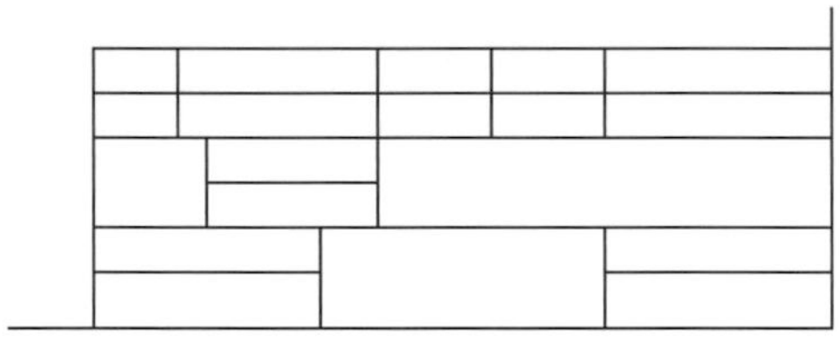

立即練習

繪製圖框與標題欄，型式一 (E2-8-1a.dwg)

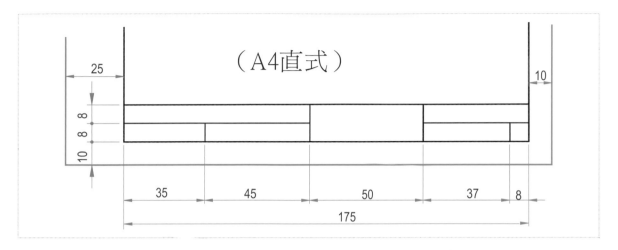

型式二(A3 標題欄) (E2-8-1b.dwg)

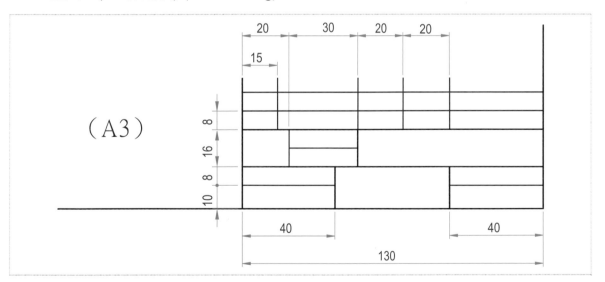

型式三(A3 標題欄) (E2-8-1c.dwg)

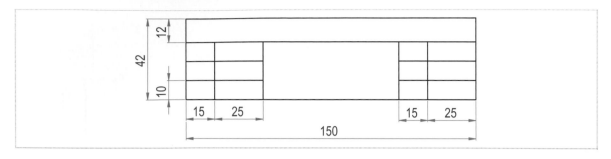

型式四(A3 標題欄) (E2-8-1d.dwg)

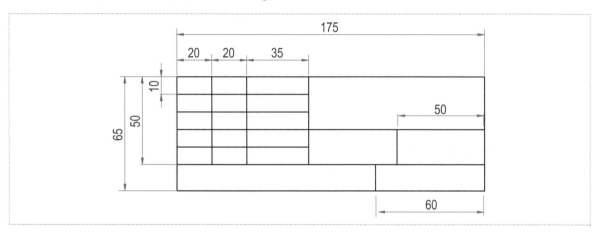

解析 (A2-8-1.dwg)

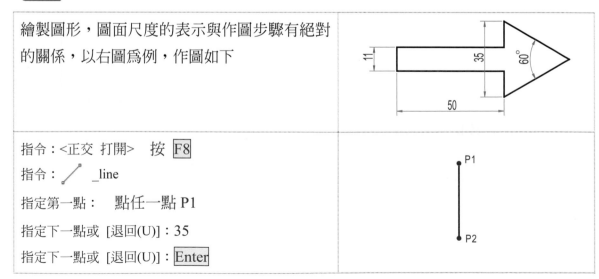

繪製圖形，圖面尺度的表示與作圖步驟有絕對的關係，以右圖為例，作圖如下	
指令：<正交 打開> 按 F8 指令： _line 指定第一點： 點任一點 P1 指定下一點或 [退回(U)]：35 指定下一點或 [退回(U)]：Enter	

指令：_offset

指定偏移距離或 [通過(T)/刪除(E)/圖層(L)] <通過>：
50 輸入偏移距離 50

選取要偏移的物件或 [結束(E)/退回(U)] <結束>： 點
選 P3

指定要在那一側偏移的點或 [結束(E)/多重(M)/退回
(U)] <結束>： 點選左邊任一點 P4

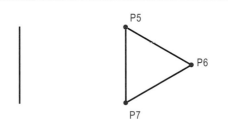

指令：_line 指定第一點： 點選 P5

指定下一點或 [退回(U)]：@35<-30 相對極座標

指定下一點或 [退回(U)]： 點選 P6

指定下一點或 [封閉(C)/退回(U)]：Enter

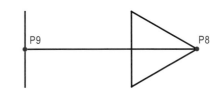

指令：_line 指定第一點： 點選 P8

指定下一點或 [退回(U)]： _mid 於 「中點」於 P9

指定下一點或 [退回(U)]：Enter

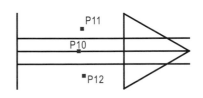

指令：_offset

指定偏移距離或 [通過(T)/刪除(E)/圖層(L)]
<50.0000>： 5.5 輸入偏移距離 5.5

選取要偏移的物件或 [結束(E)/退回(U)] <結束>： 點
選 P10

指定要在那一側偏移的點或 [結束(E)/多重(M)/退回
(U)] <結束>： 向上任點 P11

選取要偏移的物件或 [結束(E)/退回(U)] <結束>：點選
P10

指定要在那一側偏移的點或 [結束(E)/多重(M)/退回

(U)] <結束>：向上任點 P12 選取要偏移的物件或 [結束(E)/退回(U)] <結束>： Enter	
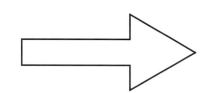修剪 指令：_trim 選取物件或 <全選>： 指定對角點： 找到 7 個 選取物件：Enter 選取要修剪的物件，或按住 Shift 並選取要延伸的物件，或[籬選(F)/框選(C)/投影(P)/邊(E)/刪除(R)/退回(U)]： 依序修剪多於線條 指令：_erase 選取物件：找到 1 個　刪除多於線條 選取物件：找到 1 個，共 2 刪除多於線條 選取物件：找到 1 個，共 3 刪除多於線條 選取物件：Enter	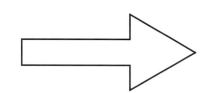

另一作法：以多邊形繪製正三角形

多邊形 指令：_polygon 輸入邊的數目<4>：3　輸入 3 指定多邊形的中心點或[邊(E)]：E 指定邊的第一個端點： 按 F8，點選 P1 指定邊的第二個端點：35　滑鼠往正交下方 P2 點處移動，輸入 35 後按 Enter	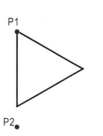
  指令：_line 指定第一點： _mid 於「中點」點選 P3，滑鼠左移 指定下一點或[退回(U)]：50　輸入 50 Enter	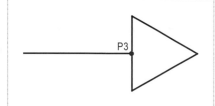

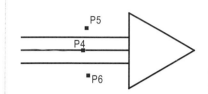 指令： _offset 指定偏移距離或[通過(T)/刪除(E)/圖層(L)] <5.5000>： 5.5 輸入 5.5 選取要偏移的物件或 [結束(E)/退回(U)] <結束>：點選 P4 指定要在那一側偏移的點或[結束(E)/多重(M)/退回(U)]<結束>：向上任一點 P5 選取要偏移的物件或 [結束(E)/退回(U)] <結束>：點選 P4 指定要在那一側偏移的點或 [結束(E)/多重(M)/退回(U)]<結束>：向下任一點 P6	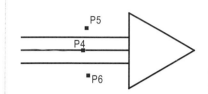
指令： _line 指定第一點： 點選 P7 指定下一點或 [退回(U)]： 點選 P8 指定下一點或 [退回(U)]： Enter	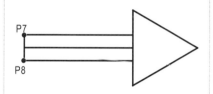
修剪與刪除多於線條，完成作圖。	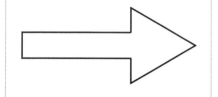

立即練習 (E2-8-2.dwg)

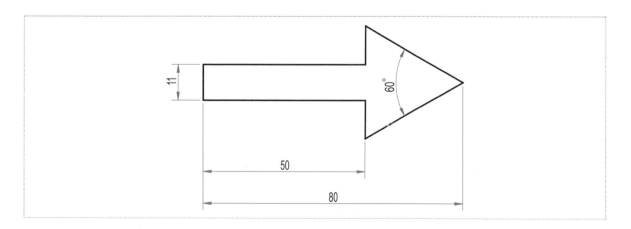

2-9 延伸(EXTEND)

延伸指令與修剪指令在同一圖標點選「▼」做切換，「⊢ 修剪 ▼」「⊣ 延伸 ▼」

▼表 2-9-1 延伸指令表

指令	Extend	精簡指令	EX
常用頁籤/修改面板/延伸	⊣ 延伸 ▼	主要功能列	修改/延伸

延伸是指物件延伸到所指定的邊界，因此延伸時，首先即先選定邊界，如果以邊緣延伸，則須再輸入邊緣選項(E)，然後選取要延伸的物件即可。

1. 單一物件延伸

   指令：⊣ 延伸 ▼

   指令：_extend

   目前的設定： 投影=UCS 邊緣=無

   選擇邊界邊緣...

   選取物件或 <全選>： 找到 1 個 點取延伸邊界點 1

   選取物件：Enter

   選取要延伸的物件，或按 shift 鍵並選取物件以修剪或[籬選(F)/框選(C)/投影(P)/邊緣(E)/退回(U)]： 點 2

   選取要延伸的物件，或按 shift 鍵並選取物件以修剪或[籬選(F)/框選(C)/投影(P)/邊緣(E)/退回(U)]： 點 3

   選取要延伸的物件，或按 shift 鍵並選取物件以修剪或[籬選(F)/框選(C)/投影(P)/邊緣(E)/退回(U)]： 點 4

   選取要延伸的物件，或按 shift 鍵並選取物件以修剪或[籬選(F)/框選(C)/投影(P)/邊緣(E)/退回(U)]： 點 5

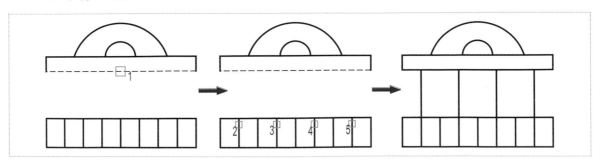

2. 籬選延伸

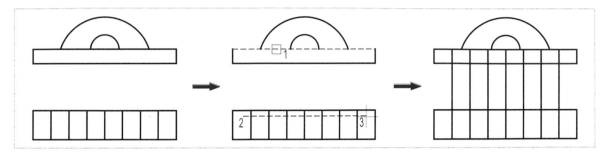

指令： ⎯⁄ 延伸 ▾

EXTEND

目前的設定： 投影=UCS 邊緣=無

選擇邊界邊緣 ...

選取物件或 <全選>： 找到 1 個 點取延伸邊界點 1

選取物件： Enter

選取要延伸的物件，或按 shift 鍵並選取物件以修剪或[籬選(F)/框選(C)/投影(P)/邊緣(E)/

退回(U)]： F 輸入籬選選項 F

第一籬選點： 點取第一籬選點 2

指定直線端點或 [退回(U)]： 點取另一籬選端點 3

指定直線端點或 [退回(U)]： Enter

註：籬選點 2 與 3 應靠近線段欲延伸方向之一端

3. 邊緣延伸

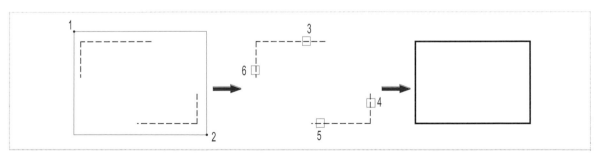

指令： ━╱ 延伸 ▾

指令：_extend

目前的設定： 投影=UCS　邊緣=無

選擇邊界邊緣 ...

選取物件或 <全選>： 指定對角點： 找到 4 個　　框選物件點選 1、2

選取物件：　Enter

選取要延伸的物件，或按 shift 鍵並選取物件以修剪或 [投影(P)/邊緣(E)/退回(U)]：E

輸入隱含的邊緣延伸模式 [延伸(E)/不延伸(N)] <延伸>：　E　輸入選項 E

選取要延伸的物件，或按 shift 鍵並選取物件以修剪或[籬選(F)/框選(C)/投影(P)/邊緣(E)/
退回(U)]：點 3

選取要延伸的物件，或按 shift 鍵並選取物件以修剪或[籬選(F)/框選(C)/投影(P)/邊緣(E)/
退回(U)]：點 4

選取要延伸的物件，或按 shift 鍵並選取物件以修剪或[籬選(F)/框選(C)/投影(P)/邊緣(E)/
退回(U)]：點 5

選取要延伸的物件，或按 shift 鍵並選取物件以修剪或[籬選(F)/框選(C)/投影
(P)/邊緣(E)/退回(U)]：點 6

綜合練習

1. (C2-1-1.dwg)

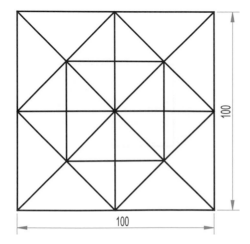

2. (C2-1-2.dwg)

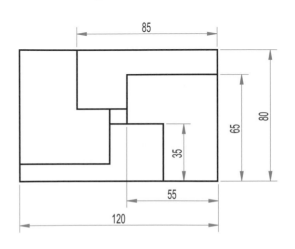

3. (C2-1-3.dwg)

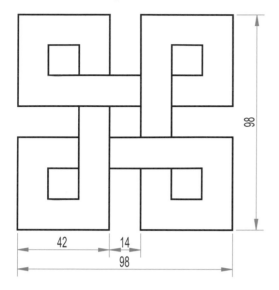

4. (C2-1-4.dwg)

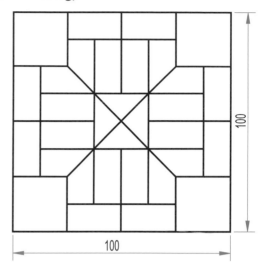

5. (C2-1-5.dwg)

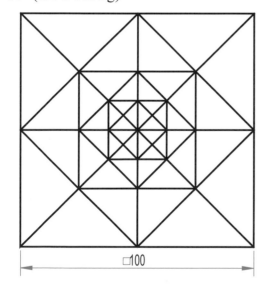

6. (C2-1-6.dwg)

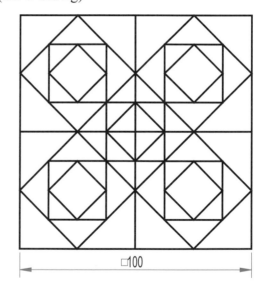

7. (C2-1-7.dwg)

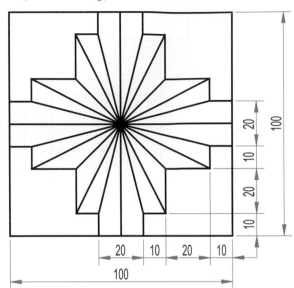

8. (C2-1-8.dwg)

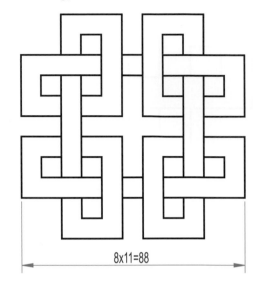

9. (C2-1-9.dwg)

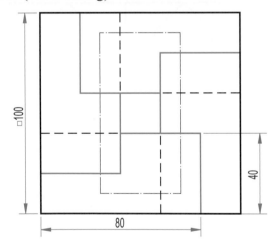

10. (C2-1-10.dwg)

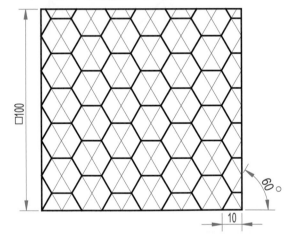

11. (C2-1-11.dwg)

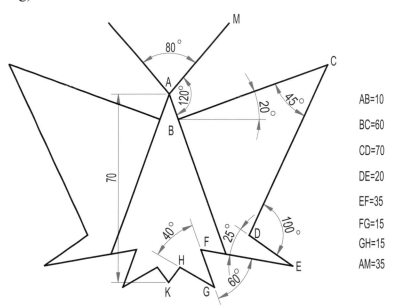

AB=10

BC=60

CD=70

DE=20

EF=35

FG=15

GH=15

AM=35

底圖設定與出圖

3-1 文字型式(STYLE)

一張完整的圖面除了各種線條之外,尚需要文字與數值說明,所以文字型式的設定與載入也是相當重要的一環。

▼表 3-1-1

指令	Style	精簡指令	ST
註解頁籤/文字面板	文字 ▼ ↘	主要功能列	格式/文字型式

所謂字型是指圖面所用文字之字體形式在工程圖中,這些文字在使用上,CNS均有其規定。文字除中文字外還有拉丁字母與阿拉伯數字 CNS 規定工程圖中文字是採用等線體為原則阿拉伯數字與拉丁字母則採用哥德體,可採用直式與斜式,但一張圖上只選一種,不得混用。

點選「註解」頁籤,先設定文字型式,按「文字」面板右下角「↘」,依據 CNS 標準設定。

新建字型:設定「型式名稱」即是給所採用字型一個名字內定為「型式一」,也可重新輸入名稱,例如「CNS 工程圖」。

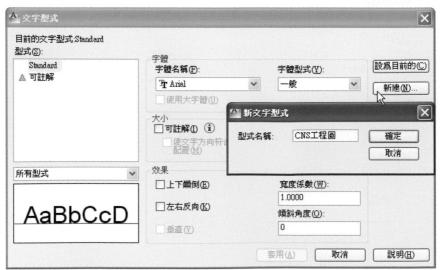

　　字體在 AutoCAD 中有多種可給予選用，但為配合 CNS「shx」字體名稱選用「isocp.shx」系列字體，使用大字體，大字體選用「chineset.shx」字高建議設為「0.00」，使用時可依實際需要再設定。寬度係數「0.75」後按套用即完成設定。

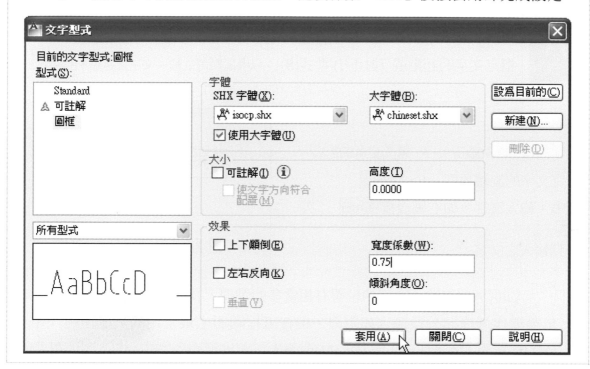

3-2　文字(TEXT)輸入

　　圖面上欲輸入阿拉伯數字、拉丁字母或中文字時，須先選取所欲輸入之字型及字高，在指定的位置輸入之。

1. 單行文字

▼表 3-2-1　文字指令

指令	Dtext	精簡指令	DT
註解頁籤/文字面板/單行	單行文字	主要功能列	繪製/文字/單行文字

直接指定文字的起點：

如果為選取選項直接指定文字的起點，則內定為由左邊為起點，向左對齊。

A 單行文字	指令：_text 目前的文字型式：「CNS 工程圖」文字高度：2.5000　可註解：否 指定文字的起點或 [對正(J)/型式(S)]：以滑鼠點選欲輸入文字之起點，出現「|」符號。

指令： 指定高度 <2.5000>：　5　輸入文字高度 5 指定文字的旋轉角度 <0>：Enter **指令**：輸入文字，如右圖後按 Enter 二次	日期：108/03/28|
得到輸入之文字	日期：108/03/28

　　AutoCAD 在輸入文字的位置有相當多的選擇，其位置如下圖所示，讀者可依需要作選擇，分段插入如附圖。但在工程圖面上最常用的大概僅用「中央(M)」，或用「填入(F)」，如要用(M)則須先在求出範圍內的中心點，因使用「M」是字由中央向兩邊分配，如標題欄中欲輸入「繪圖者」，則須先在該欄內畫對角線找出中心點如「▭」；如用(F)。則在欄內找出第一點及第二點如「▭」，茲分述如下：(其餘因工程圖中不常使用，本書省略之)

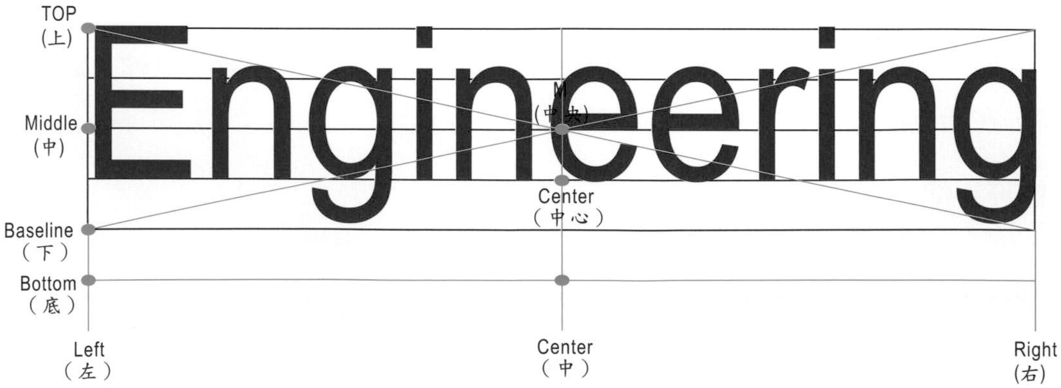

下面就介紹 M 及 F 之使用，繪製如圖表格。

先將表格繪製如下圖，紅點與編號是說明使用不需畫出。

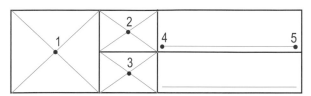

指定文字的起點或 [對正(J)/字型(S)]： J

指令：_text

目前的文字型式：「CNS 工程圖」　文字高度：2.5000　可註解：否

指定文字的起點或 [對正(J)/型式(S)]： J　輸入 J 選項

請輸入選項

[對齊(A)/佈滿(F)/中心(C)/中央(M)/右(R)/左上(TL)/中上(TC)/右上(TR)/左中(ML)/正中(MC)/右中(MR)/左下(BL)/中下(BC)/右下(BR)]： M　輸入 M 選項

指定文字的中央點： 點選 1 點

指定高度 <2.5000>： 5　輸入字高 5

指定文字的旋轉角度 <0>： Enter

然後輸入「繪圖者」後按 Enter 二次，依序完成學號、姓名之輸入。

指令：_text

目前的文字型式：「CNS 工程圖」文字高度： 5.0000 可註解： 否

指定文字的起點或 [對正(J)/型式(S)]： J 輸入 J 選項

請輸入選項 [對齊(A)/佈滿(F)/中心(C)/中央(M)/右(R)/左上(TL)/中上(TC) /右上(TR)/左中(ML)/正中(MC)/右中(MR)/左下(BL)/中下(BC)/右下(BR)]： F 輸入 F 選項

指定文字基準線的第一個端點： 點選 4 點

指定文字基準線的第二個端點： 點選 5 點

指定高度 <5.0000>：Enter

然後輸入「1000816801」後按 Enter 二次，完成學號輸入。

	姓名以「中下(BC)」，點選如下方左圖中點為輸入點，完成「鄭全華」輸入。

編輯文字：

欲編輯修改輸入之單行文字，只要輸入在指令列鍵入 ED，即可出現編輯文字對話框，修改文字內容。

指令： ED，DDEDIT

選擇註解物件或 [退回(U)]： 點取欲修改之文字 1000816801，修改為 1000816888

繪圖者	學號	1000816801		繪圖者	學號	1000816888
	姓名	鄭全華			姓名	鄭全華

工程圖中常需用到如「°」「∅」「±」等符號，AutoCAD 特以控制碼「%%」及字元來輸入，其內定如下表所示。

▼表 3-2-2　AutoCAD 常用字元

輸入字元	範例	結果
%%C	%%c50	∅50
%%D	30%%d	30°
%%P	100%%P0.12	100±0.12
%%O	%%oACAD%%o2000	‾ACAD‾2000
%%U	%%uACAD%%u2000	ACAD2000
%%%	50%%%	50%

2. 多行文字：

		多行文字與單行為同一面板之選項，以滑鼠點選 2 點決定輸入多行文字對角框。
指令：_mtext　目前的文字型式："CNS 工程圖"　文字高度：5　可註解：否 指定第一角點：以滑鼠點選左下角起點 請指定對角點或 [高度(H)/對正(J)/行距(L)/旋轉(R)/文字型式(S)/寬度(W)/欄(C)]：以滑鼠指定對角右上角點		abc
輸入文字，按 Enter 後繼續下一行文字輸入，完成後按滑鼠左鍵完成。		

輸入選項參數高度(H)與寬度(W)

指令：_mtext　目前的文字型式："CNS 工程圖"　文字高度：5　可註解：否

指定第一角點：以滑鼠點選左下角為起點

請指定對角點或 [高度(H)/對正(J)/行距(L)/旋轉(R)/文字型式(S)/寬度(W)/欄(C)]：H　輸入高度選項 H

指定高度 <5>：5　輸入字度 5

請指定對角點或 [高度(H)/對正(J)/行距(L)/旋轉(R)/文字型式(S)/寬度(W)/欄(C)]：　W　輸入高度選項 W

指定寬度：　60　輸入寬度 60

輸入「註解：未標註去角 1.5x45%%d」完成後為「註解：未標註去角 1.5x45°」。

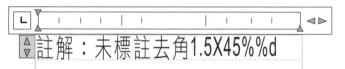

註解：未標註去角1.5X45°

指令：_mtext　目前的文字型式："CNS 工程圖"　文字高度：5　可註解：否

指定第一角點：以滑鼠點選左下角為起點

請指定對角點或 [高度(H)/對正(J)/行距(L)/旋轉(R)/文字型式(S)/寬度(W)/欄(C)]：H　輸入高度選項 H

指定高度 <5>：5　輸入字度 5

請指定對角點或 [高度(H)/對正(J)/行距(L)/旋轉(R)/文字型式(S)/寬度(W)/欄(C)]：　W　輸入高度選項 W

指定寬度：　40　輸入寬度 40

輸入「註解：未標註去角 1.5x45%%d」，因為設定寬度 40 寬度不足，所以呈現多行文字，完成後為二行之「註解：未標註去角 1.5x45°」。

註解：未標註去角 1.5X45%%d	註解：未標註去角 1.5X45°

欲調整多行文字時，以滑鼠直接點取文字出現藍色「掣點」，將右下角點「◤」向右邊水平移動，可調整多行文字之寬度。

註解：未標註去角 1.5X45° ▶	註解：未標註去角1.5X45°

立即練習 (E3-2-1.dwg)

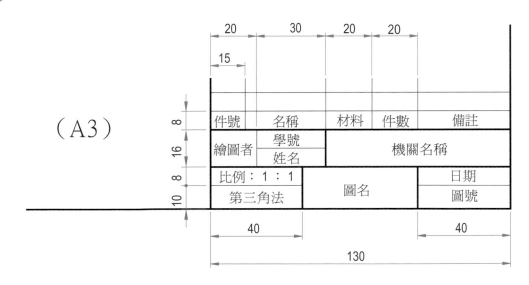

3-3 圖層(LAYER)

▼表 3-3-1 圖層指令

指令	Layer	精簡指令	LA
常用頁籤/圖層面板	圖層性質	主要功能列	格式/圖層

所謂圖層就是想像將一張工程圖中，不同的線型，(如：輪廓線、虛線、中心線、剖面線)文字及數值等分別各畫在一張張的透明膠片上，畫好後將它層層疊起，成為所需的一張圖，存為圖層。這些圖層 AutoCAD 可依需要隨時設定其打開或鎖住也就是說當這些線型文字等要出現在螢幕上時就可將其打開不要出現隱藏起來時，就是把它關掉也就是說把不要的層抽出來，如此，對於一張工程圖的編輯與修改是非常方便的，如下圖之「把手」是由輪廓線、中心線及尺度組合而成，如果只要出現視圖就可將尺度層鎖住隱藏起來，對於視圖的編修就非常的方便，因此繪製圖層的設定是非常重要的。

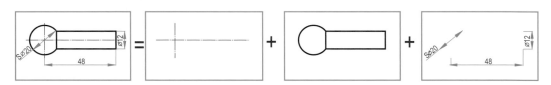

欲設定圖層先鍵入「LAYER」指令後，出現「圖層性質管理員」如下圖之圖示。

從常用頁籤之圖層面板圖層性質「圖層性質」，開啟圖層對話框。

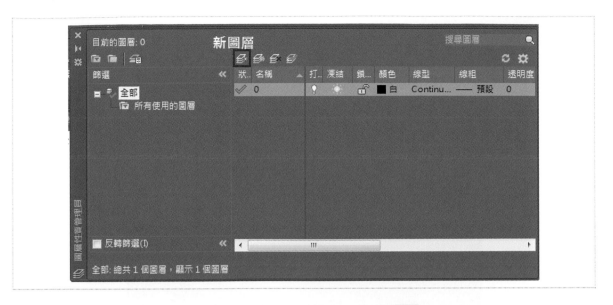

上圖示為 AutoCAD 之原始的設定、點選「新圖層 🗅」後就可依名稱、顏色、線型、進行設定,至於線寬、出圖型式均採原始設定,因 AutoCAD 的線寬即指線條的粗細而其線的型式及粗細是以其顏色來設定,而台灣國家標準(CNS)為方便圖檔交換,其線型顏色均有其建議當然圖層的設定可依個人習慣及喜好來設定,但為求圖檔之交換,整合建議讀者能參考本書所示之圖層設定表。

▼表 3-3-2　圖層設定

<table>
<tr><td colspan="5" align="center">圖層設定參考表</td></tr>
<tr><td>圖層名稱</td><td>意義</td><td>顏色</td><td>圖例</td><td>線型粗細</td></tr>
<tr><td>輪廓 (CON)</td><td>輪廓線</td><td>白 (7)</td><td></td><td>0.5</td></tr>
<tr><td>虛線 (HID)</td><td>虛線</td><td>紫 (6)</td><td></td><td>0.35</td></tr>
<tr><td>文字 (TXT)</td><td>文字</td><td>紫 (6)</td><td>圖名</td><td>0.35</td></tr>
<tr><td>數值 (VAL)</td><td>數值</td><td>紅 (1)</td><td>∅50</td><td>0.25</td></tr>
<tr><td>尺度 (DIM)</td><td>尺度線及
尺度界線</td><td>綠 (3)</td><td></td><td>0.18</td></tr>
<tr><td>中心線 (CEN)</td><td>中心線、虛擬線</td><td>黃 (2)</td><td></td><td>0.18</td></tr>
<tr><td>剖面 (HAT)</td><td>剖面線、折斷線</td><td>青 (4)</td><td></td><td>0.18</td></tr>
</table>

以上圖層參考表是以螢幕底色為黑色來繪製圖形，出圖時以黑白線條出圖時來設，如螢幕底色為白色繪製圖形或彩色線條出圖時，則建議將中心線的黃色改為藍色。

圖層名稱及顏色請依圖層設定參考表依序輸入，請參考下圖圖示。(參考動態教學 3-3-1.mp4)

---

1. 點按「新圖層 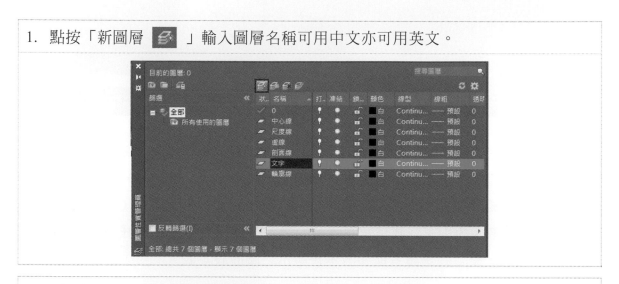 」輸入圖層名稱可用中文亦可用英文。

---

2. 圖層顏色，直接點選需設定圖層之顏色處，即可選取所要。

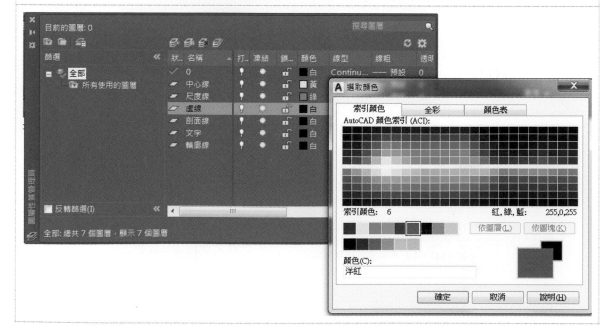

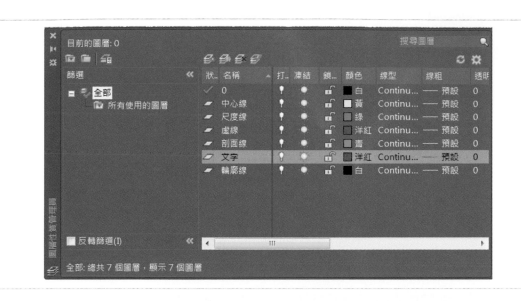

3-4 線型(LINETYPE)

　　當圖層名稱及顏色設定之後，有關線型的設定，AutoCAD 內定線型均為 **Continuous**。欲改線型則將指標指在線型上確定後系統出現選取線型，如載入的線型為所需線型則可點選「載入」即可選取所需的線型，如：圖層「中心線」選取所需線型 CENTER 後，按「確定」後，再在選取線型欄內按「確定」，則可完成「中心線」圖層之線型設定。(參考動態教學 3-4.mp4)

點選虛線之線性「**Continuous**」，出現「選取線型」對話框。點選「載入」，選取 AutoCAD 內定線型中心線「ACAD_ISO04W100」。

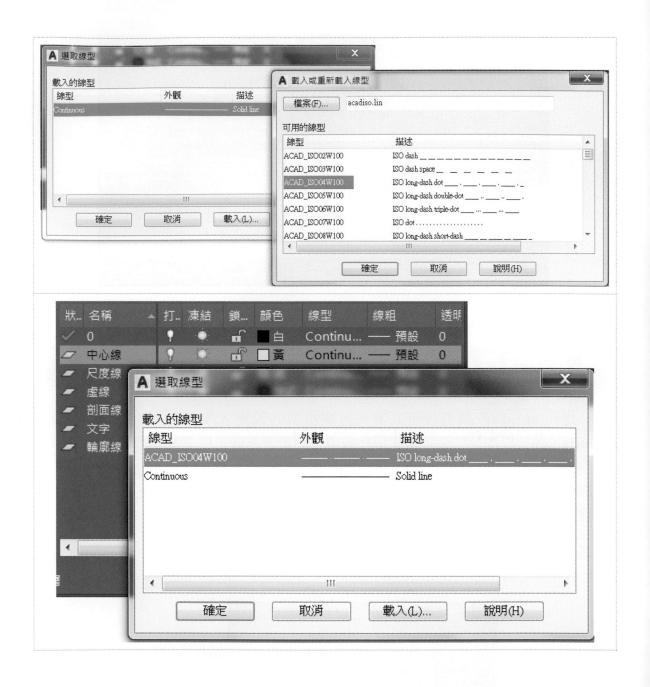

依序點選虛線線型為「ACAD_ISO02W100」，完成線型設定。

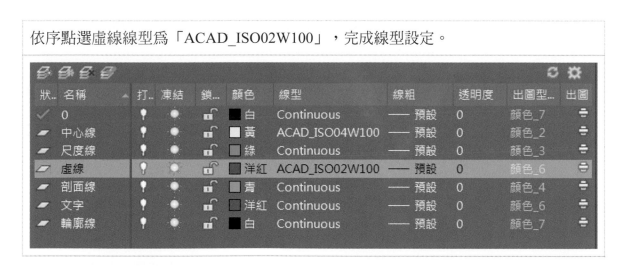

AutoCAD 軟體是美國所發展之軟體，其中系統內所設定之線型雖有使用樣板等型式可選用，使用 Windows 系統搜尋 acadiso.lin 線型檔並以「記事本」開啟。

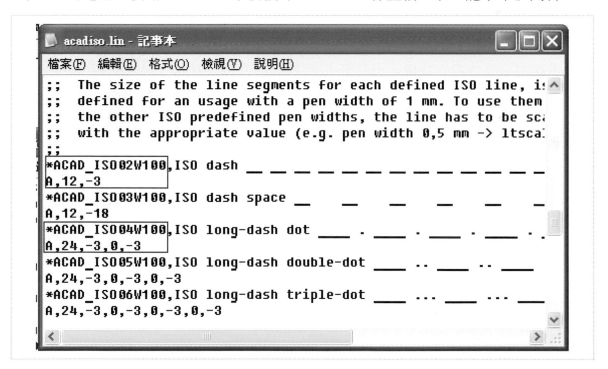

這線型定義不符合我國國家工程製圖標準 **CNS 3** 的規定，因此使用者即須依需求設定。

從表中「*ACAD_ISO02W100,ISO dash- - - - - -」「A，12，-3」來說明其設定之意義。

「* ACAD_ISO02W100」為線條的名稱，「ISO dash- - - - - -」是對這線條的描述;「A，12，-3」為線型格式之設定，「A」為線型格式起頭，正值表示線段長度，負值表示空白部分長度，故其線型為「_____」。

「_____ _____ _____」黃色區域為相同線段之循環。另表中數值為「0」者：即表示為「點」，從表中數值判斷其單位應為「吋」，為符合 CNC3 之規定，線段之長度應為「mm」。因此建議讀者自已依下面介紹的方法來設定自已常用的線型。

1. 直接由記事本設定建檔，但必須注意將其儲存成線型檔(*.lin)，例如：CNS.lin

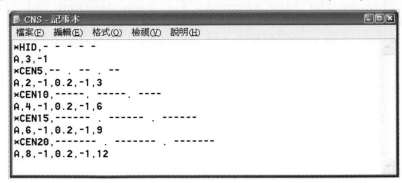

從表中知所設定線型為虛線，與中心線、其他線型如輪廓線、剖面線等均為連續線，因此線型之輸入，只要採 **AutoCAD** 內定之「**Continuous**」(連續線)即可，以下說明表中線型設定之意義。

(1) *HID－－－－－：虛線，其畫法是每段約 3mm 間隔約 1mm。

A，3，-1：表示虛線是畫 3mm 長度後容白部分 1mm 的循環線即「____」。

(2)　*CEN5－－.－－.－－：中心線，其畫法是線段長度與間隔之比例均為 10：1，
中間為一點。

A，2，-1，3：「0.2」本應為「0」表示中間之一點，但「點」在雷射印表機
出圖時，因太小在圖面中常呈現空白故建議以「0.2」短線代替。另這個設定
是為符合繪製工程圖標準所思考出來之技巧如以「A，5，-1，0.2，-1」來設
定，因 AutoCAD 之內定，會以兩也對齊，而形成圓的中心線，在垂直相交
之中心線時，圓心不得正是線的一點上，而必須落在兩長線相交的交點上，
因此將中心線的長線「5」改為「2+3」則可避免此狀況。所以「2，-1，0.2，

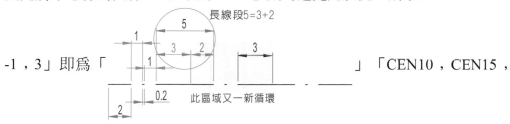

-1，3」即為「　　　　　　　　　　　　　　　　　　　　」「CEN10，CEN15，

CEN20」均為中心線之設定，因中心線的線醣長度如能依圓的大小做調整，
將使圖面現較美觀，因此建議讀者在中心線之設定亦可加以調整。

3-5　性質(PROPERTIES)

▼表 3-5-1　性質指令

指令	Properties	精簡指令	CH
常用頁籤/性質面板	性質 ▼ ↘	主要功能列	修改/性質

可以快速選取一張複雜圖面中，不同「顏色」、「圖層」、「線型」、「線寬」
等之物件加以編輯，亦可更改字型、字體大小，物件位置等等，是相當好用之快速
選取與過濾之指令，且可以立即修改。

點選性質「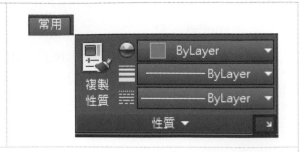」，出現性質對話框，點選最外圍圓弧，所有資料「顏色、線型、中心點 XYZ 座標值、半徑、直徑…」一切性質皆可查詢並變更。

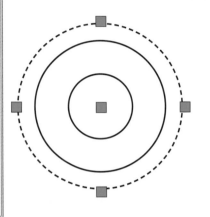

點選圖層，變更為「虛線」，馬上變更為虛線層之線型與顏色。

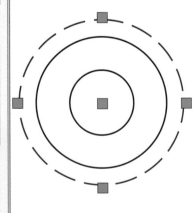

亦可以變更尺度，將半徑 25 改為 30，直徑自動變更為 60。

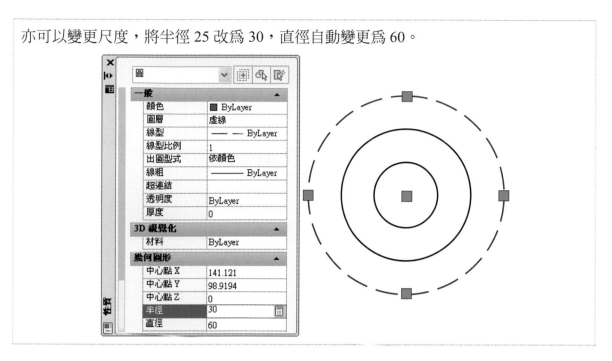

　　變更物件的圖層、顏色等，只要在點取欲變更性質之物件後，點選「物件性質」工具列，即可變更如圖層、顏色、線型控制、線寬以及出圖型式控制。按「Esc」後完成變更，可繼續下一個物件的變更。

另外亦可在點選物件後在「圖層」面版變更圖層。

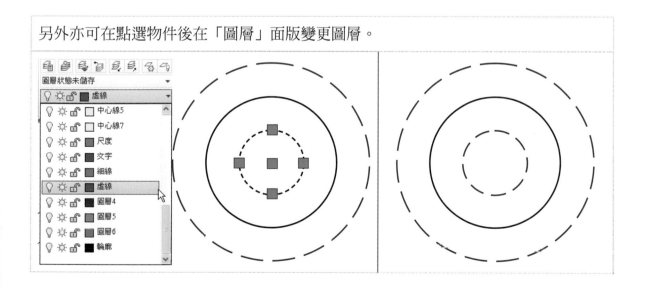

3-6 出圖設備規劃

點選「出圖」出現出圖對話框,有些選項需要選擇。

1. 選定「印表機/繪圖機」名稱。
2. 「出圖型式表」如為黑白出圖選擇「monochrome.ctb」後按「⊞」

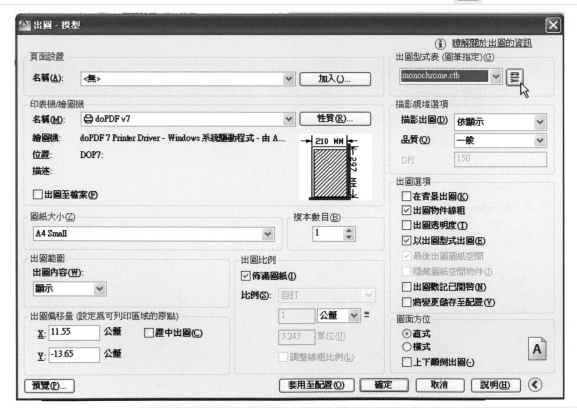

3. 選擇「出圖型式」之各顏色後，選擇該顏色之「線粗」，以顏色 7 為例應選 0.5 公釐之線粗。其餘顏色參考圖層設定參考表之線條粗細。

4. 選擇「圖紙大小」為 A4，A3 是雷射出圖最常用規格。

5. 「出圖範圍」可選擇顯示、視窗、圖面範圍、實際範圍。

6. 「出圖比例」一般選擇 1：1 或是勾選「佈滿比例」。

7. 「圖面方位」是直式或橫式。

8. 最後「預覽」無誤後出圖。

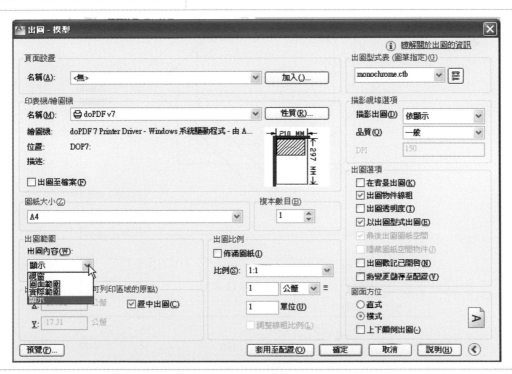

1. 使用 A4 圖紙依據線型與顏色繪製下圖以，需繪製標題欄，窗選設定後出圖。
   (C3-1-1.dwg) (C3-1-2.dwg)

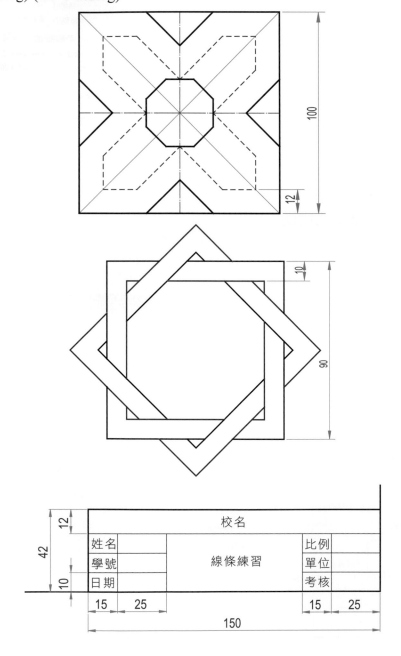

	校名		
姓名		比例	
學號	線條練習	單位	
日期		考核	

圓弧圖形

4-1 圓(CIRCLE)

▼表 4-1-1　繪製圓指令

指令	Circle	精簡指令	C
常用頁籤/修改面板		主要功能列	繪製/圓

點選「⬤」圖標後，指令列出現下列選項。

指令：_circle 指定圓的中心點或 [三點(3P)/兩點(2P)/相切、相切、半徑(T)]：

也可以按左列圖標「圖」選取欲繪製之圓參數選項。

指令說明如下：

「中心點、半徑」指令：_circle
指定圓的中心點或 [三點(3P)/兩點(2P)/相切、相切、半徑(T)]：指定中心點 P1
指定圓的半徑或 [直徑(D)]：10 輸入半徑值 10

「中心點、直徑」指令：_circle
指定圓的中心點或 [三點(3P)/兩點(2P)/相切、相切、半徑(T)]：指定中心點 P2
指定圓的半徑或 [直徑(D)]：d 指定圓的直徑：20 輸入直徑值 20

「兩點」指令：_circle
指定圓的中心點或 [三點(3P)/兩點(2P)/相切、相切、半徑(T)]：2P 輸入選項 2P
指定圓直徑的第一個端點：指定第一端點 P1
指定圓直徑的第二個端點：指定第二端點 P2

「三點」指令：_circle
指定圓的中心點或 [三點(3P)/兩點(2P)/相切、相切、半徑(T)]：3P 輸入選項 3P
指定圓上的第一點：指定第一點 P1
指定圓上的第二點：指定第二點 P2

指定圓上的第三點：指定第三點 P3

「 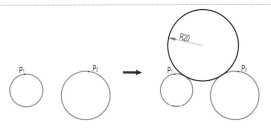 相切、相切、半徑 」指令：_circle

指定圓的中心點或 ［三點（3P）/兩點（2P）/相切、相切、半徑（T）］：T 輸入選項 T
指定物件上的點作為圓的第一個切點：指定第一切點 P1
指定物件上的點作為圓的第二個切點：指定第二切點 P2
指定圓的半徑 <18.0000>：20 輸入半徑值 20

「 相切、相切、相切 」指令：_circle

指定圓的中心點或［三點（3P）/兩點（2P）/相切、相切、半徑（T）］：3P 輸入選項 3P
指定圓上的第一點：_tan 於 指定第一切點 P1
指定圓上的第二點：_tan 於 指定第二切點 P2
指定圓上的第三點：_tan 於 指定第三切點 P3

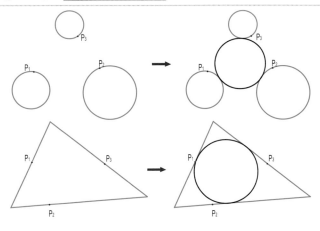

作圖解析

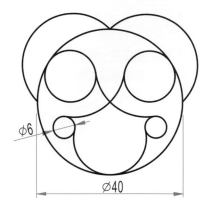

(A4-1-1.dwg，動態教學檔 A4-1-1.mp4)

以「⬛」畫長度約 48 的兩條互相垂直線

指令：_line 指定第一點：畫水平線左邊點

指定下一點或 [退回(U)]：48 打開 F8 滑鼠右移輸入 48

指定下一點或 [退回(U)]：Enter

同法繪製直線。

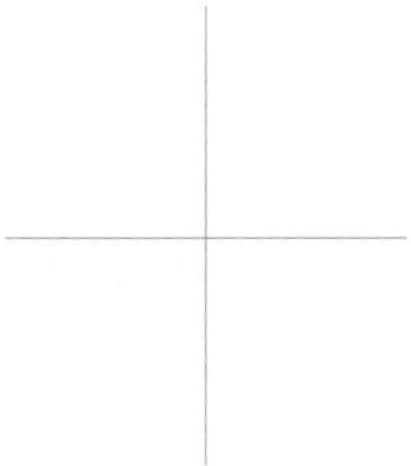

「⬤ 中心點、半徑」畫半徑 20 之圓

指令：_circle 指定圓的中心點或 [三點(3P)/兩點(2P)/相切、相切、半徑(T)]：

指定圓的半徑或 [直徑(D)]：20

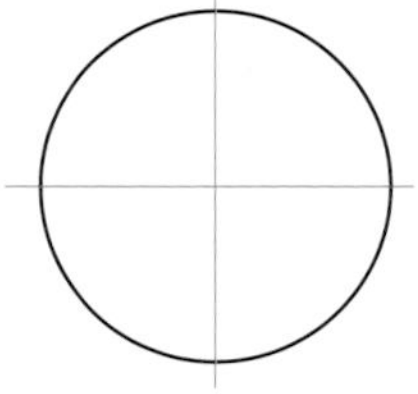

「⬤ 兩點」兩點畫圓如右圖 2 紅點

指令：_circle 指定圓的中心點或 [三點(3P)/兩點(2P)/相切、相切、半徑(T)]：_2p 指定圓直徑的第一個端點：

指定圓直徑的第二個端點：

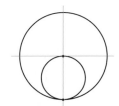

「⬤ 三點」三點畫圓如右圖 3 紅點

指令：_circle 指定…或 [三點(3P)/兩點(2P)/相切、相切、半徑(T)]：_3p 指定圓上的第一點：

指定圓上的第二點：

指定圓上的第三點：

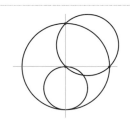

「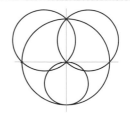」三點畫圓如右圖 3 紅點

指令：_circle 指定…點或 ［三點(3P)／兩點(2P)／相
切、相切、半徑(T)］：_3p 指定圓上的第一點：
指定圓上的第二點：
指定圓上的第三點：

「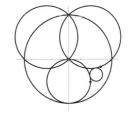」二相切點如右圖 2 紅點位置

指令：_circle 指定…或 ［三點(3P)／兩點(2P)／相
切、相切、半徑(T)］：_ttr
指定物件上的點做為圓的第一個切點：
指定物件上的點做為圓的第二個切點：
指定圓的半徑 <0.0000>：3 輸入 3

「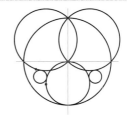」二相切點如右圖 2 紅點位置

指令：_circle 指定…或 ［三點(3P)／兩點(2P)／相
切、相切、半徑(T)］：_ttr
指定物件上的點做為圓的第一個切點：
指定物件上的點做為圓的第二個切點：
指定圓的半徑 <3.0000>：Enter

「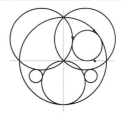」三相切點如右圖 3 紅點位置

指令：_circle 指定…點或 ［三點(3P)／兩點(2P)／相
切、相切、半徑(T)］：_3p
指定圓上的第一點：_tan 於
指定圓上的第二點：_tan 於
指定圓上的第三點：_tan 於

「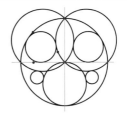」三相切點如右圖 3 紅點位置

指令：_circle 指定…點或 ［三點(3P)／兩點(2P)／相
切、相切、半徑(T)］：_3p
指定圓上的第一點：_tan 於
指定圓上的第二點：_tan 於
指定圓上的第三點：_tan 於

「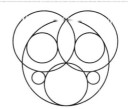」刪除兩條直線

指令：_erase
選取物件：找到 1 個
選取物件：找到 1 個，共 2　選取物件：Enter

「 ✄ 修剪 」修剪多餘相交線條 指令：_trim 目前的設定：投影=UCS 邊緣=無 選擇修剪邊緣 ... 選取物件或〈全選〉：指定對角點：找到 8 個 選取物件：Enter 選取要修剪…物件，或 [籬選 (F)/框選 (C)/投影 (P)/邊緣 (E)/刪除 (R)/退回 (U)]：	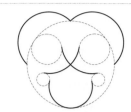
完成圖形	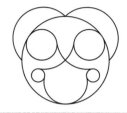

作圖解析

請依照圖示尺度繪製抄繪下圖

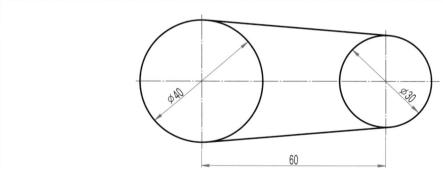

(A4-1-2.dwg，動態教學檔 A4-1-2.mp4)

1. 選擇「圖層 0」先繪製中心線與兩直徑圓。	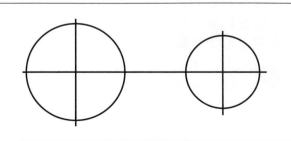

2. 繪製上方公切線。技巧：按 Shift +滑鼠右鍵，快速選取鎖點模式「切點」一次。

　指令：_line 指定第一點：_tan 於　鎖點模式相切於點 P1

　指定下一點或 [退回(U)]：_tan 於　鎖點模式相切於點 P2

　指定下一點或 [退回(U)]：Enter

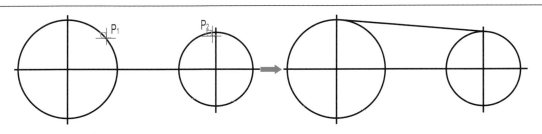

3. 繪製下方公切線

　指令：_line 指定第一點：_tan 於　鎖點模式相切於點 P3

　指定下一點或 [退回(U)]：_tan 於　鎖點模式相切於點 P4

　指定下一點或 [退回(U)]：Enter

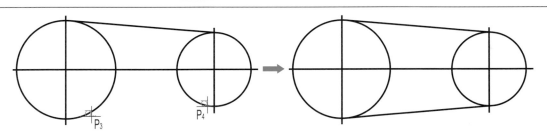

4. 變更中心線圖層，完成圖形。

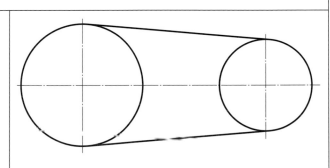

立即練習

1. (E4-1-1.dwg)

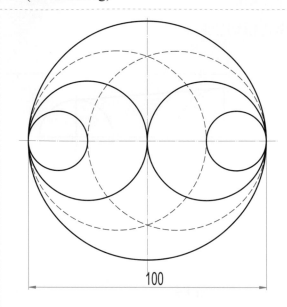

100

2. (E4-1-2.dwg)

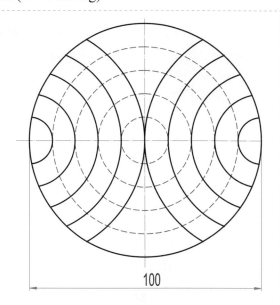

100

3. (E4-1-3.dwg)

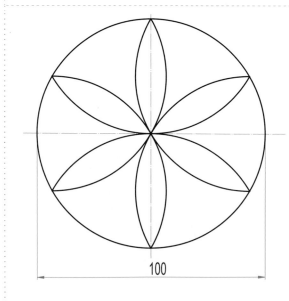

100

4. (E4-1-4.dwg)

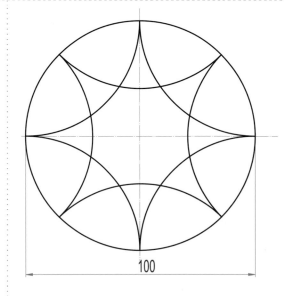

100

5. (E4-1-5.dwg)

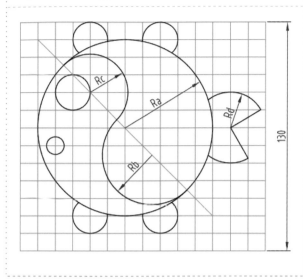

6. (E4-1-6.dwg)

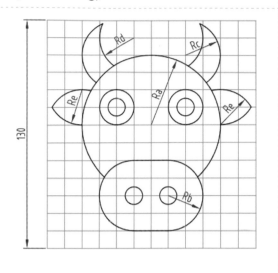

精選範例練習 幾何思考題型

1. 請依據尺度繪製並繪製兩相切圓 D。(T4-1-1.dwg，動態教學檔 T4-1-1.mp4)

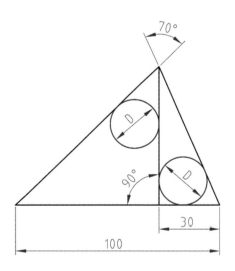

作圖解析

思考提示：圓周角是圓心角的一半，所以圓弧圓心角度應為 360°-70°*2=220°

起點、終點、角度

指令：_arc 指定弧的起點或 [中心點(C)]：點 1
指定弧的第二點或 [中心點(C)/終點(E)]：_e
指定弧的終點： 點 2
指定弧的中心點 (按住 Ctrl 以切換方向) 或 [角度(A)/方向(D)/半徑(R)]：_a
指定夾角 (按住 Ctrl 以切換方向)：220 輸入 220

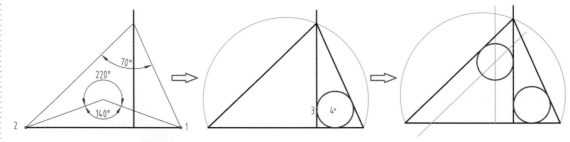

做完相切圓後「偏移 ⬓」時是以點 3 與點 4 之距離為偏移距離。

請依據尺度繪製下列各圖。(註：Ra、Rb、Rc...等半徑代號是為顯示圓心位置)

2. (T4-1-2.dwg)

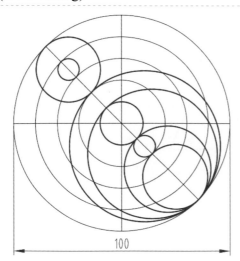

3. (T4-1-3.dwg)

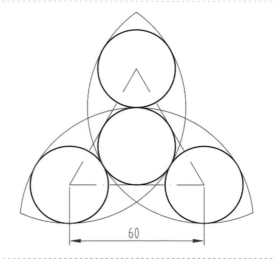

4. (T4-1-4.dwg)

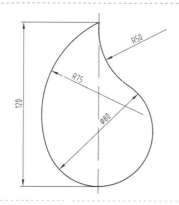

5. (T4-1-5.dwg，動態教學檔 T4-1-5.mp4)

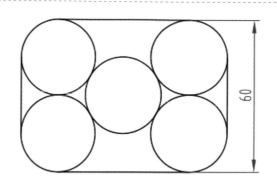

6. 已知邊長為 100 的正三角形，請繪製相切的 6 個圓。(T4-1-6.dwg)

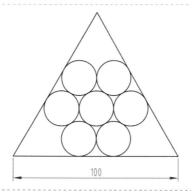

作圖步驟提示

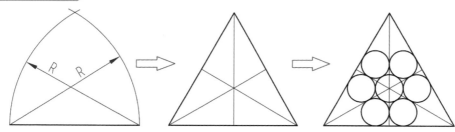

7. 已知兩點與直徑線段，以三點畫圓。(T4-1-7.dwg)

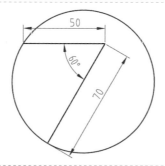

指令：_circle

指定圓的中心點或 [三點(3P)/兩點(2P)/相切、相切、半徑(T)]：_3p 指定圓上的第一點： 點選點 1 端點

指定圓上的第二點： 點選點 2 端點

指定圓上的第三點：_per 於 (互垂(P))於直線上任一點 3

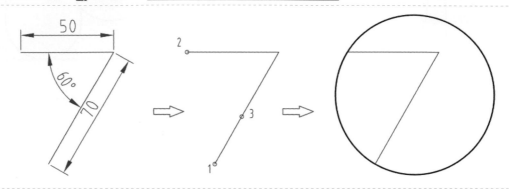

8. 以三點畫圓，使用點、相切、相切完成。(T4-1-8.dwg，動態教學檔 T4-1-8.mp4)

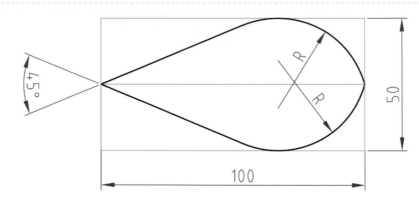

4-2 弧(ARC)

▼表 4-2-1　圓弧指令表

指令	Arc	精簡指令	A
常用頁籤/繪製面板/弧	弧	主要功能列	繪製/弧

點選「　」弧指令後，在指令列出現選項輸入列，依據提示輸入選項值，指定 3 個點即可完成作圖。

指令：_arc 指定弧的起點或 [中心點(C)]：
指定弧的第二點或 [中心點(C)/端點(E)]：
指定弧的終點：

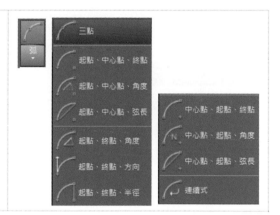

「　三點」

指令：_arc 指定弧的起點或 [中心點(C)]：<u>指定起點 1</u>
指定弧的第二點或 [中心點(C)/終點(E)]：<u>指定第二點 2</u>
指定弧的終點：<u>指定終點 3</u>

「　起點、中心點、終點」

指令：_arc 指定弧的起點或 [中心點(C)]：<u>指定起點 1</u>
指定弧的第二點或 [中心點(C)/終點(E)]：_c 指定弧的中心點：<u>指定第二點 2</u>
指定弧的終點(按住 Ctrl 以切換方向)或 [角度(A)/弦長(L)]：<u>指定終點 3</u>

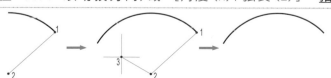

「 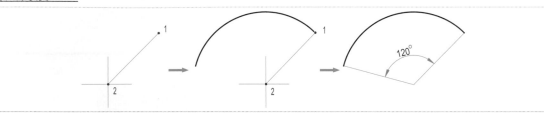 起點、中心點、角度 」

指令：_arc 指定弧的起點或 [中心點(C)]：**指定起點 1**

指定弧的第二點或 [中心點(C)/終點(E)]：_c 指定弧的中心點：**指定中心點 2**

指定弧的終點(按住 Ctrl 以切換方向)或 [角度(A)/弦長(L)]：_a 指定夾角：120 **輸入角度 120**

「 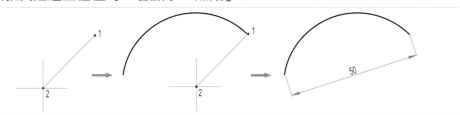 起點、中心點、弦長 」

指令：_arc 指定弧的起點或 [中心點(C)]：**指定起點 1**

指定弧的第二點或 [中心點(C)/終點(E)]：_c 指定弧的中心點：**指定中心點 2**

指定弧的終點(按住 Ctrl 以切換方向)或 [角度(A)/弦長(L)]：_l 指定弦長：50 **輸入弦長 50**

註：當輸入弦長超過直徑值時，會顯示「無效」。

「 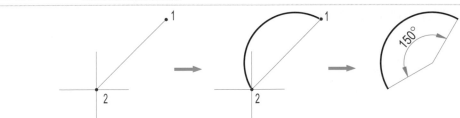 起點、終點、角度 」

指令：_arc 指定弧的起點或 [中心點(C)]：**指定起點 1**

指定弧的第二點或 [中心點(C)/終點(E)]：_e 指定弧的終點：**指定終點 2**

指定弧的中心點(按住 Ctrl 以切換方向)或 [角度(A)/方向(D)/半徑(R)]：_a 指定夾角：150 **輸入角度 150**

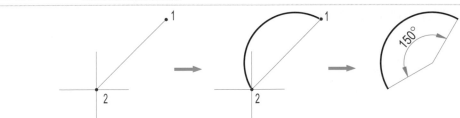

「　■ 起點、終點、方向　」

指令：_arc 指定弧的起點或 [中心點(C)]：指定起點 1

指定弧的第二點或 [中心點(C)/終點(E)]：_e 指定弧的終點：指定終點 2

指定弧的中心點(按住 Ctrl 以切換方向)或 [角度(A)/方向(D)/半徑(R)]：_d

指定弧的起點的切線方向：指定弧起點的切線方向 3

重複 4、5、6 點，完成圖形。

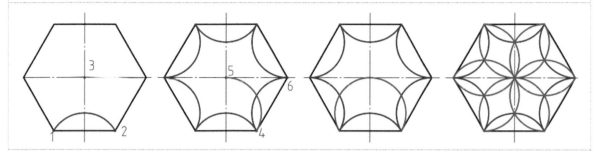

「　■ 起點、終點、半徑　」

指令：_arc 指定弧的起點或 [中心點(C)]： 指定起點 1

指定弧的第二點或 [中心點(C)/終點(E)]：_e 指定弧的終點：指定起點 2

指定弧的中心點(按住 Ctrl 以切換方向)或 [角度(A)/方向(D)/半徑(R)]：_r 指定弧
半徑：30 輸入半徑 30

註：輸入半徑值應大於起點與終點之距離。

「　■ 中心點、起點、終點　」

指令：_arc 指定弧的起點或 [中心點(C)]：_c 指定弧的中心點：指定中心點 1

指定弧的起點： 指定起點 2

指定弧的終點(按住 Ctrl 以切換方向)或 [角度(A)/弦長(L)]： 指定終點 3

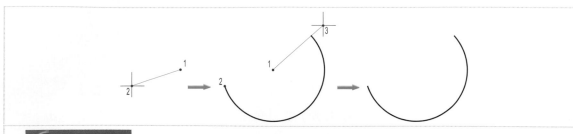

「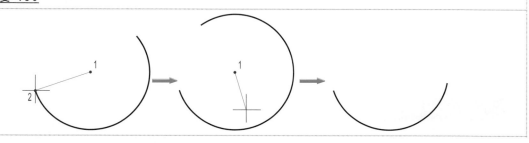 中心點、起點、角度」

指令：_arc 指定弧的起點或 [中心點(C)]：_c 指定弧的中心點：<u>指定中心點 1</u>

指定弧的起點： <u>指定起點 2</u>

指定弧的終點(按住 Ctrl 以切換方向)或 [角度(A)/弦長(L)]：_a 指定夾角：150 <u>輸入角度 150</u>

「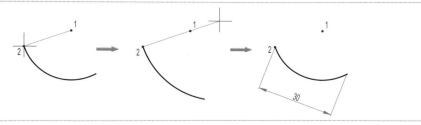 中心點、起點、弦長」

指令：_arc 指定弧的起點或 [中心點(C)]：_c 指定弧的中心點：<u>指定中心點 1</u>

指定弧的起點：<u>指定起點 2</u>

指定弧的終點(按住 Ctrl 以切換方向)或 [角度(A)/弦長(L)]：_l 指定弦長：30 <u>輸入弦長 30</u>

註：當輸入弦長超過直徑值時，會顯示「無效」。

　　AutoCAD 在 ARC 的指令很多，但在繪製機械工程圖中，除了起點、終點及半徑偶而應用外，其他大致上很少使用，在工程圖中大致以圓先繪製，再利用「**TRIM**」指令將其修剪。

作圖解析

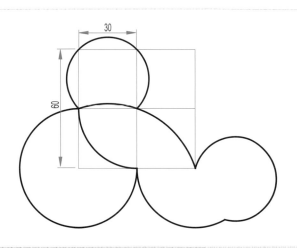

(A4-2-1.dwg)

「 ✎ 」 指令：_line 指定第一點： <u>點 L1 然後向下</u> 指定下一點或 ［退回(U)］： 〈正交 打開〉 60 <u>輸入 60 向右</u> 指定下一點或 ［退回(U)］：60 <u>輸入 60</u>	``` L1 L2 ```

「 ⌐ 」
指令：_offset
目前的設定：刪除來源=否
圖層=來源　OFFSETGAPTYPE=0
指定偏移距離或
［通過(T)/刪除(E)/圖層(L)］〈通過〉：30
選取要偏移的物件或
［結束(E)/退回(U)］〈結束〉：<u>點 a1</u>
指定要在那一側偏移的點或 ［結束(E)/多重(M)/
退回(U)］〈結束〉：<u>點 a2，依序完成偏移複製</u>

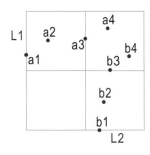

「 ⌒ 三點 」
指令：_arc 指定弧的起點或 ［中心點(C)］：點 1
指定弧的第二點或 ［中心點(C)/端點(E)］：<u>點 2</u>
指定弧的終點：<u>點 3</u>

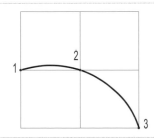

「 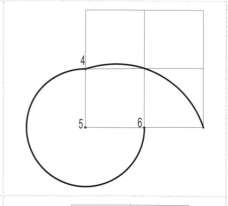 起點、中心點、終點 」

指令：_arc 指定弧的起點或 [中心點(C)]：點 4
指定弧的第二點或
[中心點(C)/端點(E)]：_c 指定弧的中心點：點 5
指定弧的端點(按住 Ctrl 以切換方向)或 [角度(A)/弦
長(L)]：點 6
逆時針畫弧

「 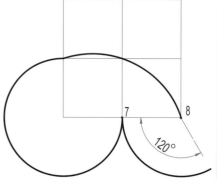 起點、中心點、角度 」

指令：_arc 指定弧的起點或 [中心點(C)]：點 7
指定弧的第二點或
[中心點(C)/端點(E)]：_c 指定弧的中心點：點 8
指定弧的端點(按住 Ctrl 以切換方向)或
[角度(A)/弦長(L)]：_a 指定夾角：120

「 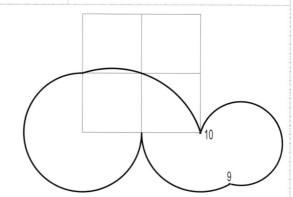 起點、終點、角度 」

指令：_arc 指定弧的起點或
[中心點(C)]：點 9
指定弧的第二點或
[中心點(C)/端點(E)]：_e
指定弧的終點：點 10
指定弧的中心點(按住 Ctrl 以切換方向)或
[角度(A)/方向(D)/半徑(R)]：_a
指定夾角：270

「 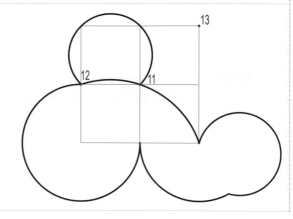 起點、終點、方向 」

指令：_arc 指定弧的起點或
[中心點(C)]：點 11
指定弧的第二點或
[中心點(C)/端點(E)]：_e 點 12
指定弧的終點：
指定弧的中心點(按住 Ctrl 以切換方向)或
[角度(A)/方向(D)/半徑(R)]：_d
指定弧的起點的切線方向：點 13

「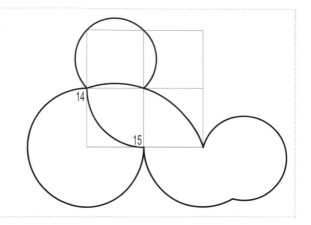　起點、終點、半徑」

令：_arc 指定弧的起點或［中心點(C)]：
點 14
指定弧的第二點或
［中心點(C)/端點(E)]：_e
指定弧的終點：點 15
指定弧的中心點(按住 Ctrl 以切換方向)或
［角度(A)/方向(D)/半徑(R)]：_r
指定弧的半徑：30

請依據尺度繪製圖形。

1. (E4-2-1.dwg)

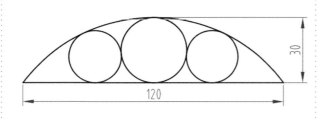

2. (E4-2-2.dwg)

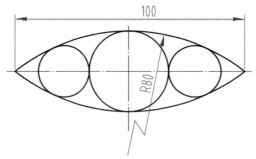

3. (E4-2-3.dwg)

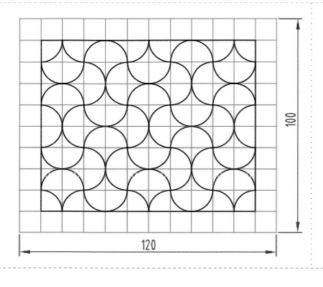

4. (E4-2-4.dwg)

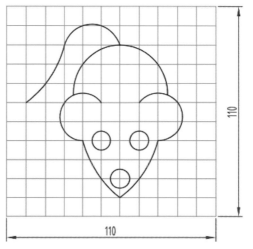

5. (E4-2-5.dwg，動態教學檔 E4-2-5.mp4)　　　6. (E4-2-6.dwg)

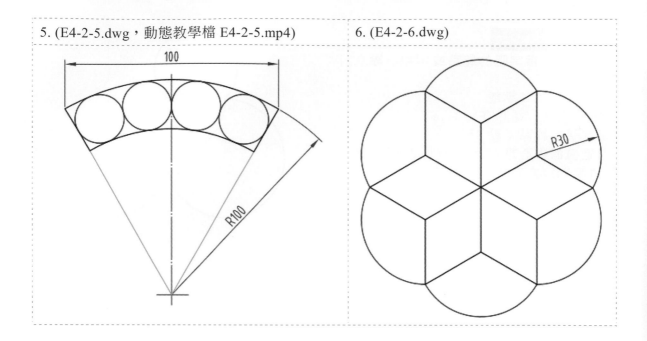

精選範例練習　幾何思考題型

1. 以起點、終點、方向畫弧，繪製下圖之 R 弧與左邊直線相切。(T4-2-1.dwg)

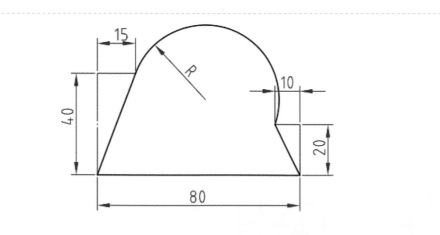

作圖解析

起點、終點、方向

指令：_arc 指定弧的起點或 [中心點(C)]：　點 1

指定弧的第二點或 [中心點(C)/終點(E)]：_e

指定弧的終點：點 2

指定弧的中心點 (按住 Ctrl 以切換方向) 或 [角度(A)/方向(D)/半徑(R)]：_d

指定弧的起點的切線方向 (按住 Ctrl 以切換方向)：　按住 Ctrl 以切換方向後，點 3

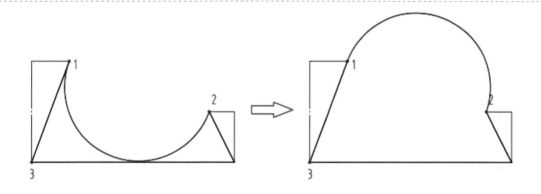

2. 參考正五邊形，繪製各種圓弧。(T4-2-2.dwg)

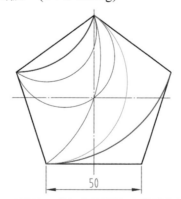

立即練習

請依據尺度繪製圖形。

1. (E4-2-7.dwg)

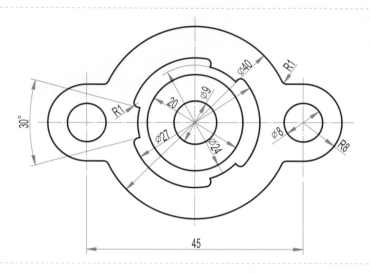

2. (E4-2-8.dwg)

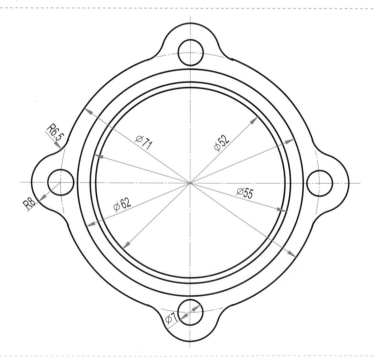

3. (E4-2-9.dwg)

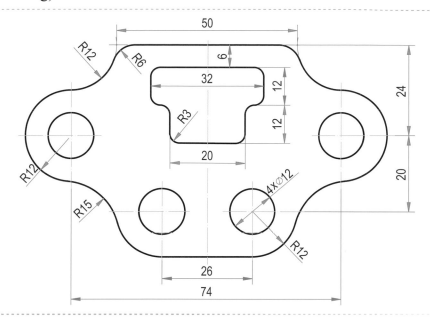

4. (E4-2-10.dwg)

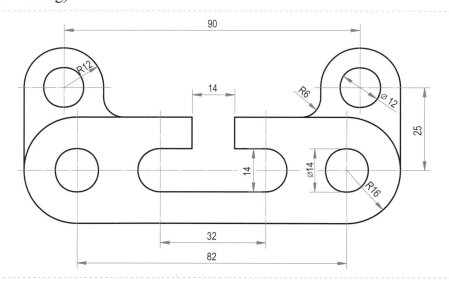

4-3 旋轉(ROTATE)

▼表 4-3-1 旋轉指令表

指令	Rotate	精簡指令	RO
常用頁籤/修改面板/旋轉	○ 旋轉	主要功能列	修改/旋轉

○ 旋轉 **正角度（逆時針旋轉）**

指令：_rotate

目前使用者座標系統中的正向角： ANGDIR=逆時鐘方向 ANGBASE=0

選取物件：指定對角點：窗選 1、2 點 找到 2 個

選取物件：Enter

指定基準點：點選 P 點

指定旋轉角度或 [複製(C)/參考(R)] <0>：30 輸入旋轉角度 30

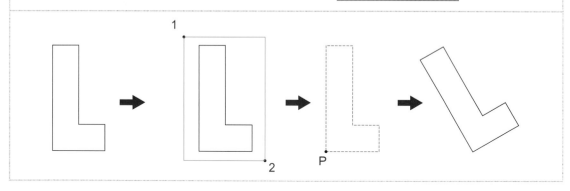

○ 旋轉 **負角度（順時針旋轉）**

指令：_rotate

目前使用者座標系統中的正向角： ANGDIR=逆時鐘方向 ANGBASE=0

選取物件：指定對角點：窗選 1、2 點找到 2 個

選取物件：Enter

指定基準點：點選 P 點

指定旋轉角度或 [複製(C)/參考(R)] <330>：-45 輸入旋轉角度-45

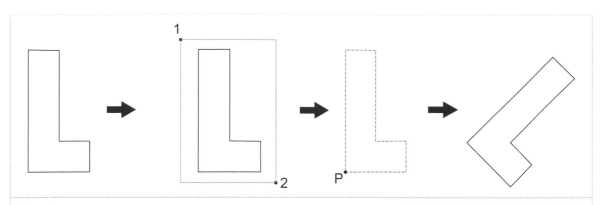

◯ 旋轉 旋轉至某點位置

指令：_rotate

目前使用者座標系統中的正向角：　ANGDIR=逆時鐘方向　　ANGBASE=0

選取物件：<u>點選直線圓弧</u>找到 3 個，共 3

選取物件：Enter

指定基準點：<u>點 1</u>

指定旋轉角度或 [複製(C)/參考(R)] <64>：R　<u>輸入參數 R</u>

指定參考角度 <26>：　<u>點 1</u>　指定第二點：<u>點 2</u>

指定新角度或 [點(P)] <90>：　<u>點 3</u>

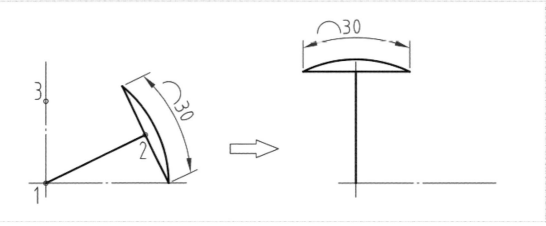

作圖解析

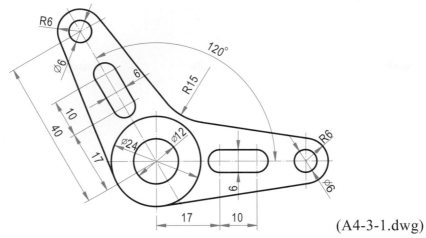

(A4-3-1.dwg)

1. 以圓(CIRCLE)、線(LINE)繪製，編輯如下圖之圖形 2. 以鏡射(MIRROR)編輯圖形，中心線 L 為鏡射線	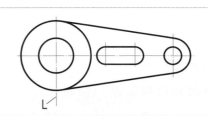
3. 以點 O 為旋轉中心，旋轉-60° 「 O 旋轉 」指令：ROTATE 目前使用者座標系統中的正向角： ANGDIR=逆時鐘方向　ANGBASE=0 選取物件：指定對角點：12 找到 框選欲旋轉之物件 選取物件：Enter 指定基準點： 點選 O 點 指定旋轉角度或 [參考(R)]：-60　輸入旋轉角度-60	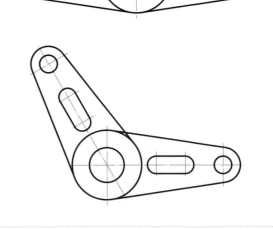

4. 倒圓角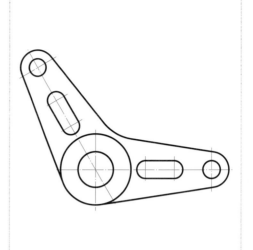

　指令：FILLET

　目前的設定值：模式 = TRIM, 半徑 = 0.0000

　選取第一個物件或 [聚合線(P)/半徑(R)/修剪(T)]:

　　R　輸入選項 R

　請指定圓角半徑 <0.0000>：15　輸入半徑值 15

　指令： Enter

　FILLET

　目前的設定值：模式 = TRIM, 半徑 = 15.0000

　選取第一個物件或 [聚合線(P)/半徑(R)/修剪(T)]:

　點取欲倒圓角之直線

　選取第二個物件： 點取欲倒圓角之直線

作圖解析

如何將下圖(a)編輯成圖(b)？(A4-3-2.dwg)

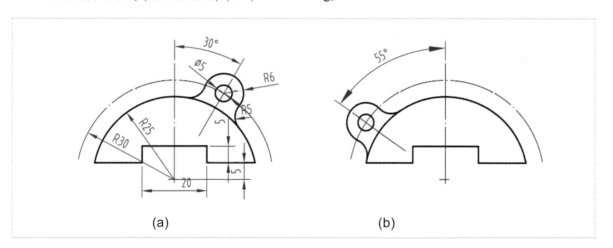

(a)　　　　　　　　　　　　　　　(b)

解析

以旋轉(ROTATE)85 度。

作圖解析

如何將下圖(a)編輯成圖(b)？(A4-3-3.dwg)

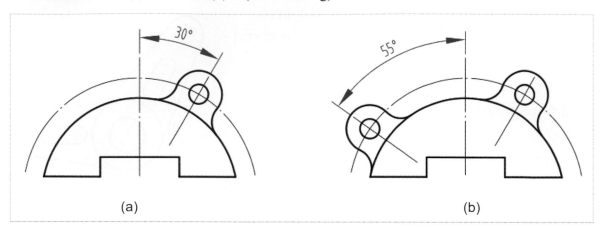

解析

以陣列(ARRAY)之環狀複製，佈滿角度 85 度，或以掣點複製(COPY)旋轉(ROTATE)亦可。

立即練習

請依據尺度繪製圖形。

1. (E4-3-1.dwg)　　　　　　　　　　2. (E4-3-2.dwg)

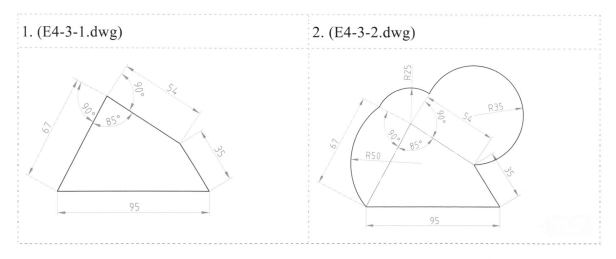

3. (E4-3-3.dwg)

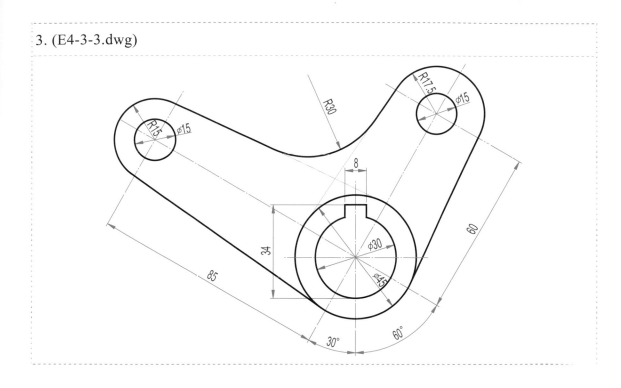

4-4　圓角(FILLET)

　　物體在製造過程中，因尖銳的轉角強度較弱，易折裂或造成凹陷等不良後果，在轉角處故意製成圓角。繪製圓角前，都須先設定圓角的半徑，若半徑設為 0 時，則成為角。

▼表 4-4-1　圓角指令表

指令	Fillet	精簡指令	F
常用頁籤 /修改面板/圓角	圓角	主要功能列	修改/圓角

圓角

```
指令：FILLET
目前的設定：模式 = 修剪，半徑 = 0.0000
選取第一個物件或 ［退回(U)/聚合線(P)/半徑(R)/修剪(T)/多重(M)］：R
請指定圓角半徑 <0.0000>：5
```

選取第一個物件或[退回(U)/聚合線(P)/半徑(R)/修剪(T)/多重(M)]：點選點 1
選取第二個物件，或按住 Shift 並選取物件以套用角點或[半徑(R)]：點選點 2
指令：Enter
FILLET
目前的設定：模式 = 修剪，半徑 = 5.0000
選取第一個物件或[退回(U)/聚合線(P)/半徑(R)/修剪(T)/多重(M)]：點選點 3
指令：Enter
……依序完成點 4、點 5、點 6，點 7、點 8，點 9、點 10 之圓角

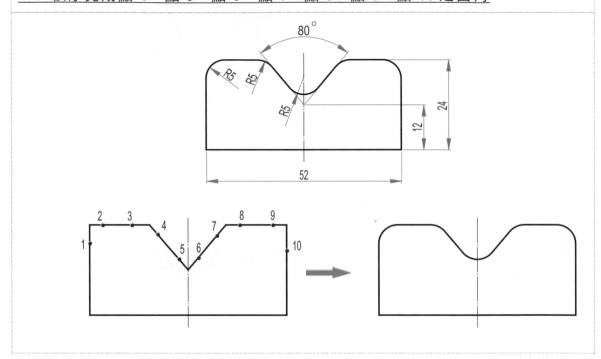

本圖例是運用圓角中設定半徑值為「0」來繪製，在畫兩直線相交時常採用之。

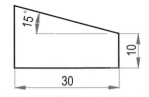

指令：FILLET
目前的設定值：模式 = 修剪，半徑 = 1.00
選取第一個物件或 [退回(U)/聚合線(P)/半徑(R)/修剪(T)/多重(M)]：R
輸入選項 R
請指定圓角半徑 <1.00>：0　輸入半徑值 0
指令：Enter
FILLET
目前的設定值：模式 = 修剪，半徑 = 0.00

選取第一個物件或[退回(U)/聚合線(P)/半徑(R)/修剪(T)/多重(M)]：點取點 1
選取第二個物件： 點取點 2，同法點取點 3、點 4

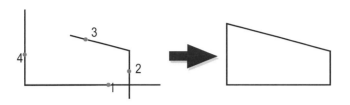

立即練習

請依據尺度繪製圖形。(E4-4-1.dwg)

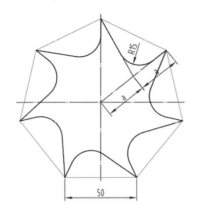

作圖步驟提示

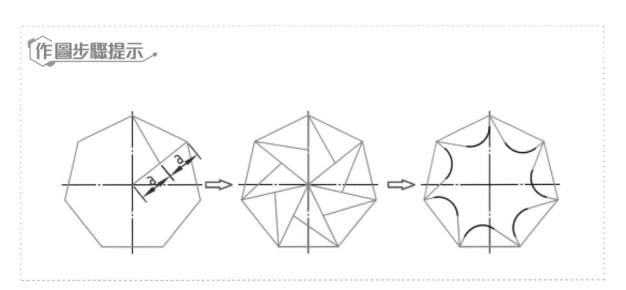

4-5 移動(MOVE)

▼表 4-5-1 移動指令表

指令	Move	精簡指令	M
常用頁籤 /修改面板/移動	移動	主要功能列	修改/移動

移動

指令：_move
選取物件：找到 1 個 選取矩形
選取物件：Enter
指定基準點或位移：點取點 1
指定位移的第二點或 ＜使用第一點作
為位移＞：_qua 於以鎖點模式四分點
指定基準點 2

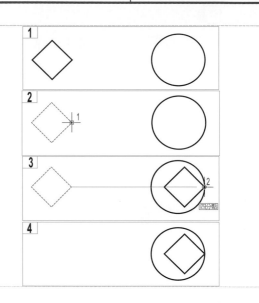

4-6 複製(COPY)

在目前圖面中複製單一物件或多個物件，也可用「M」做多次的複製。

▼表 4-6-1 複製指令表

指令	Copy	精簡指令	CO
常用頁籤 /修改面板/複製	複製	主要功能列	修改/複製

1. 單一複製 複製
   指令： COPY
   選取物件： 框選物件點取點 1

指定對角點：找到 1 個　　　點取點 2

選取物件：[Enter]

目前的設定：　複製模式＝多重（環境預設為多重）

指定基準點或 [位移(D)/模式(O)] <位移>：O

輸入複製模式選項 [單一(S)/多重(M)] <多重>：S　輸入 S 改為單一複製

指定基準點或 [位移(D)/模式(O)/多重(M)] <位移>：點取基準點 3

指定位移的第二點或 <使用第一點作為位移>：　指定位移點 4，或輸入相對座標@30<0。

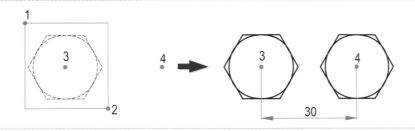

2. 多重複製(M)　複製

指令：COPY

選取物件：

指定對角點：2 找到　　框選物件

選取物件：[Enter]

目前的設定：　複製模式 ＝ 多重（環境預設為多重）

指定基準點或 [位移(D)/模式(O)] <位移>：<打開物件鎖點> 以中心點模式點取點 1

指定位移的第二點或 <使用第一點作為位移>：點取點 2

指定位移的第二點或 <使用第一點作為位移>：點取點 3

指定位移的第二點或 <使用第一點作為位移>：點取點 4

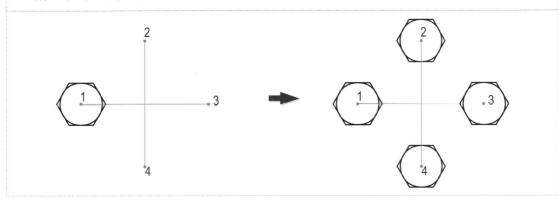

作圖解析

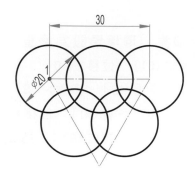

(A4-6-1.dwg)

1. 繪製邊長 30 之正三角形

2. 以點 1 為中心點繪製直徑為 20 之圓

3. 多重複製，以鎖點模式(中點)點取 2、4、5 點

指令：COPY　點取欲複製之圓

選取物件：1 找到

選取物件：Enter

指定基準點或位移，或[多重(M)]：M　輸入選項 M

指定基準點：<打開物件鎖點>　以「端點」點取點 1 為基準點

指定位移的第二點或<使用第一點作為位移>：_mid 於　以「中點」鎖定點 2

指定位移的第二點或<使用第一點作為位移>：　　點選端點 3

指定位移的第二點或<使用第一點作為位移>：_mid 於　以「中點」鎖定點 4

指定位移的第二點或<使用第一點作為位移>：_mid 於　以「中點」鎖定點 5

指定位移的第二點或 <使用第一點作為位移>：Enter

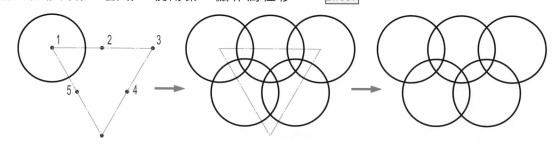

立即練習

請依據尺度繪製圖形

1. (E4-6-1.dwg)

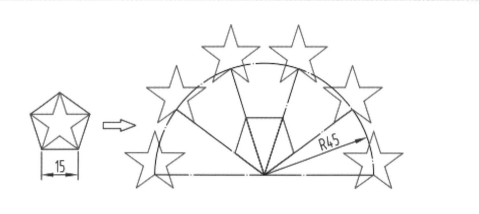

2. (E4-6-2.dwg)

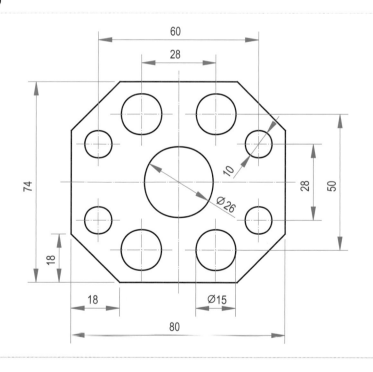

3. (E4-6-3.dwg)

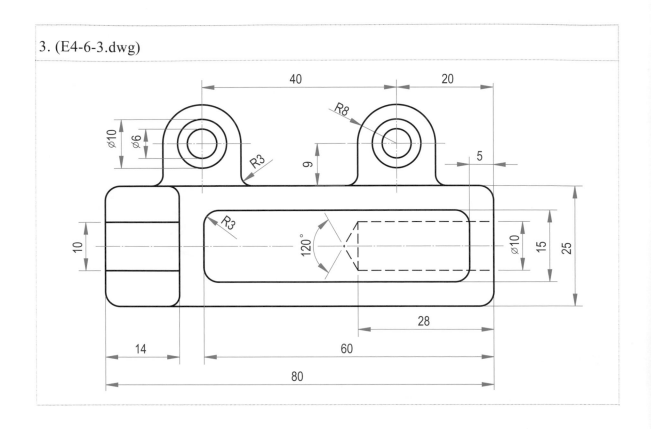

4-7 切斷(BREAK)

可用來切斷線、圓、弧等。當切斷時可在一切斷點選取物件,然後指定第二切斷點;或選取整個物件然後指定兩個切斷點。在物件上選取的點會成第一切斷點,然後指定的第一個點則需輸入 F(第一點),並指定新的一個切斷點。如為圓弧則需注意設定時之方向,內定為逆時針方向。

▼表 4-7-1 指令

指令	Break	精簡指令	BR
常用頁籤/修改面板/切斷		主要功能列	修改/切斷

指令：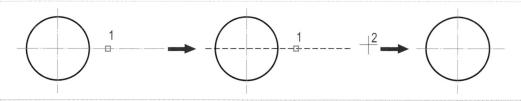

指令：_break 選取物件： <u>點取點 1</u>

指定第二截斷點 或 ［第一點(F)］： <u>點取點 2(可在直線端點之外)</u>

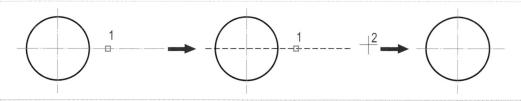

指令：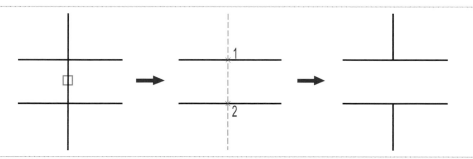

指令：_break 選取物件：<u>點取欲切斷物件</u>

指定第二截斷點 或 ［第一點(F)］：F <u>輸入重設第一截斷點選項 F</u>

指定第一截斷點： <u>指定第一截斷點 1</u>

指定第二截斷點： <u>指定第二截斷點 2</u>

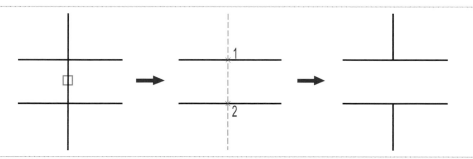

指令：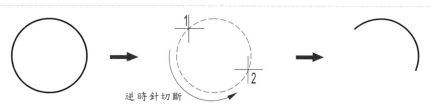

指令：_break 選取物件：<u>點取物件點 1</u>

指定第二截斷點 或 ［第一點(F)］： <u>指定第二截斷點 2</u>

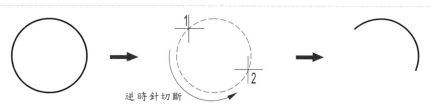

逆時針切斷

指令：
指令：_break 選取物件： <u>點取物件點 1</u>
指定第二截斷點 或 ［第一點(F)］： <u>指定第二截斷點 2</u>

指令：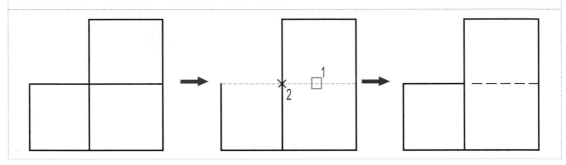
指令：_break 選取物件： <u>點取物件點 1</u>
指定第二截斷點 或 ［第一點(F)］： _f
指定第一截斷點： 指定第二截斷點 2
指定第二截斷點：@
更改圖層後，實線段，打斷成實線與虛線。

4-8 調整長度(LENGTHEN)

調整物件長度即只變更物件長度，變更長度的方式有輸入長度或角度之差值，輸入長度或角度之百分比，輸入總長度或角度及動態拖曳物件的端點。

▼表 4-8-1 調整長度指令

指令	Lengthen	精簡指令	LEN
常用頁籤 /修改面板/調整長度		主要功能列	修改/調整長度

1. 輸入長度差值：正值為增加長度，負值為減去長度。
　　指令：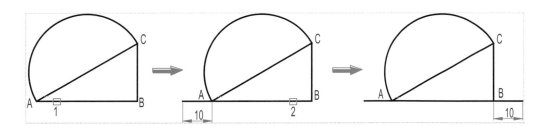
　　指令：_lengthen
　　選取一個物件或 [差值(DE)/百分比(P)/總長度(T)/動態(DY)]：DE 輸入選項 DE
　　輸入長度差值或[角度(A)] <0.0000>：10　輸入長度差值 10
　　選取要變更的物件或 [退回(U)]：　點取點 1，往左端增加 10 單位
　　選取要變更的物件或 [退回(U)]：　點取點 2，往右端增加 10 單位

2. 輸入百分比：
　　指令：
　　指令：_lengthen
　　選取一個物件或 [差值(DE)/百分比(P)/總長度(T)/動態(DY)]：P 輸入選項 P
　　輸入百分比長度 <100.0000>：60　輸入百分比長度 60
　　選取要變更的物件或 [退回(U)]：　點選圓弧點 1，得到弧 AC’ 為弧 AC 之 60
　　％長
　　選取要變更的物件或 [退回(U)]：　點選點 2，得到線段 AC” 為線段 AC 之 60
　　％長

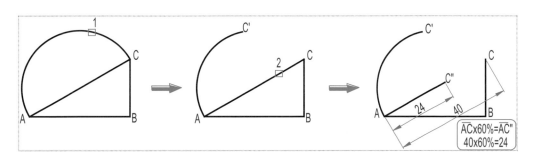

3. 輸入總長度調整長度：
　　(1)總長度(T)
　　　　指令：
　　　　指令：_lengthen
　　　　選取一個物件或 [差值(DE)/百分比(P)/總長度(T)/動態(DY)]：T 輸入選項 T

指定總長度或 ［角度(A)] <1.0000)>：50 指定總長度 50
選取要變更的物件或 ［退回(U)]：點選點 1，線段 BC 往 C 方向變更為 50
選取要變更的物件或 ［退回(U)]：點選點 2，線段 CA 往 A 方向變更為 50
選取要變更的物件或 ［退回(U)]：點選點 3，線段 AB 往 B 方向變更為 50
選取要變更的物件或 ［退回(U)]：Enter

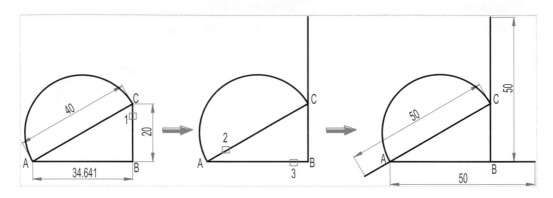

(2) 角度(A)

指令：

指令：_lengthen

選取一個物件或 ［差值(DE)/百分比(P)/總長度(T)/動態(DY)]：T 輸入選項 T
指定總長度或 ［角度(A)] <50.0000)>：A 輸入角度選項 A
指定總角度 <57>：120 輸入總角度 120
選取要變更的物件或 ［退回(U)]： 點選圓弧點 1，∠AOC' =120°
選取要變更的物件或 ［退回(U)]： 點選圓弧點 2，∠COA' =120°

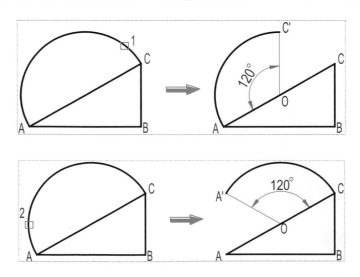

4. 動態拖曳：

    指令：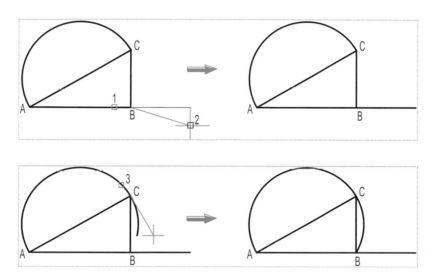

    指令：_lengthen

    選取一個物件或 [差值(DE)/百分比(P)/總長度(T)/動態(DY)]：DY 輸入選項 DY

    選取要變更的物件或 [退回(U)] ： 點選線段 AB 上點 1

    指定新的端點： 點取新端點位置點 2，線段 AB 拖曳至點 2 垂直位置

    選取要變更的物件或 [退回(U)] ： 點選圓弧上點 3

    指定新的端點： 點取新端點位置點 C，圓弧 AC 拖曳至 B 點位置

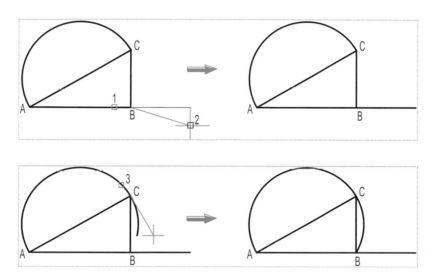

解析

    此指令亦常應用在中心線長度之調整。

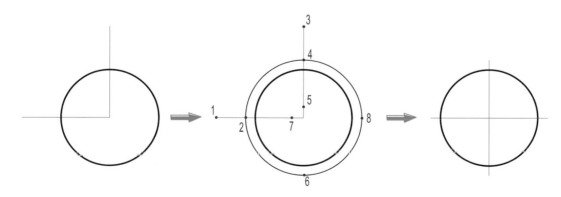

1. 繪製直角相交中心線與圓。

2. 動態拖曳：

    指令：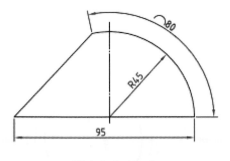

    指令：_lengthen

    選取一個物件或 [差值(DE)/百分比(P)/總長度(T)/動態(DY)]：DY　輸入 DY

    選取要變更的物件或 [退回(U)]：點取點 1(利用鎖點模式)

    指定新的端點：點取點 2

    選取要變更的物件或 [退回(U)]：點取點 3

    指定新的端點：點取點 4

    選取要變更的物件或 [退回(U)]：點取點 5

    指定新的端點：點取點 6

    選取要變更的物件或 [退回(U)]：點取點 7

    指定新的端點：點取點 8

    選取要變更的物件或 [退回(U)]：Enter

3. 刪除外圓即可得到伸出長度相同之中心線。

立即練習

請依據尺度繪製圖形。

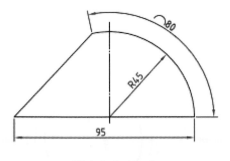

(E4-8-1.dwg)

4-9 拉伸(STRETCH)

　　STRETCH 英文字義是為拉伸，但依指令的功能，應以「位移」較合適，要位移一個物件，首先要指定欲位移形狀之的基準點，然後指定位移點。

▼表 4-9-1　指令

指令	Stretch	精簡指令	S
常用頁籤 /修改面板/拉伸	拉伸	主要功能列	修改/拉伸

指令：　拉伸
指令：_stretch
以「框選窗」或「多邊形框選」選取要拉伸的物件…
選取物件：指定對角點：10 找到　　從點 1 到點 2 跨選物件
選取物件：　Enter
指定基準點或位移：　任意點基準點 3
指定位移的第二點或<使用第一點作位移>：30 滑鼠向右水平移位，輸入 30

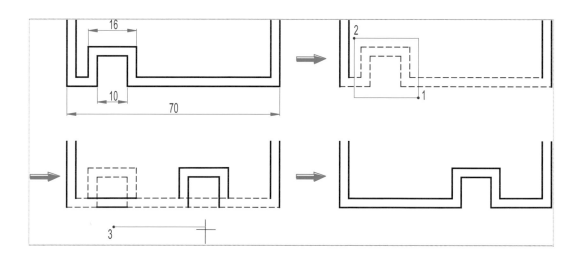

4-10 鏡射(MIRROR)

對稱物體，使用鏡射前，須定義一條鏡射線，鏡射時可以保留或刪除來源物件。

指令	Mirror	精簡指令	MI
常用頁籤/修改面板/鏡射	▲ 鏡射	主要功能列	修改/鏡射

1. 保留來源物件：

指令：MIRROR

選取物件：指定對角點：找到 7 個　框選欲鏡射物件

選取物件：Enter

指定鏡射線的第一點：　點取鏡射線端點 1

指定鏡射線的第二點：　點取鏡射線端點 2

刪除來源物件？[是(Y)/否(N)] <N>：Enter 即為設定值 N，不刪除來源物件

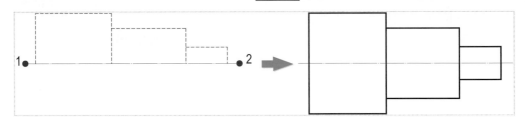

2. 刪除來源物件：

指令：MIRROR

選取物件：指定對角點：7 找到　框選欲鏡射物件

選取物件：Enter

指定鏡射線的第一點：　點取鏡射線端點 1

指定鏡射線的第二點：　點取鏡射線端點 2

刪除來源物件？[是(Y)/否(N)] <N>：Y　輸入選項 Y，刪除來源物件

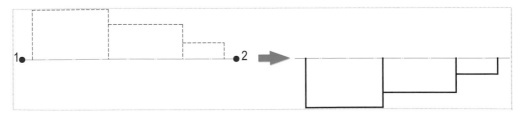

作圖解析

修改指令「鏡射、拉伸、旋轉、複製」綜合應用解析。

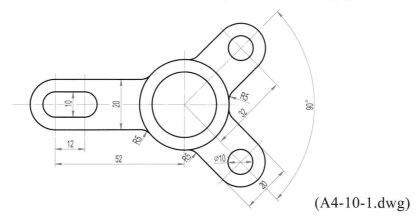

(A4-10-1.dwg)

1. 繪製如下圖所示右邊圖形。

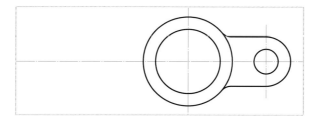

2. 使用鏡射「▲ 鏡射」將右邊視圖，以直立中心線為鏡射線，鏡射至左邊。

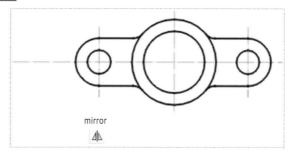

3. 使用拉伸「▣ 拉伸」由右下角點 1 跨選到左上角點 2。

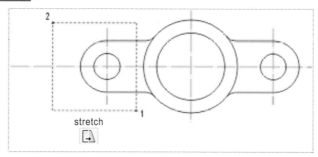

4. 將視圖向左拉伸 20，長度從 32 變成 52，如下圖所示。

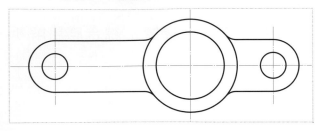

5. 使用複製「　複製」將 ϕ10 圓往右複製，距離 12。

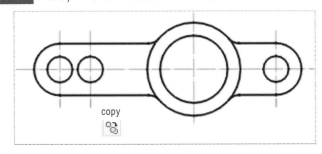

6. 以直線「／」繪製後，修剪「　修剪」完成下圖。

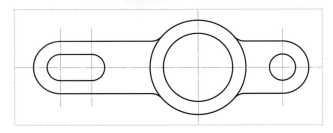

7. 旋轉「○ 旋轉」將右邊圖形向上旋轉 45°。

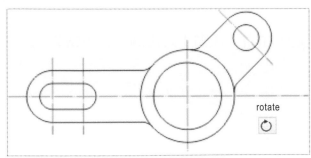

8. 鏡射「　　鏡射」，以水平中心線為鏡射線，鏡射完成如下圖。

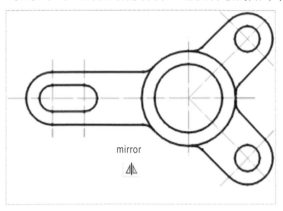

mirror

作圖解析

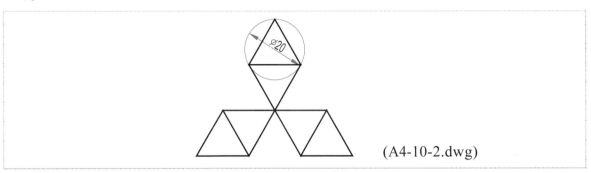

(A4-10-2.dwg)

解析

以多邊形(POLYGON)繪製正三角形，然後鏡射(MIRROR)、陣列(ARRAY)環狀複製。

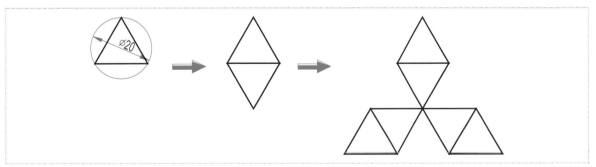

作圖解析

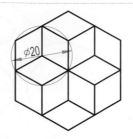

(A4-10-3.dwg)

解析

　　以多邊形(POLYGON)繪製正六邊形，然後旋轉(ROTATE)30度，再陣列 (ARRAY)環狀複製。

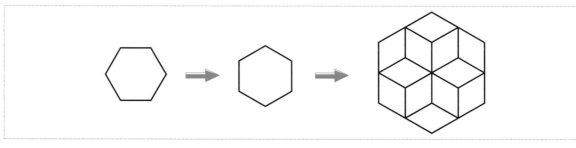

作圖解析

(A4-10-4.dwg)

解析

　　以多邊形(POLYGON)繪製正五邊形後，以五邊形之五頂點為基準，複製(COPY) 五邊形。

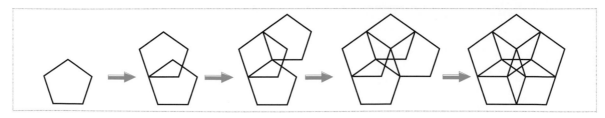

作圖解析

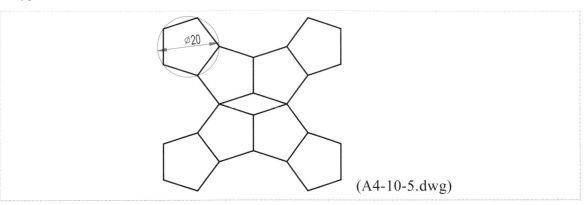

(A4-10-5.dwg)

解析

繪製正五邊形後，旋轉(ROTATE)18度，依序鏡射(MIRROR)。

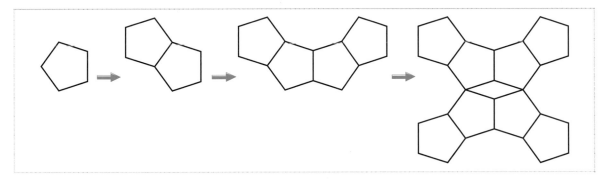

1. (E4-10-1.dwg)

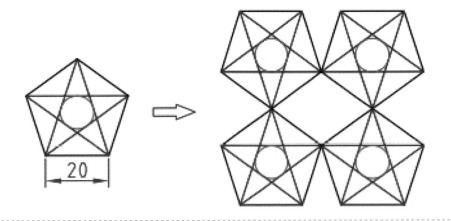

2. (E4-10-2.dwg，動態教學檔 E4-10-2.mp4)

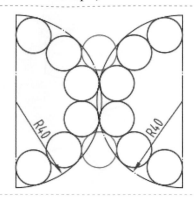

4-11 幾何作圖應用

　　使用 AutoCAD 繪製圖面，尤其是平面圖形，是相當精準且方便的軟體，在之前工業上線切割機的使用曾經極為風光的，現在很夯的雷射切割也是應用面相當廣泛。平面廣告可愛圖案或機械加工嚴謹圖面等都是可以輕易勝任繪製。

　　本章節圖例使用廣泛，也為了節省篇幅以重點提示形態加以說明，讓學習者可以從練習中掌握技巧，指令能更熟練，對於圖面的繪製的合理性也能增進判讀能力。

　　圖 4-11-1 葫蘆狀之平面圖形，最大的差異在於圖(a)標註高度，而圖(b)標註底部 20，並沒有標註總高度，這樣的圖面可以繪製嗎？有何差異呢？

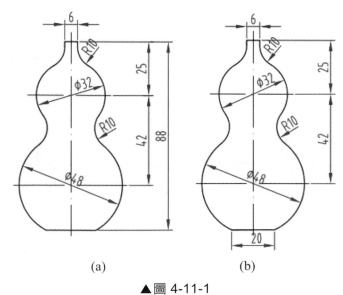

(a)   (b)

▲圖 4-11-1

作圖步驟提示

1. 繪製正垂相交直線「／」後向下偏移「凸」25 與 42。

2. 左右偏移「凸」3，畫直徑 32 與 48 圓「○」。

3. 倒圓角「◢ 圓角」R10。

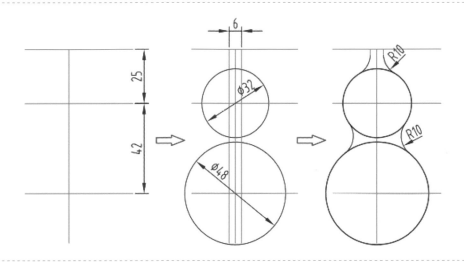

4. 從上向下偏移「凸」88 與直徑 48 大圓相交。

5. 修剪「✖ 修剪」多餘線條，然後變更中心線線型。此標註高度「88」為重要
   尺度，底部寬度為「23.24」為參考尺度。

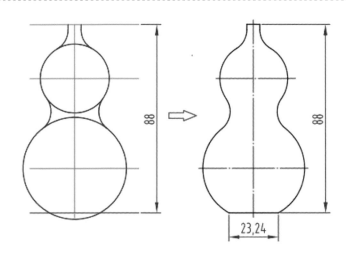

6. 從左右偏移「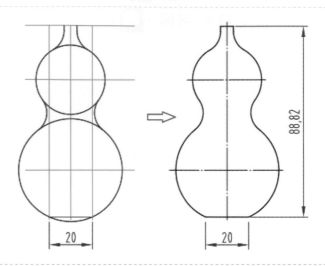」10 與直徑 48 大圓相交。

7. 修剪「 ✕ 修剪 」多餘線條，然後變更中心線線型。此標註底部寬度為「20」
   為重要尺度，而高度「88.82」為參考尺度。

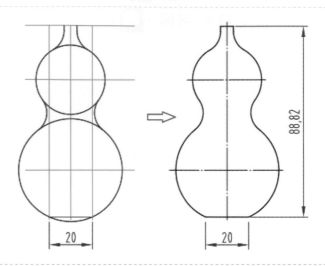

總結此例說明，圖 4-11-1(a)標註高度 88，而圖 4-11-1(b)底部 20 都有其標註目
的，一般是考慮於其他物件配合組立有關，也就是加工程序工法的考量。

對於圓弧相切的圖案，除了「 相切、相切、半徑 」與「 相切、相切、相切 」常使用外，
有時候也要以幾何作法來求出相切圓弧的的交點，然後再畫相切圓。

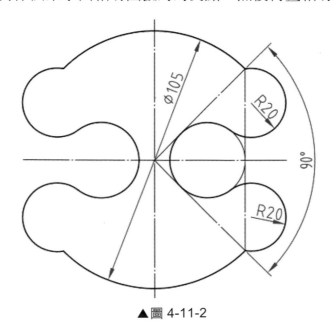

▲圖 4-11-2

作圖步驟提示

1. 畫圓「⬤」直徑 150 與交叉 90 之直線「╱」，連接交點為兩直立線。

2. 畫圓「⬤ 相切、相切、相切」得到紅色切圓。

3. 右圓偏移「⬆」20 右上角畫 R20 的圓。

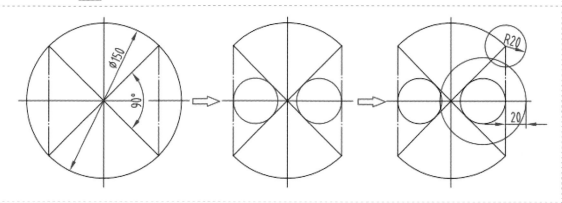

4. 兩圓交點為圓心畫 R20 的圓「⬤」。

5. 依序完成其他切圓(可以個別繪製或是鏡射「◭ 鏡射」)。

6. 修剪「╋ 修剪」刪除「◢」多餘線條完成。

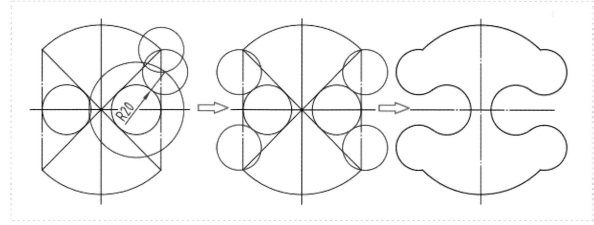

立即練習

1. (E4-11-1.dwg，動態教學檔 E4-11-1.mp4)　2. (E4-11-2.dwg)

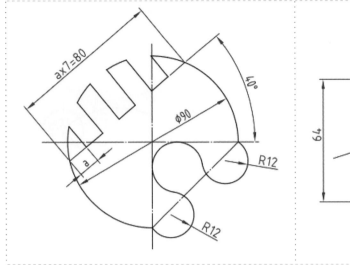 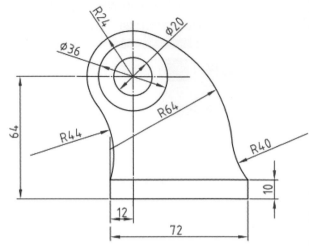

　　此題為幾何思考題型，圖學裡有很重要的單元是「幾何畫法」，能熟悉幾何作圖的方法，更能提升電腦繪製的能力，一方面是指令應用的熟練度，一方面是圖形構造的認知，是要相輔相成提升的。已知下圖三邊長 80、60、40 的三角形，找圓外 d 點與三角形各成 40°與 60°。

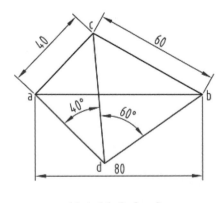

(A4-11-3.dwg)

作圖步驟提示

1. 作 ac 邊的垂直平分線。
2. 以平分線為中心作 40°夾角。
3. 平行至 a、c 點，三點畫圓。

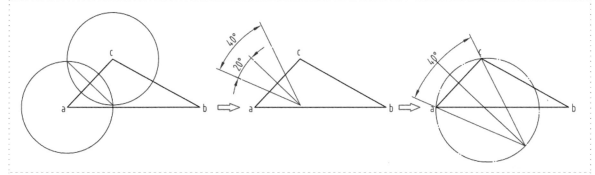

4. 同法，作 bc 邊垂直平分線，夾角 60°，通過 b、c 點，三點畫圓。
5. 兩圓交 d 點，連接 ad、bd、cd。
6. 求得 d 點完成。

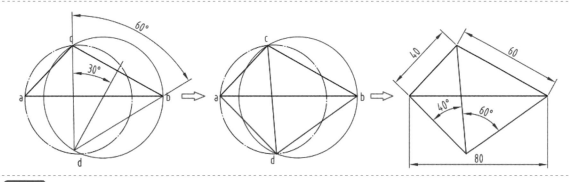

解析

　　第一個圓是經過 a、c 點的圓周角 40°的圓，圓上任一點與 a、c 點形成的圓周角都是 40°。同理第二個圓是經過 b、c 點的圓周角 60°的圓，圓上任一點與 b、c 點形成的圓周角都是 60°，而兩個圓的交點 d，可以同時滿足∠adc＝40°與∠cdb＝60°。

立即練習

1. (E4-11-3.dwg)

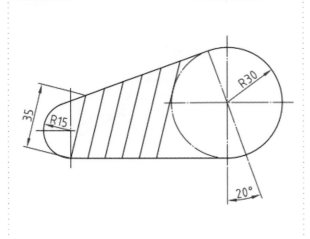

2. (E4-11-4.dwg，動態教學檔 E4-11-4.mp4)

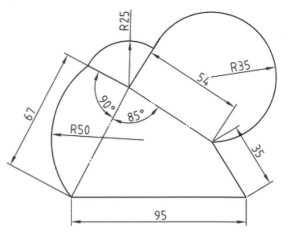

綜合練習

1. 基本題型

請依據尺度繪製下列圖形。

1. (C4-1-1.dwg)

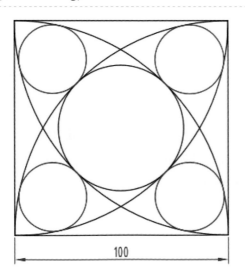

2. (C4-1-2.dwg)

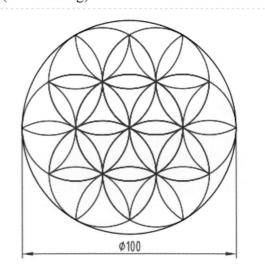

3. (C4-1-3.dwg，動態教學檔 C4-1-3.mp4)　4. (C4-1-4.dwg)

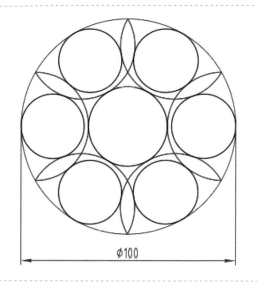 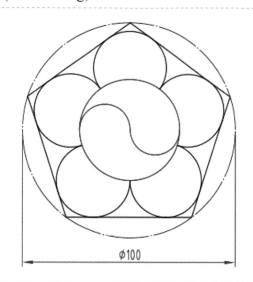

ø100　　　　ø100

2.　進階題型

請依據尺度繪製下列圖形。

1. (C4-2-1.dwg)　　　　2. (C4-2-2.dwg)

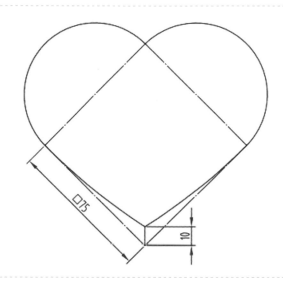 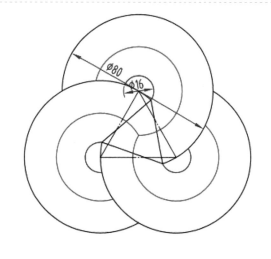

3. (C4-2-3.dwg)

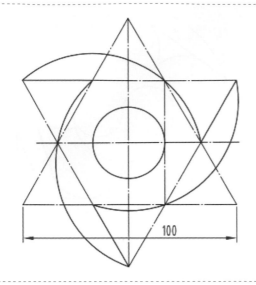

4. (C4-2-4.dwg)

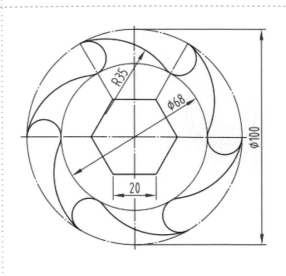

5. (C4-2-5.dwg)

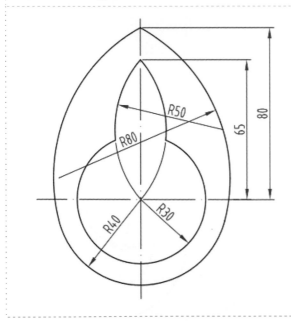

6. (C4-2-6.dwg)

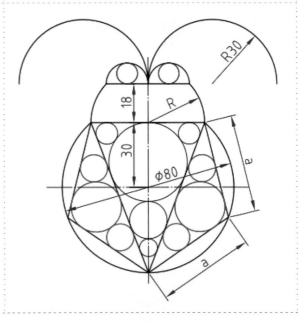

7. (C4-2-7.dwg，動態教學檔 C4-2-7.mp4)

8. (C4-2-8.dwg)

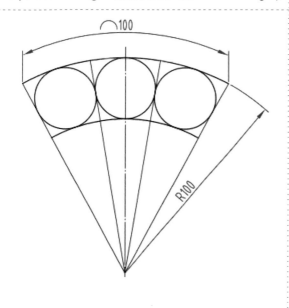

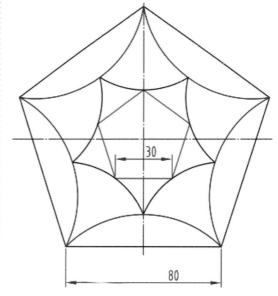

9. (C4-2-9.dwg)

10. (C4-2-10.dwg)

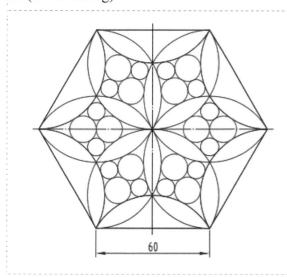

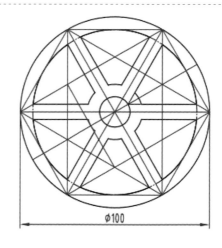

3. 幾何思考題型

請依據尺度繪製下列圖形。

1. (C4-3-1.dwg，動態教學檔 C4-3-1.mp4)

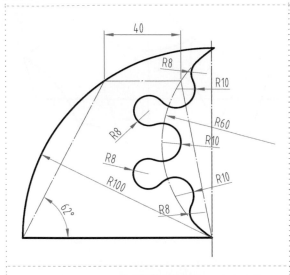

2. (C4-3-2.dwg，動態教學檔 C4-3-2.mp4)

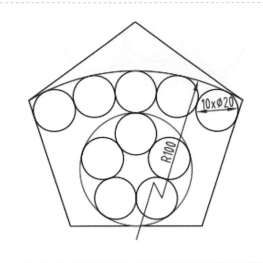

3. (C4-3-3.dwg，動態教學檔 C4-3-3.mp4)

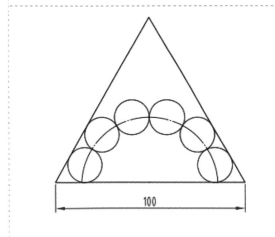

4. (C4-3-4.dwg，動態教學檔 C4-3-4.mp4)

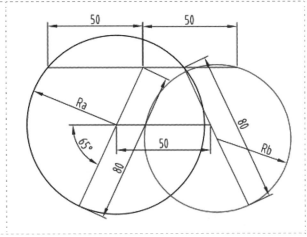

5. (C4-3-5.dwg，動態教學檔 C4-3-5.mp4)

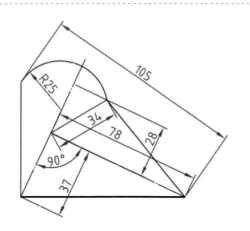

6. (C4-3-6.dwg，動態教學檔 C4-3-6.mp4)

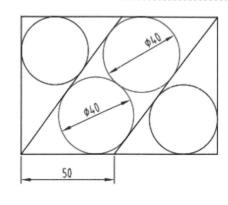

7. (C4-3-7.dwg)

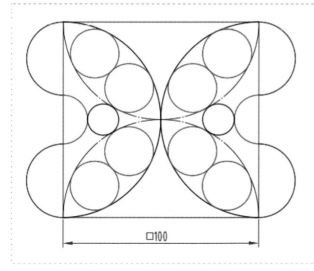

8. (C4-3-8.dwg)

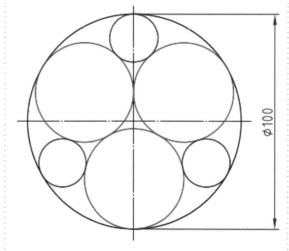

9. (C4-3-9.dwg)

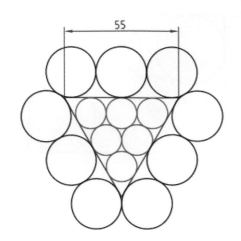

10. (C4-3-10.dwg，動態教學檔 C4-3-10.mp4)

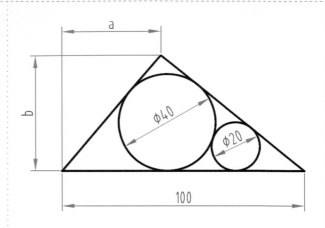

11. (C4-3-11.dwg)

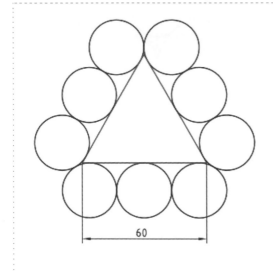

12. (C4-3-12.dwg)

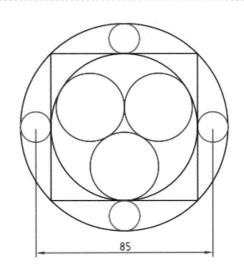

13. (C4-3-13.dwg，動態教學檔 C4-3-13.mp4)

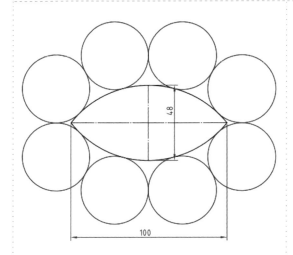

14. (C4-3-14.dwg)

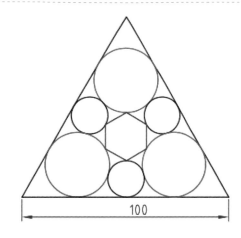

15. (C4-3-15.dwg)

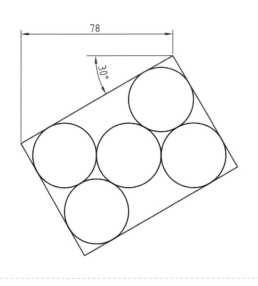

16. (C4-3-16.dwg，動態教學檔 C4-3-16.mp4)

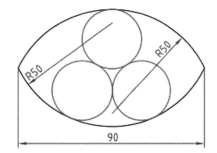

17. (C4-3-17.dwg)　　　18. (C4-3-18.dwg)

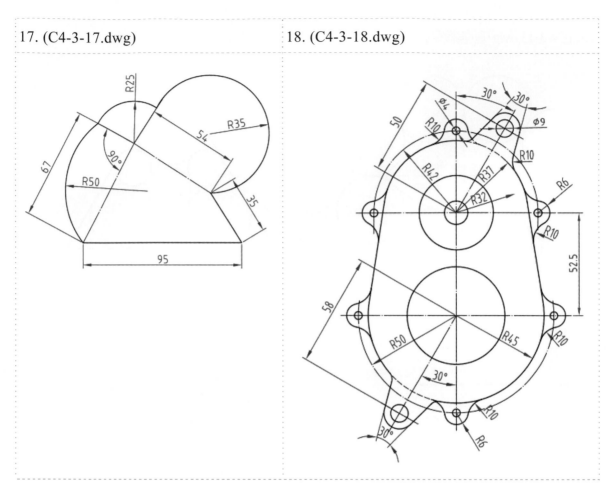

4. 應用思考題型

1. (C4-4-1.dwg)　　　2. (C4-4-2.dwg)

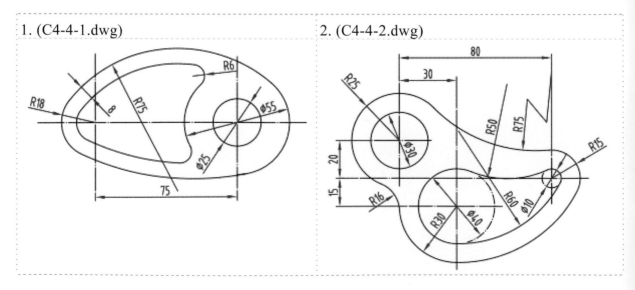

3. 手腕直徑 60 配戴珠子 10 顆 12 顆與 20 顆的狀態，請問直徑 14.5 的珠子可以串幾顆? (C4-4-3.dwg)

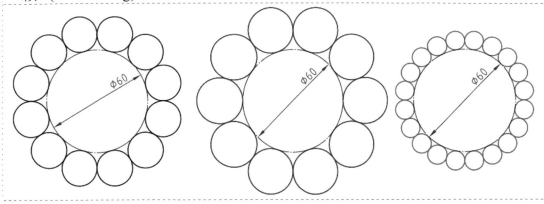

5. 請參考草圖相關位置，依照尺度完成圖形

1. (C4-5-1.dwg)

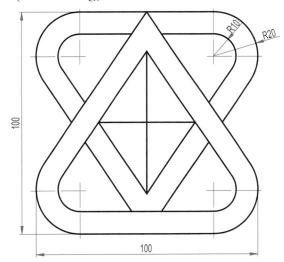

2. (C4-5-2.dwg)

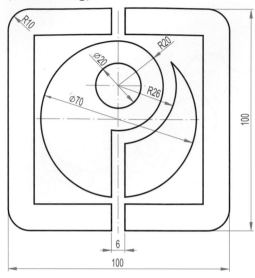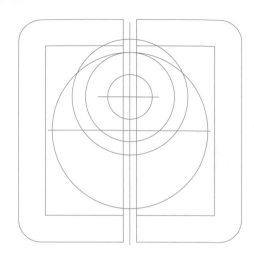

3. (C4-5-3.dwg)

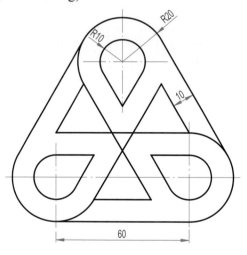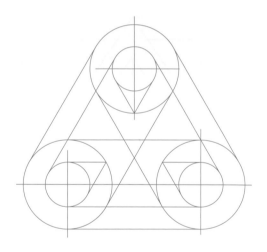

4. (C4-5-4.dwg)

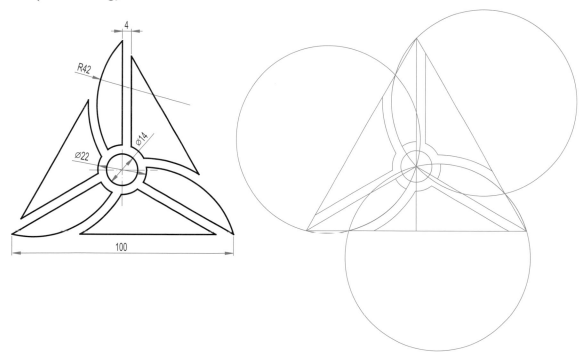

5. (C4-5-5.dwg)

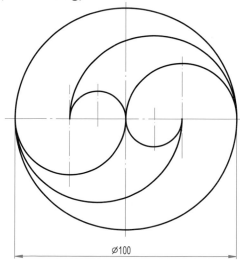
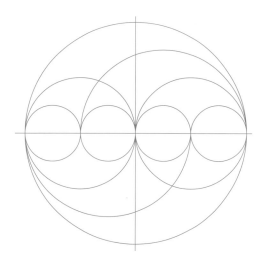

6. (C4-5-6.dwg)

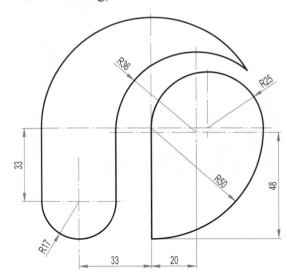
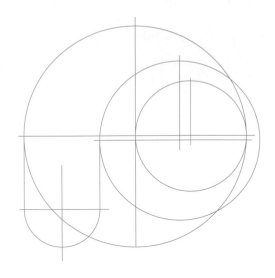

6.請依照尺度 1：1 完成圖形。

1. (C4-6-1.dwg)

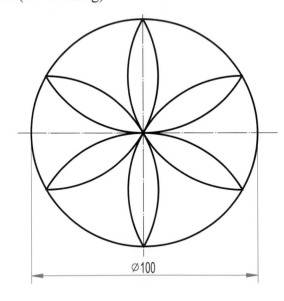

2. (C4-6-2.dwg)

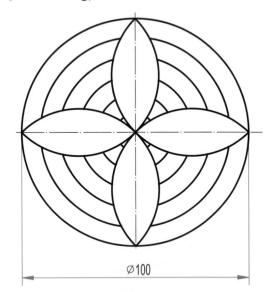

3. (C4-6-3.dwg)

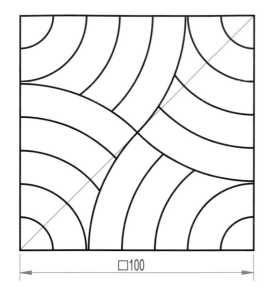

□100

4. (C4-6-4.dwg)

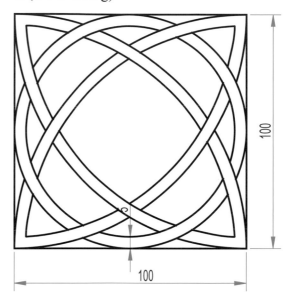

100

100

5. (C4-6-5.dwg)

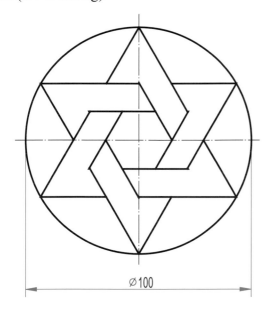

∅100

6. (C4-6-6.dwg)

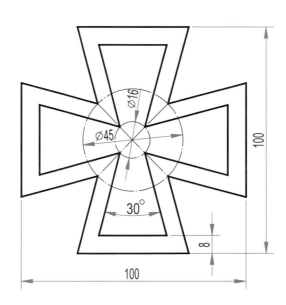

∅16

∅45

30°

100

8

100

7. (C4-6-7.dwg)

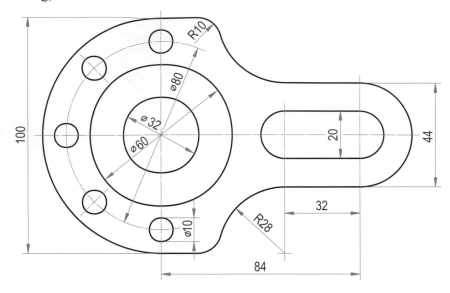

8. (C4-6-8.dwg)

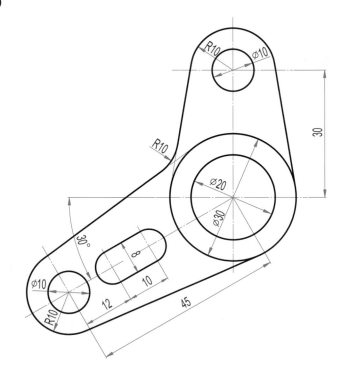

9. (C4-6-9.dwg)

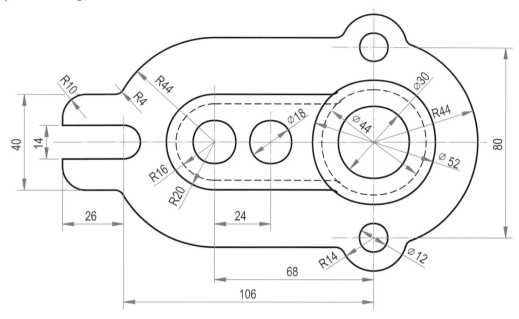

10. (C4-6-10.dwg)

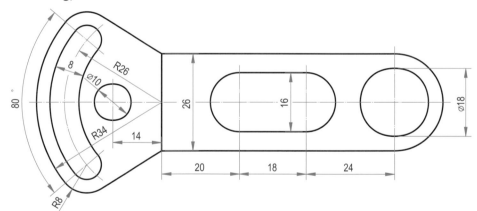

11. (C4-6-11.dwg)

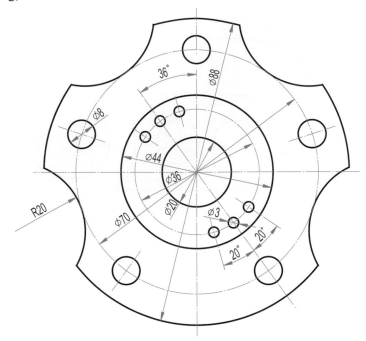

12. (C4-6-12.dwg)

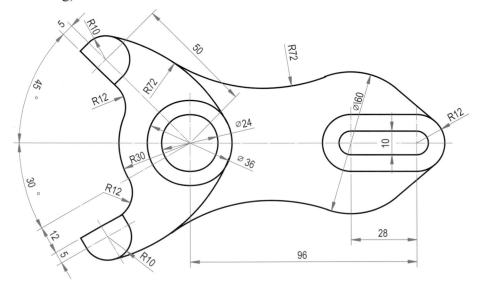

13. (C4-6-13.dwg)

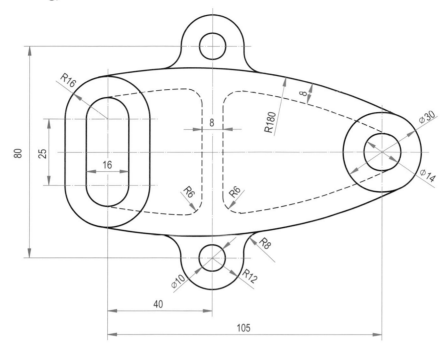

14. (C4-6-14.dwg)

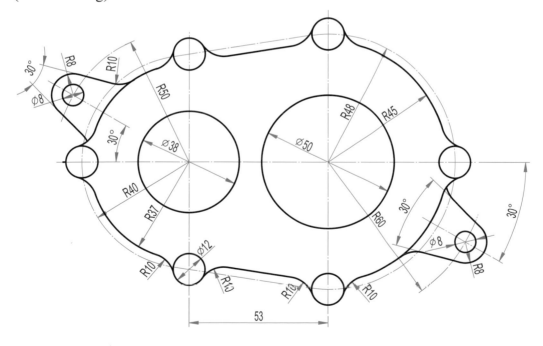

作圖提示

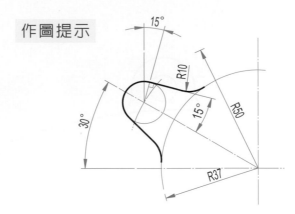

15. (C4-6-15.dwg)

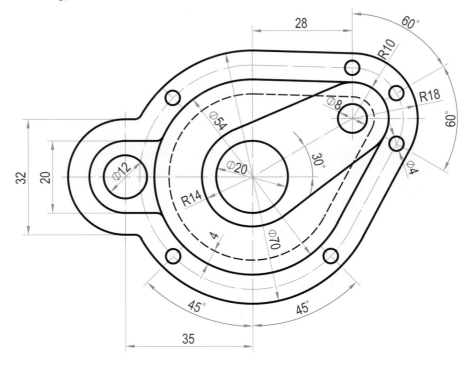

平面圖樣設計

　　圖形編修對於各種圖形如圖 5-1-1 所示，例如具有共同型態，指上下或左右對稱之圖形，或如幾何圖形呈現如直線或環狀等有規則規則的排列者。在 CAD 中若有對稱者，可僅畫一半，另一半採鏡射(Mirror)指令完成之，或有規則的排列，則可僅畫該圖形，然後使用陣列(Array)作直線或環狀複製。也有漸進式圖形做規律比例變化等，可使用比例(Scale)搭配複製(Copy)、移動(Move)甚至修剪(Trim)將圖形編輯完成，作法多變，本單元將精彩安排圖例解說。

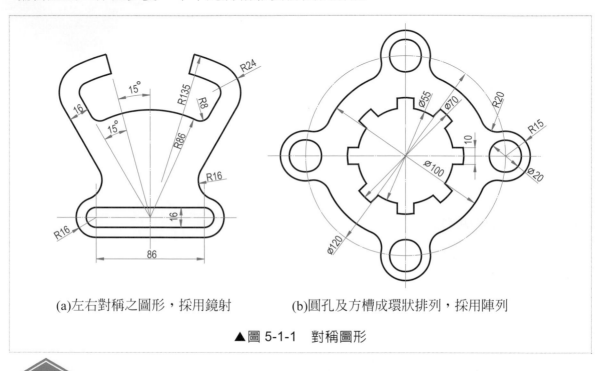

(a)左右對稱之圖形，採用鏡射　　　　(b)圓孔及方槽成環狀排列，採用陣列

▲圖 5-1-1　對稱圖形

5-1　陣列(ARRAY)

　　ARRAY 也是用來執行多次物件的複製指令，但與 COPY 指令不同的是，它是採有規則成矩形或環狀的條件做複製，完成陣列的物件成為一群組，想要個別編輯需要「分解 」後，才能編輯。

▼表 5-1-1　陣列指令表

指令	Array	精簡指令	AR
常用頁籤 /修改面板/陣列	陣列	主要功能列	修改/陣列

1. 矩形陣列：

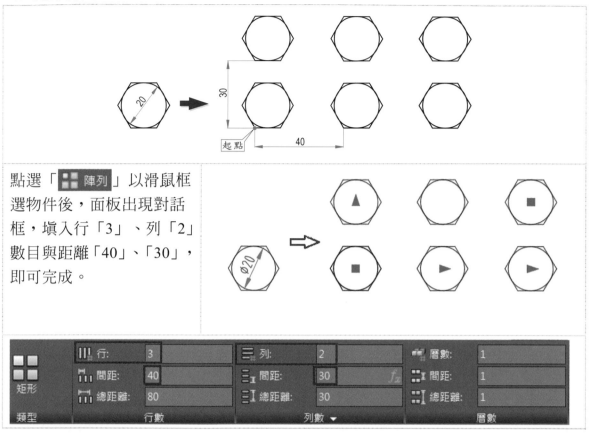

點選「 ▦ 陣列」以滑鼠框選物件後，面板出現對話框，填入行「3」、列「2」數目與距離「40」、「30」，即可完成。

2. 環形陣列：

旋轉陣列物件，物件繞中心點旋轉。

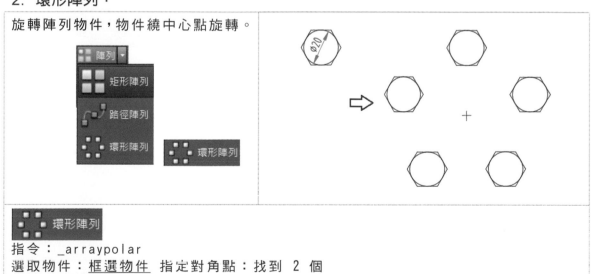

指令：_arraypolar
選取物件：框選物件 指定對角點：找到 2 個
選取物件：Enter

類型 = 環形　關聯式 = 是

指定陣列的中心點或 [基準點(B)/旋轉軸(A)]：<u>點選旋轉中心點</u>

　　面板出現對話框，項目輸入「5」，特別注意旋轉項目「⬚」。六角螺栓頭方向沒有跟著基準點旋轉。

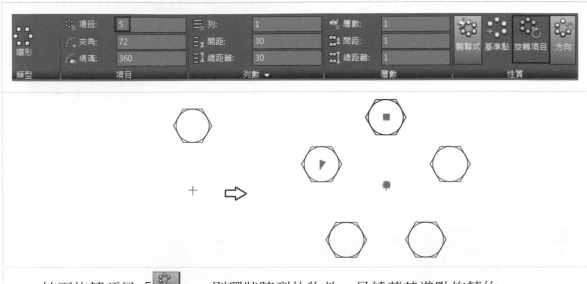

　　按下旋轉項目「⬚」，則環狀陣列的物件，是繞著基準點旋轉的。

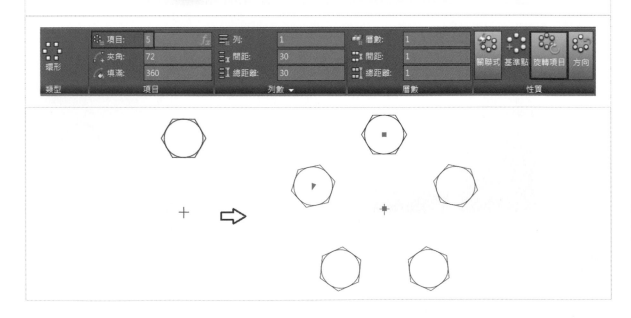

3. 路徑陣列：

點選路徑陣列

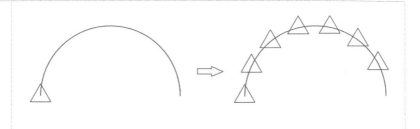

按「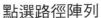 路徑陣列」指令列出現以下對話：

指令：_arraypath

選取物件：<u>點選三角形</u> 找到 1 個

選取物件：Enter

類型 = 路徑　關聯式 = 是

選取路徑曲線：<u>點選圓弧路徑，面板出現對話框</u>

選取掣點以編輯陣列或 [關聯式(AS)/方法(M)/基準點(B)/切線方向(T)/項目
(I)/列數(R)/層數(L)/對齊項目(A)/方向(Z)/結束(X)] <結束>：

輸入項目「**7**」，不按「對齊項目」對齊項目保持原來正三角形方位，不
跟著圓弧路徑旋轉。

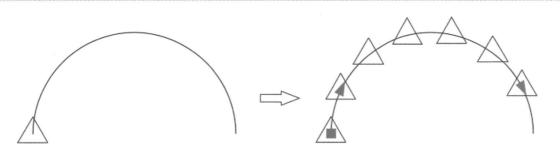

按下「」對齊項目正三角形方位，是跟著圓弧路徑旋轉。

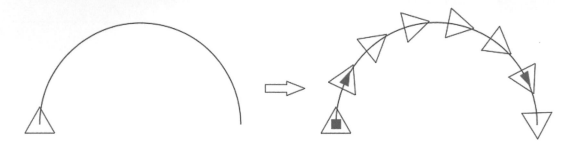

路徑陣列若是連續路徑雲形線，如右圖。	
路徑陣列若是由兩段圓弧所組成，則路徑並非連續，無法完整呈現路徑陣列。	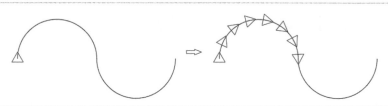

使用聚合線「」繪製，連續圓弧、直線等等成為連續聚合線。對於路徑可以有

等分「」與等距「」之選項。

指令：_pline

指定起點：

目前的線寬是 0.0000

指定下一點或 [弧(A)/半寬(H)/長度(L)/退回(U)/寬度(W)]：

指定下一點或 [弧(A)/封閉(C)/半寬(H)/長度(L)/退回(U)/寬度(W)]： A 輸入參數 A

指定弧的端點 (按住 Ctrl 以切換方向) 或

[角度(A)/中心點(CE)/封閉(CL)/方向(D)/半寬(H)/直線(L)/半徑(R)/第二點(S)/退回(U)/寬度(W)]：

對於使用圓弧直線組成的路徑，可以使用編輯聚合線方式，將路徑連續，已完成路徑陣列。

指令：PE(PEDIT)

選取聚合線或 [多重(M)]：點選其中一圓弧

選取的物件不是一條聚合線

您要將它轉成一條聚合線嗎？<Y>　Enter

輸入選項 [封閉(C)/接合(J)/寬度(W)/編輯頂點(E)/擬合(F)/雲形線(S)/直線化(D)/線型生成(L)/反轉(R)/退回(U)]：J　輸入參數 J 以便接合

選取物件：找到 1 個

選取物件：　Enter

已將 1 條線段加入聚合線

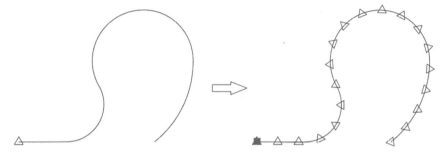

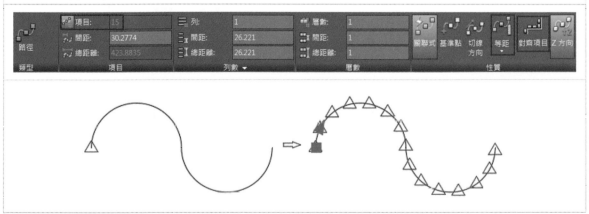

4. 陣列編輯：

1. 編輯已完成的陣列，點選物件，出現陣列對話框，改輸入為等距「等距」項目「12」、間距「25」對齊項目「對齊項目」按下，順著路徑旋轉。

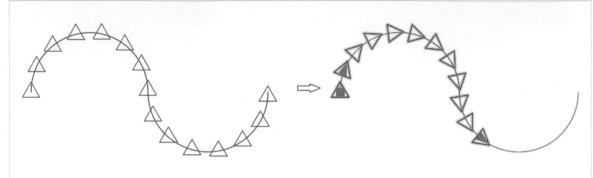

2. 編輯矩形陣列，「行」數目從 3 改為 5，「間距」40 改為 30。「列」從 2 改為 3，完成編輯矩形陣列。

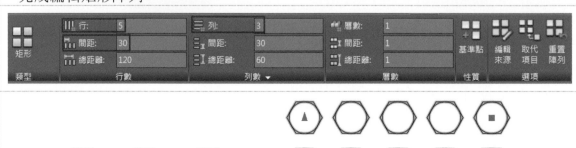

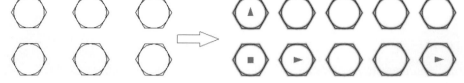

3. 編輯環形陣列,項目從 5 改為 4,不繞著基準點旋轉,完成編輯。

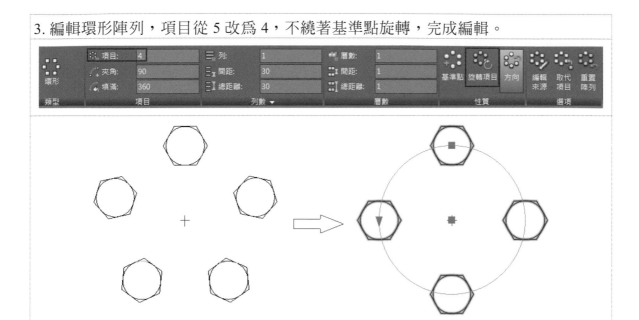

4. 取代項目「⟦取代項目⟧」,可將陣列完成的物件,取代其中幾個。編輯時點選已完成陣列
之物件,出現對話框後按「⟦取代項目⟧」。

指令: _arrayedit
輸入選項 [來源(S)/取代(REP)/基準點(B)/項目(I)/夾角(A)/佈滿角度(F)/列數(R)/層
數(L)/旋轉項目(ROT)/重置(RES)/結束(X)] <結束>:_rep　點選陣列物件
選取取代物件:點選下圖三角形物件　找到 1 個
選取取代物件:Enter
選取取代物件的基準點或 [關鍵點(K)] <形心>:　點選三角形基準點(形心),接下
來點欲取代物件
選取陣列中要取代的項目或 [來源物件(S)]:找到 1 個
選取陣列中要取代的項目或 [來源物件(S)]:找到 1 個,共 2
選取陣列中要取代的項目或 [來源物件(S)]:找到 1 個,共 3

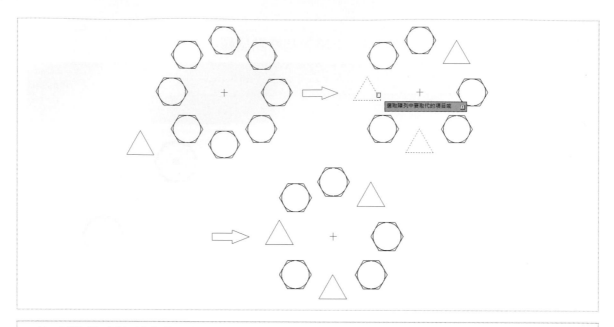

5. 修改關聯式陣列中的項目：

  (1) 移動項目

    a. 按住 Ctrl 鍵，然後選取陣列中要移動的項目。

    b. 執行下列動作中的其中一項：按一下「常用」頁籤 > 「修改」面板 > 「移動」。選取基準點和第二個點。

  (2) 刪除項目

    a. 按住 Ctrl 鍵，然後選取陣列中要刪除的項目。

    b. 執行下列動作中的其中一項：按一下「常用」頁籤>「修改」面板>「刪除」。

立即練習

1. (E5-1-1.dwg)

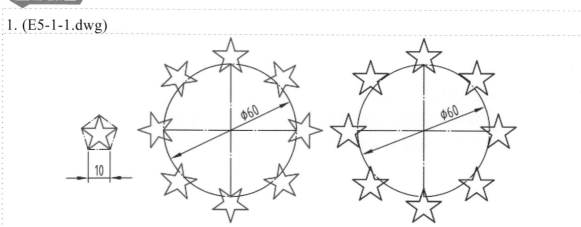

2. (E5-1-2.dwg)

3. (E5-1-3.dwg)弧度以起點終點方向(邊長端點與圓心)繪製。

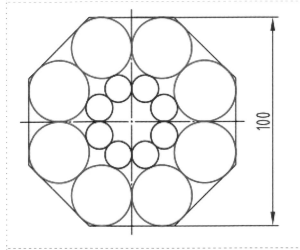

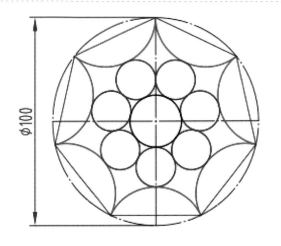

4. (E5-1-4.dwg)

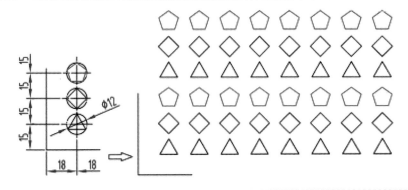

5. (E5-1-5.dwg)

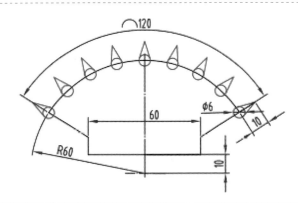

6. (E5-1-6.dwg)

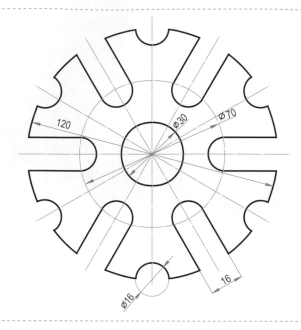

7. (E5-1-7.dwg)

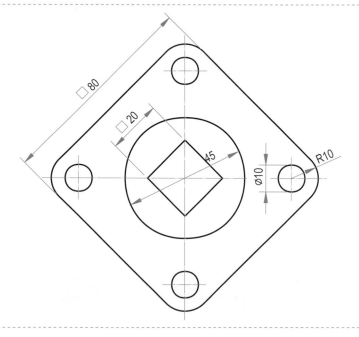

8. (E5-1-8.dwg)已知一圓直徑 20，做 6 個環形陣列相切圓。

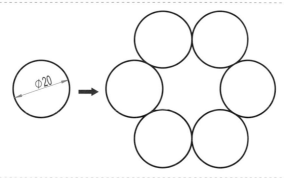

提示：

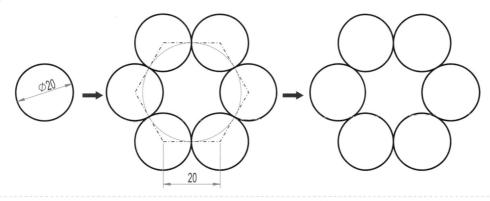

9. (E5-1-9.dwg) 已知一圓直徑 10，做 20 個環形陣列相切圓。

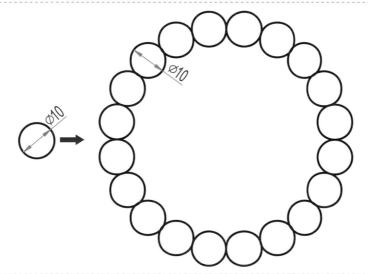

10. (E5-1-10.dwg)

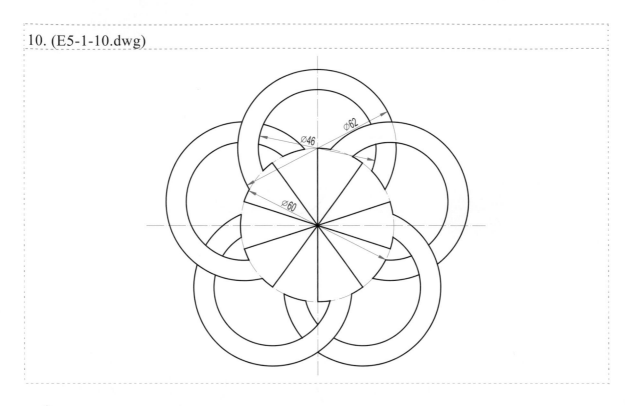

作圖解析

如何完成下圖之三個陣列圖元？(A5-1-1.dwg)

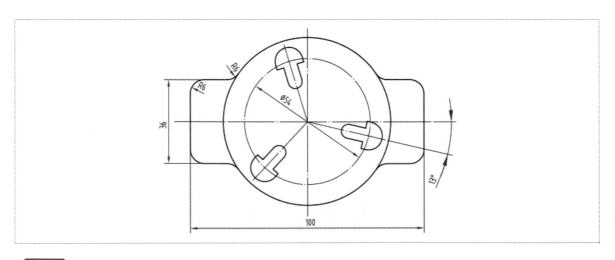

解析

欲陣列之圖元，先繪製完成後，再以對齊(ALIGN)，將圖元對齊至適當位置後再行陣列(ARRAY)。

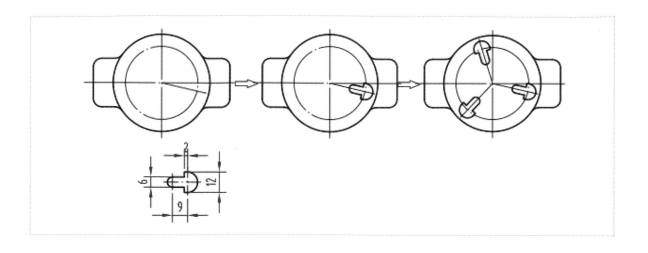

5-2 掣點模式

　　不需任何指令直接點選物件，會出現掣點「□」，可以配合移動(MOVE)、鏡射(MIRROR)、旋轉(ROTATE)、比例(SCALE)、拉伸(STRETCH)等指令直接編輯物件，如下圖直接點選物件出現掣點「□」後，指定基準點成為紅色掣點，即可拖曳掣點。

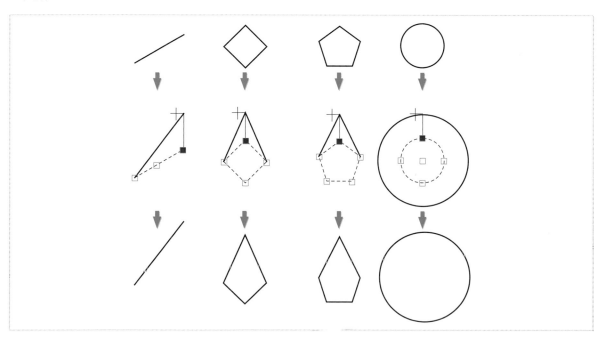

點取掣點後(紅色)，按滑鼠右鍵即可出現選單，如右圖。

然後按 Enter 鍵或空間棒可以依序切換編輯指令，移動、旋轉、比例、鏡射、拉伸。或直接按右鍵選擇指令編輯圖形。配合選項「複製(C)」可以產生多重複製的功能，原圖形可保留，「基準點(B)」可以重新定義基準點。

** MOVE **

指定移動點 或 [基準點(B)/複製(C)/退回(U)/結束(X)]：Enter

** 旋轉 **

指定旋轉角度或 [基準點(B)/複製(C)/退回(U)/參考(R)/結束(X)]：Enter

** 比例 **

指定比例係數或 [基準點(B)/複製(C)/退回(U)/參考(R)/結束(X)]：Enter

** 鏡射 **

指定第二點或 [基準點(B)/複製(C)/退回(U)/結束(X)]：Enter

** 拉伸 **

指定拉伸點或 [基準點(B)/複製(C)/退回(U)/結束(X)]：Enter

作圖解析

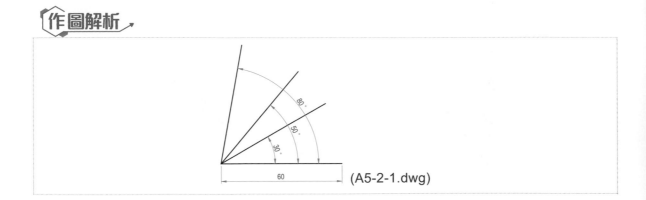

(A5-2-1.dwg)

解析

直接點選直線，按左邊端點後按右鍵點選複製

指令：

** 拉伸 **

指定拉伸點或 [基準點(B)/複製(C)/退回(U)/結束(X)]：_copy

** 拉伸 **

指定拉伸點或 [基準點(B)/複製(C)/退回(U)/結束(X)]：再按原來左邊端點

** 拉伸 **

指定拉伸點或 [基準點(B)/複製(C)/退回(U)/結束(X)]：_rotate　按右鍵點選旋轉

** 旋轉 **

指定旋轉角度或 [基準點(B)/複製(C)/退回(U)/參考(R)/結束(X)]：30　輸入角度 30

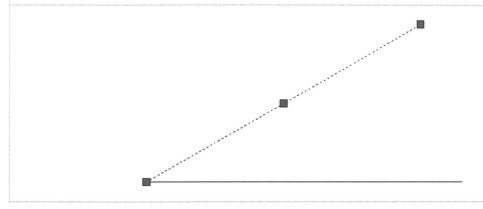

立即練習

請利用掣點模式完成下圖。

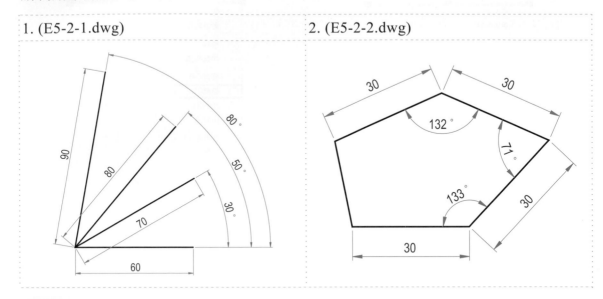

1. (E5-2-1.dwg)

2. (E5-2-2.dwg)

解析

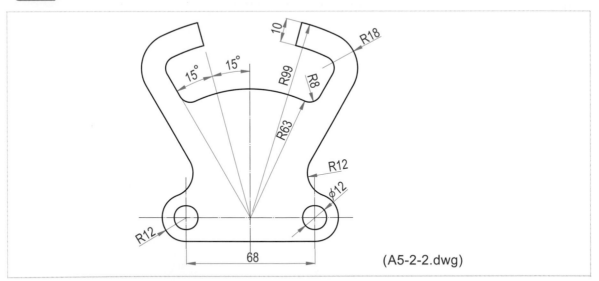

(A5-2-2.dwg)

1. 利用線(LINE)繪製直角線。

2. 偏移複製 34。

3. 利用掣點旋轉 15 度。直接點選欲旋轉之直線,出現三個「□」,點取第 1 點出現「■」,在指令列輸入選項「複製 C」後,再按複製基準點 「點 1 ■」,按滑鼠右鍵選擇「旋轉」,在指令列輸入旋轉角度 15。

** 拉伸 **

指定拉伸點或 [基準點(B)/複製(C)/復原(U)/結束(X)]： C 輸入選項 C

** 拉伸 (多重) **

指定拉伸點或 [基準點(B)/複製(C)/復原(U)/結束(X)]： 點取複製基準點 1 後，按滑鼠右鍵，出現對話框，點選「旋轉」

** 拉伸 **

指定拉伸點或 [基準點(B)/複製(C)/復原(U)/結束(X)]：_rotate

** 旋轉 **

指定旋轉角度或 [基準點(B)/複製(C)/退回(U)/參考(R)/結束(X)]：15 輸入旋轉角度 15

4. 再旋轉一次 15 度。

指令：直接點取欲旋轉直線，出現三個掣點

** 拉伸 **

指定拉伸點或 [基準點(B)/複製(C)/復原(U)/結束(X)]：C 輸入選項 C

** 拉伸 (多重) **

指定拉伸點或 [基準點(B)/複製(C)/復原(U)/結束(X)]：點取點 1 後，按滑鼠右鍵「旋轉」

** 拉伸(多重) **

指定拉伸點或 [基準點(B)/複製(C)/復原(U)/結束(X)]：_rotate

** 旋轉 **

指定旋轉角度或 [基準點(B)/複製(C)/退回(U)/參考(R)/結束(X)]：15 輸入旋轉角度 15

5. 偏移複製 10

指令：OFFSET

指定偏移距離或 [通過(T)] <通過>：10 輸入偏移距離 10

選取要偏移的物件或 <結束>： 點選點 4 選取要偏移物件

指定要在那一側偏移複製： 點取點 5

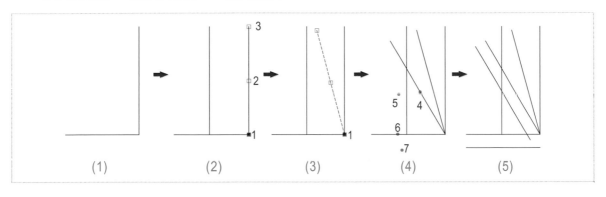

6. 畫圓，半徑各為 6、12、63、89、99。

7. 修剪多餘的圓弧與線條。

8. 倒圓角，半徑各為 8、12、18。

9. 修剪或刪除不必要之線條，變更中心線之長度與各線條之性質。

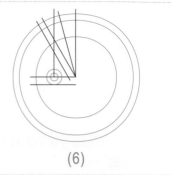

(6)

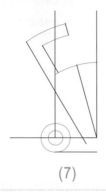

(7)

(8)

(9)

10. 鏡射：

指令：MIRROR

選取物件：點取點 8

指定對角點：找到 15 個　點取點 9

選取物件：Enter

指定鏡射線的第一點：<打開物件鎖點>　以鎖點模式「端點」點取點 10

指定鏡射線的第二點：　點取點 11

刪除來源物件? [是(Y)/否(N)] <N>：Enter

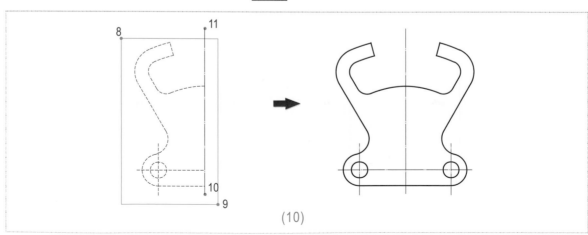

(10)

立即練習

3. (E5-2-3.dwg)

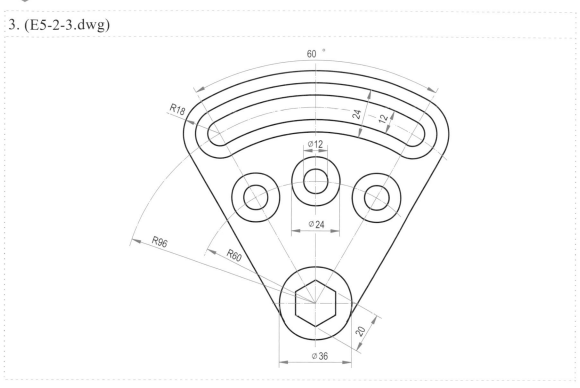

5-3 比例(SCALE)

　　要將物件放大或縮小，可用比例(SCALE)指令，「SCALE」可選用指定比例係數，亦可將物件目前變成所須之大小。「指定比例係數」在輸入「比例係數」值前，須先點取其基準點。R 是很重要調整比例的參數，可以針對不同長度做比例的縮放。

▼表 5-3-1　比例指令表

指令	Scale	精簡指令	SC
常用頁籤/修改面板/比例	比例	主要功能列	修改/比例

🔲 比例 **1. 指定比例係數**

指令：SCALE

選取物件：指定對角點：2 找到　　點選物件

選取物件： Enter

指定基準點：　點取點 1

指定比例係數或 [參考(R)]：0.5　　輸入比例係數 0.5

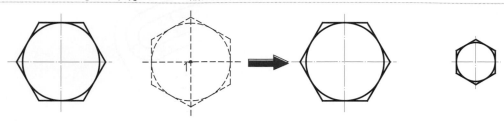

🔲 比例 **2. 參考**

指令：SCALE

選取物件：指定對角點：2 找到　　點選物件

選取物件： Enter

指定基準點：　指定基準點 1

指定比例係數或 [參考(R)]：R　　輸入選項 R

指定參考長度 <1>：　　指定參考點 1

指定第二點：　　　指定參考點 2

指定新長度：13.5　　　輸入新長度 13.5(原長度為 20)

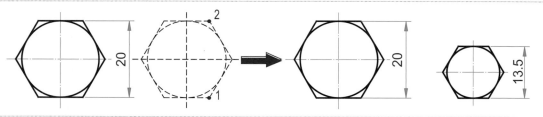

 作圖解析

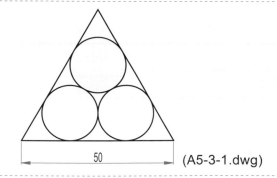

(A5-3-1.dwg)

┌───┐

作圖步驟提示

1. 以線(LINE)畫長 20 線段，以兩端點畫直徑為 10 之兩圓(CIRCLE)，再畫相切之圓直徑 10。

2. 連接三圓之中心點成三角形，偏移複製(OFFSET)10 後，圓角(FILLET)0，以比例(SCALE)參考(R)調整邊長為 50。

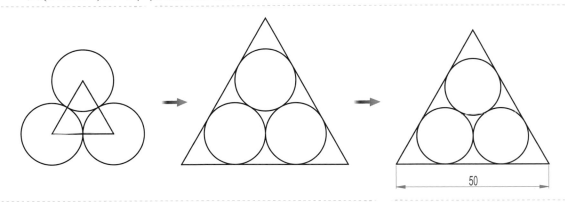

└───┘

幾何思考題型

已知三角形，繪製比例 1：2(a：2a)的垂直線

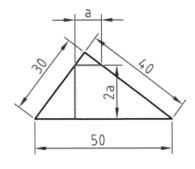

(T5-3-1.dwg)

1. 在三角形內任一位置畫高 10 寬 5 的直線。
2. 複製三邊長至三頂點。
3. 修剪後移至左下角。
4. 小三角形使用比例，參數 R 調整至右邊。

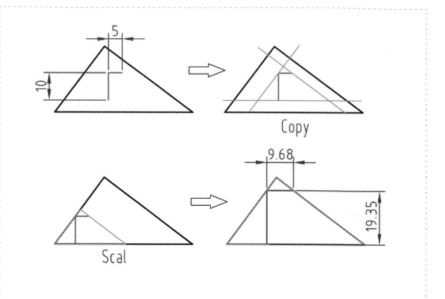

立即練習

1. (E5-3-1.dwg)

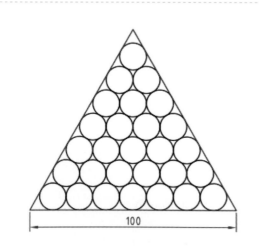

2. (E5-3-2.dwg)

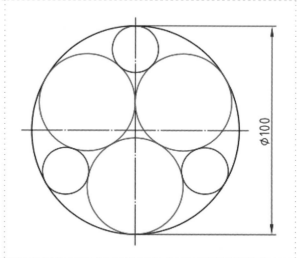

3. (E5-3-3.dwg)　　　　4. (E5-3-4.dwg)

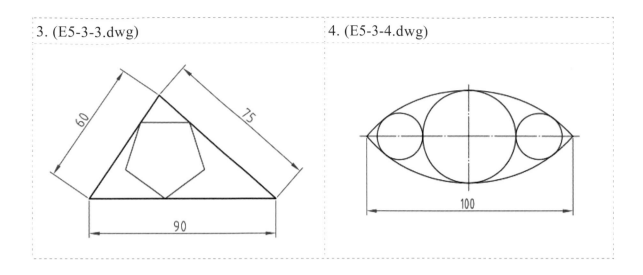

5-4 橢圓(ELLIPSE)

　　橢圓是由一長軸與一短軸垂直正交而成，繪製時有以端點、有以中心點也有以橢圓弧之起始角度來繪製。

▼表 5-4-1　橢圓指令表

指令	Ellipse	精簡指令	EL
常用頁籤/繪製面板/橢圓	🔵	主要功能列	繪製/橢圓

橢圓繪製有右圖三個方式，介紹如下：

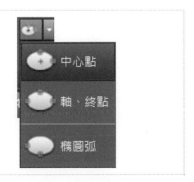

中心點

指令：_ellipse

指定橢圓的軸端點或 [弧(A)/中心點(C)]：_c

指定橢圓的中心點： 指定中心點 1

指定軸端點： 指定端點 2

指定到另一軸的距離或 [旋轉(R)]： 指定另一軸距離點 3

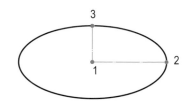

 軸、終點

指令：_ellipse

指定橢圓的軸端點或[弧(A)/中心點(C)]：點選 1

指定軸的另一端點： 點選 2

指定到另一軸的距離或 [旋轉(R)]： 10　輸入到另一端之距離 10

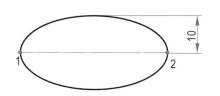

 橢圓弧

指令：_ellipse

指定橢圓的軸端點或 [弧(A)/中心點(C)]：_a

指定橢圓弧的軸端點或 [中心點(C)]： 指定端點 1

指定軸的另一端點： 指定另一端點 2

指定到另一軸的距離或 [旋轉(R)]： 指定端點 3

指定起始角度或 [參數(P)]：0　輸入弧起始角度 0

指定結束角度或 [參數(P)/夾角(I)]：120　輸入弧結束角度 120

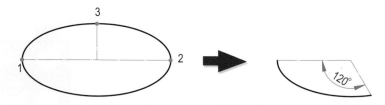

立即練習

1. (E5-4-1.dwg)

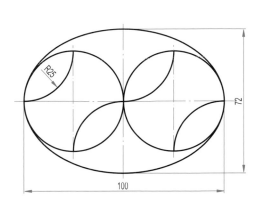 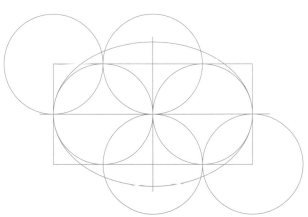

2. (E5-4-2.dwg)

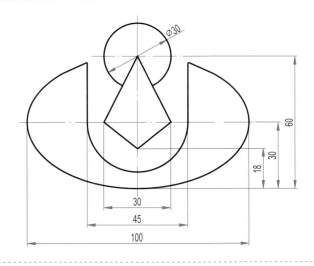 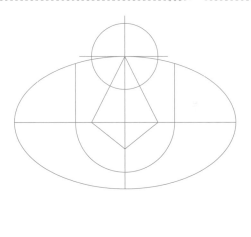

5-5 去角(CHAMFER)

▼表 5-5-1 去角指令表

指令	Chamfer	精簡指令	CHA
常用頁籤/修改面板/倒角	倒角	主要功能列	修改/倒角

去角俗稱倒角，AutoCAD 內定為倒角，一般都在物體端面斜切成 45° 或 30°，大都先以與端面距離作為繪製時設定值，然後再繪製，如距離設為 0，則成為直角。

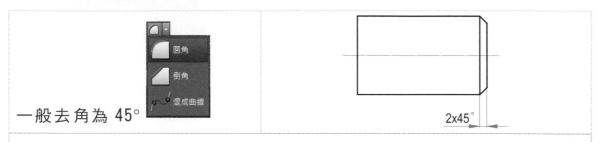

一般去角為 45°

2x45°

指令：_chamfer

(TRIM 模式) 目前的倒角 距離 1 = 0.0000，距離 2 = 0.0000

選取第一條線或 [退回(U)/聚合線(P)/距離(D)/角度(A)/修剪(T)/方式(E)/多重(M)]：D 輸入選項 D

請指定第一個倒角距離 <0.0000>：2 輸入第一倒角距離值 2

請指定第二個倒角距離 <2.0000>：Enter

選取第一條線或 [退回(U)/聚合線(P)/距離(D)/角度(A)/修剪(T)/方式(E)/多重(M)]： 點取點 1

選取第二條線，或按住 Shift 並選取線以套用角點或 [距離(D)/角度(A)/方式(M)]：點取點 2

指令：Enter 按 Enter 後，依序點選點 3、點 4，即完成。

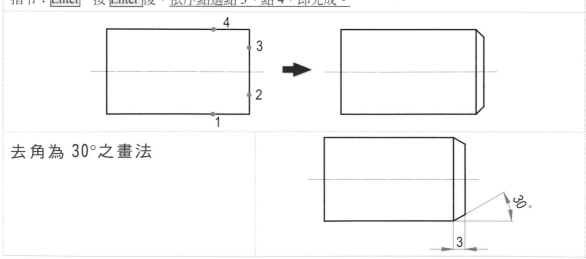

去角為 30° 之畫法

30°

3

指令：CHAMFER

(TRIM 模式) 目前的倒角長度 = 1.00, 角度 = 0

選取第一條線或 [退回(U)/聚合線(P)/距離(D)/角度(A)/修剪(T)/方式(E)/多重(M)]：A 輸入選項 A

輸入第一條線的倒角長度 <1.00>：3 輸入倒角長度 3

輸入自第一條線的倒角角度 <0>：30 輸入倒角角度 30

選取第一條線或[退回(U)/聚合線(P)/距離(D)/角度(A)/修剪(T)/方式(E)/多重(M)]：點選點 1

選取第二條線，或按住 Shift 並選取線以套用角點： 點選點 2

指令： Enter   按 Enter 後，依序點選點 3、點 4，即完成。

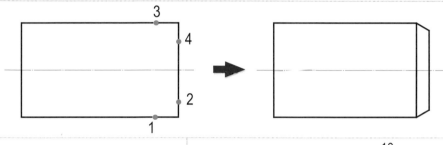

不等距離去角之畫法。

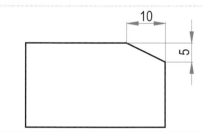

指令：CHAMFER

(TRIM 模式) 目前的倒角長度 = 3.00, 角度 = 30

選取第一條線或 [退回(U)/聚合線(P)/距離(D)/角度(A)/修剪(T)/方式(E)/多重(M)]：D 輸入選項 D

請指定第一個倒角距離 <1.00>：10 輸入第一個倒角距離 10

請指定第二個倒角距離 <10.00>：5 輸入第二個倒角距離 5

選取第一條線或[退回(U)/聚合線(P)/距離(D)/角度(A)/修剪(T)/方式(E)/多重(M)]：點取點 1

選取第二條線，或按住 Shift 並選取線以套用角點： 點取點 2

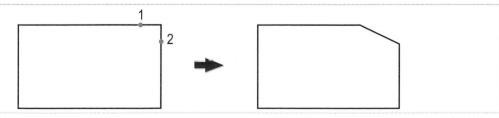

5-6 不規則曲線(SPLINE)

　　SPLINE 中文版譯為雲形線，是穿過一組指定點的平滑曲線。繪製時除必須給此曲線的各點外還須用點來表示曲線相切方向。指令下的閉合(C)是表示此曲線是閉合的曲線，而擬合公差是用於檢視不規則曲線與指定擬合的程度，公差越小，擬合程度越佳。

▼表 5-6-1　不規則曲線指令表

指令	Spline	精簡指令	SPL
常用頁籤/繪製面板/雲形線	⌁ 擬合點(F)	主要功能列	繪製/雲行線

「⠿」　⌁ 擬合點(F)

指令：_SPLINE

目前設定：方式 = 擬合，節點 = 弦

指定第一點或 [方式(M)/節點(K)/物件(O)]：_M

輸入雲形線建立方式 [擬合(F)/CV(CV)] <擬合>：_FIT

目前設定：方式=擬合，節點=弦

指定第一點或 [方式(M)/節點(K)/物件(O)]：　以滑鼠點選 1 點

輸入下一點或 [起始切向(T)/公差(L)]：　以滑鼠點選 2 點

輸入下一點或 [結束切向(T)/公差(L)/退回(U)]：　以滑鼠點選 3 點

輸入下一點或 [結束切向(T)/公差(L)/退回(U)/封閉(C)]：　以滑鼠點選 4 點

輸入下一點或 [結束切向(T)/公差(L)/退回(U)/封閉(C)]：　Enter

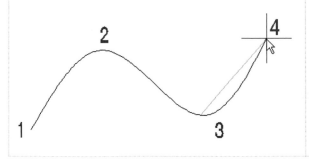
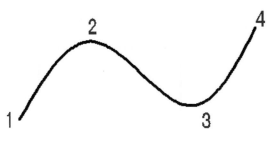

「 ▨ 」 ↷ 控制頂點(C)

指令：_SPLINE

目前設定：方式＝ CV，角度＝ 3

指定第一點或 [方式(M)/度(D)/物件(O)]：_M

輸入雲形線建立方式 [擬合(F)/CV(CV)] <CV>：_CV

目前設定：方式＝ CV，角度＝ 3

指定第一點或 [方式(M)/度(D)/物件(O)]： 以滑鼠點選 1 點

輸入下一點： 以滑鼠點選 2 點

輸入下一個點或 [退回(U)]： 以滑鼠點選 3 點

輸入下一點或 [封閉(C)/退回(U)]： 以滑鼠點選 4 點

輸入下一點或 [封閉(C)/退回(U)]： Enter

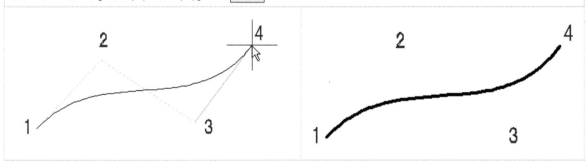

立即練習

請依照尺度以 1：1 抄繪下圖。(E5-6-1.dwg)

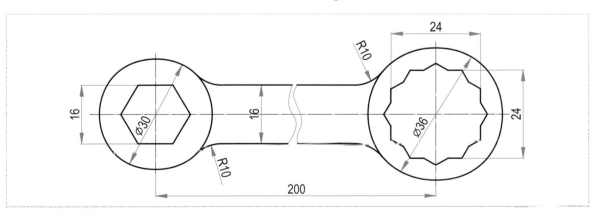

5-7 聚合線(PLINE)

聚合線是由一序列的線或弧連接而成的單一物件。若需一次編輯所有的線段則可使用聚合線。

▼表 5-7-1　聚合線指令表

指令	Pline	精簡指令	PL
常用頁籤/繪製面板/聚合線	 聚合線	主要功能列	繪製/聚合線

利用聚合線(PLINE)繪製下圖。

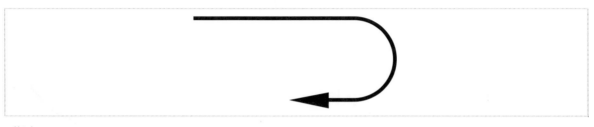

指令：PLINE

指定起點：　點取起點 1

目前的線寬是 0.00

指定下一點或 [弧(A)/半寬(H)/長度(L)/退回(U)/寬度(W)]：W　輸入選項 W

指定起點寬度 <0.00>：1　輸入起點寬度 1

指定終點寬度 <1.00>：　Enter

指定下一點或 [弧(A)/半寬(H)/長度(L)/退回(U)/寬度(W)]：　點取下一點 2

指定下一點或 [弧(A)/封閉(C)/半寬(H)/長度(L)/退回(U)/寬度(W)]：A　輸入弧選項 A

指定弧的終點或[角度(A)/中心點(CE)/封閉(CL)/方向(D)/半寬(H)/直線(L)/半徑(R)/第二點(S)/退回(U)/寬度(W)]：　點取圓弧終點 3

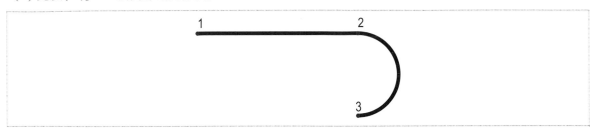

指定弧的終點或[角度(A)/中心點(CE)/封閉(CL)/方向(D)/半寬(H)/直線(L)/半徑(R)/第二點(S)/退回(U)/寬度(W)]：L　輸入直線選項 L

指定下一點或 [弧(A)/封閉(C)/半寬(H)/長度(L)/退回(U)/寬度(W)]：　點取下一點 4

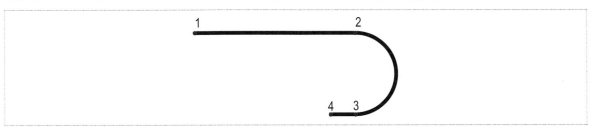

指定下一點或 [弧(A)/封閉(C)/半寬(H)/長度(L)/退回(U)/寬度(W)]：W　輸入寬度選項 W

指定起點寬度 <1.00>：6　輸入起點寬度 6

指定終點寬度 <6.00>：0　輸入終點寬度 0

指定下一點或 [弧(A)/封閉(C)/半寬(H)/長度(L)/退回(U)/寬度(W)]：　點選點 5

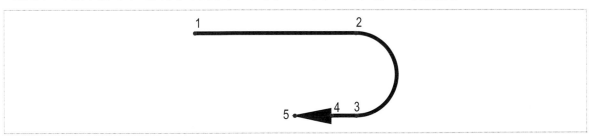

5-8 點(POINT)

點在工程圖中大致不出現，但在作圖中如量度、等分線段時可利用點來顯示。

▼表 5-8-1　點指令表

指令	Point	精簡指令	PO
常用頁籤/繪製面板/多個點		主要功能列	繪製/點

選取需求之點的型式，點型式設定「常用」/「公用程式」/「點型式」。

指令列：DDPTYPE，選取點的型式與設定點的尺度大小。

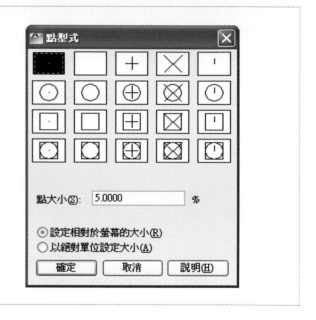

1. 單點或多個點

指令：POINT

目前的點模式：　PDMODE=2　PDSIZE=0.0000

指定一點：點 1 指定點的位置後，再按 Enter

指令：POINT

目前的點模式：　PDMODE=2　PDSIZE=0.0000

指定一點：點 2 指定點的位置後，再按 Enter

指令：POINT

目前的點模式：　PDMODE=2　PDSIZE=0.0000

指定一點：點 3 指定點的位置後，再按 Enter

指令：POINT

目前的點模式： PDMODE=2　PDSIZE=0.0000

指定一點：點 4 指定點的位置後，再按 Enter

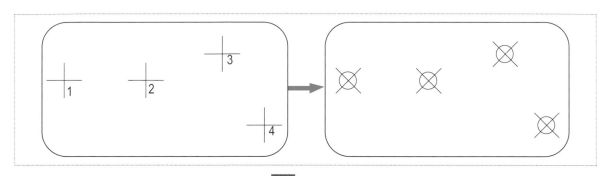

點的樣式，搭配「繪製」之「等分  」與「等距 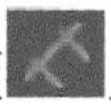 」最常使用，搭配鎖點模式的「 ○ 節點(D) 」可以將直線或圓弧作為等分或等距之分配。

5-9　等分(DIVIDE)

　　若要在物件作指定等分數上建立點或插入物件即可用此指令，使用此指令前，可先設定點的型式，在圖上始能有點出現。

▼表 5-9-1　等分指令表

指令	Divide	精簡指令	DIV
常用頁籤/繪製面板/等分		主要功能列	繪製/點/等分

指令：_divide

選取要等分的物件： 點選直線(圓弧)

輸入分段數目或 [圖塊(B)]：5　輸入 5 等分

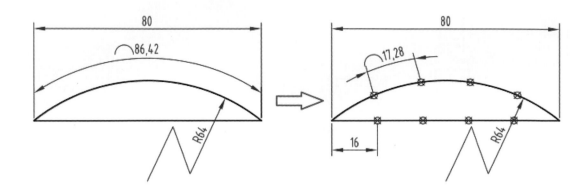

立即練習

1. (E5-9-1.dwg)	2. (E5-9-2.dwg)

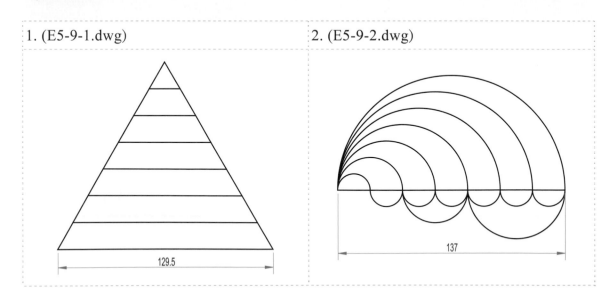

5-10 等距量測(MEASURE)

在物件上指定每一段的長度則可使用 MEASURE，點的型式亦可先設定，量測時均以點取端開始等距量測，而圓形物件從 X 軸正方向(0 度)開始。

▼表 5-10-1　等距量測指令表

指令	Measure	精簡指令	ME
常用頁籤/繪製面板/等距		主要功能列	繪製/點/等距

指令：_measure

選取要測量的物件：　靠近右邊點選弧

指定分段長度或 [圖塊(B)]：92　輸入長度 92(因為是圓弧所示是弧長)

將不要之圓弧修剪後刪除，即可得到所需弧長之圓弧。

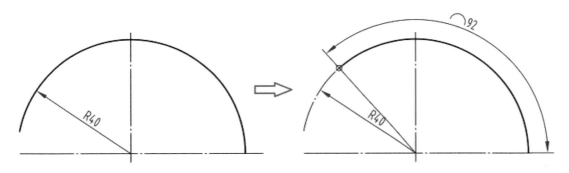

立即練習

請依據尺度繪製圖形，第 2 題圓弧 5 等分，直線 6 等分，紅色圓弧接於頂點，R100 弧相切於紅色圓弧。

| 1. (E5-10-1.dwg) | 2. (E5-10-2.dwg) |

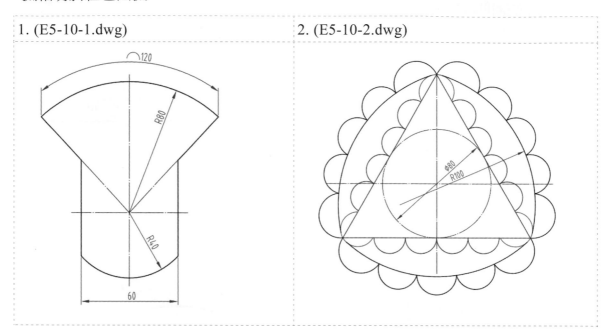

5-11 對齊(ALIGN)

使物件與其他 2D 或 3D 物件對齊。

▼表 5-11-1 對齊指令表

指令	Align	精簡指令	AL
常用頁籤/修改面板/對齊		主要功能列	修改/對齊

指令：ALIGN

選取物件：指定對角點：3 找到

選取物件：Enter

指定第一個來源點： 點選點 1

指定第一個目標點： 點選點 2

指定第二個來源點： 點選點 3

指定第二個目標點： 點選點 4

指定第三個來源點或 <繼續>： Enter

要根據對齊點調整物件比例? [是(Y)/否(N)] <否>： Y Enter

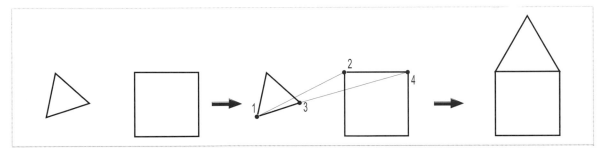

指令：ALIGN

選取物件：指定對角點：3 找到

選取物件：Enter

指定第一個來源點： 點選點 1

指定第一個目標點： 點選點 2

指定第二個來源點： 點選點 3

指定第二個目標點： 點選點 4

指定第三個來源點或 <繼續>： Enter

要根據對齊點調整物件比例? [是(Y)/否(N)] <否>： N Enter

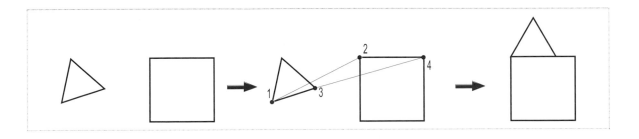

立即練習

請依據尺度繪製圖形。(E5-11-1.dwg)

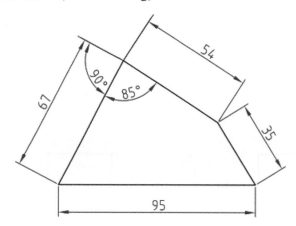

5-12 平面設計

　　平面設計是很夯的專業，但是怎樣才是美？才是好？瞭解美，發現美，也給自己增加精彩，好作品不會沒有依據。黃金分割就在那裏 0.618 或者 1.618，這個數字是否覺得似曾相識。把一條線段分為兩部分，此時短段與長段之比恰恰等於長段與整條線之比，其數值比為 1：1.618 或 0.618：1。

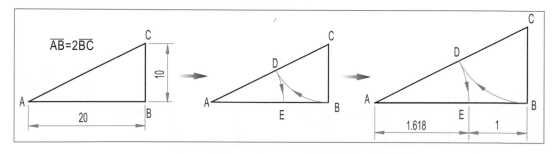

　　這就是黃金分割律，由西元前六世紀古希臘數學家畢達哥拉斯所發現，後來古希臘美學家柏拉圖將此稱為黃金分割。黃金分割在未發現之前，在客觀世界中就存在的，觀察自然界時，就驚奇的發現原來在自然界的許多優美的事物中的能看到它，如植物的葉片、花朵，雪花，五角星等許多動物、昆蟲的身體結構中，特別是

人體中更是有著豐富的黃金比關係。鸚鵡螺曲線的每個半徑和後一個的比都是黃金比例，是自然界最美的鬼斧神工。只是當人們揭示了這一奧秘之後，才對它有了明確的認識。

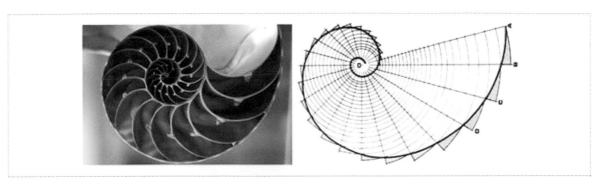

　　黃金分割律作為一種重要形式美法則，成為世代相傳的審美經典規律，推薦一個美學利器黃金矩形(Golden Rectangle)。它的的長寬之比為黃金分割率 0.618，並且可以不斷以這種比例分割下去。

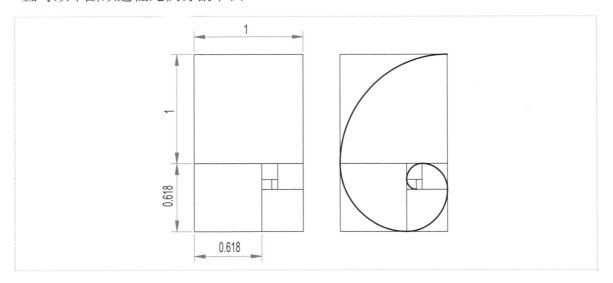

　　黃金分割率和黃金矩形能夠給畫面帶來美感，令人愉悅。在很多藝術品以及建築中都能找到它。中世紀德國數學家、天文學家開普勒指出："幾何學中有兩件塊寶，一是畢達哥拉斯定理 ，一是黃金分割律"，他宣稱黃金分割是造物主賜予自然界傳宗接代的美妙之意。美商蘋果(APPLE)的商標也是根據黃金比例繪製而成的(參考網路資料)。

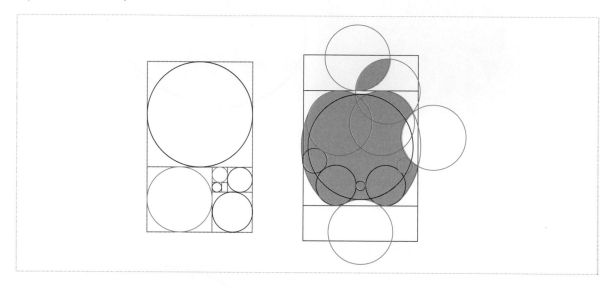

　　使用 AutoCAD 繪製可愛圖案，對於圖形比例與位置相當重要，不是在於尺度的整數(常有小數點)，可以從圓的四個象限點、半徑、相切或垂直等關係建立有美感的圖案，圖 4-1-43 小鴨鴨只有標註大圓弧半徑 R50 與角度 45°，如下圖(a)所示。但有些題目為了讓讀者判斷出 45°也會省略不標註，如下圖(b)所示。

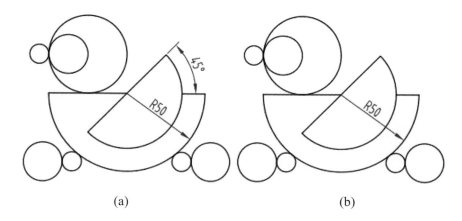

(a)　　　　　　　　　　　　　　　　(b)

作圖步驟提示

1. 畫圓「⬤」半徑 50，畫 45°直線「╱」交於大圓，垂直向下。
2. 向下直線交於水平線，再畫圓「⬤」。

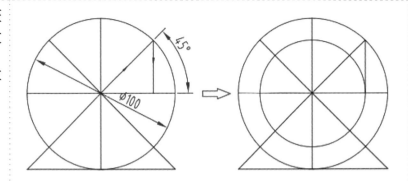

3. 圓與左邊 45°交點爲圓心，畫水平線「╱」，如圖畫圓「⬤」。
4. 左上角兩點畫圓「⬤ 兩點」，下方相切畫圓「⬤ 相切、相切、相切」。

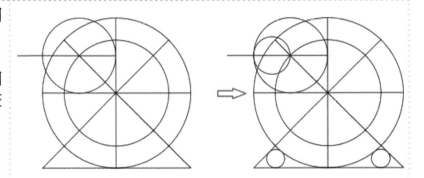

5. 連接下方小切圓心，畫水平線，將上方 D 圓複製「⬤ 複製」至下方，下方 d 圓複製「⬤ 複製」至上方。
6. 修剪「✂ 修剪」刪除「╱」多餘線條完成鴨鴨圖案。

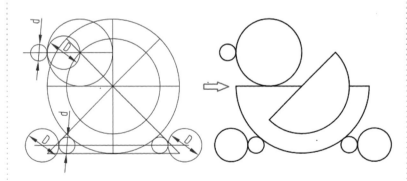

立即練習

1. 參考下圖右邊小松鼠圖案解析圖，以半徑 R50 的圓建構圖案。(E5-12-1.dwg)

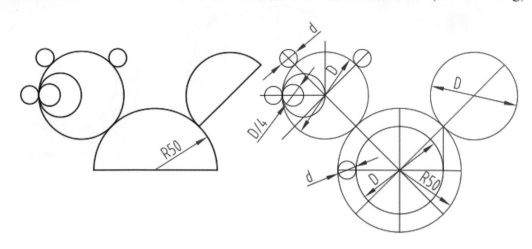

利用 AutoCAD 繪製平面圖形，對於圓弧、直線等各種幾何圖形之建構有相當準確的作圖方便，但對於圖樣填色與色調變化，使用剖面之漸層並無法從事多變的平面設計。理想的作法是在 AutoCAD 繪製後「匯出」為其他圖檔，例如：下圖之中繼檔(*.wmf)。

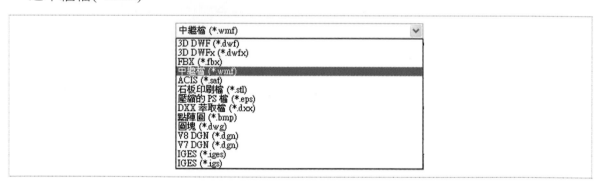

然後在 CorelDRAW 或 Illustrator 等軟體編修，是一個快速又精確的方法，但基本上不同軟體的轉換有些功能是需要研究的，若是矩形、圓形、橢圓等聚合線圖形，軟換後可直接上色。其他利用直線與圓弧等編輯後之圖形，建議封閉區域應先編輯成聚合線再轉換，如此即可繪製向量圖形。

將點陣式影像貼附到圖面中。「點陣式影像」是由小方形或圓點 (即像素) 的矩形格線所組成。點陣式影像與許多其他圖面物件一樣，可以複製、移動或截取。可以使用掣點模式來修改影像、調整影像的對比、以矩形或多邊形截取影像、或是使用影像做為修剪的切割邊。

此處舉例說明如何取得點陣式影像成為 AutoCAD 圖檔。

指令	attach	精簡指令	無
插入頁籤/參考面板/貼附	貼附	主要功能列	插入/點陣圖影像參考

若是輸入「Image」(精簡指令 IM)則出現右圖對話框，「貼附影像 ▦ ▾」還包括 DWG、影像、DWF、DGN、PDF 等等檔案格式。

「貼附」點陣圖，選取要編輯的影像檔，插入點與調整比例都勾選「在螢幕上指定」。

2. 此圖是對稱圖形以圓跟橢圓組成，繪製中心線、橢圓、圓，然後鏡射後編輯修剪即完成 CAD 檔案。

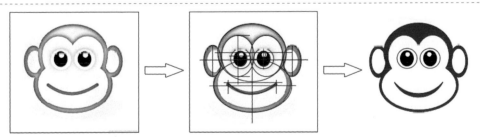

立即練習

參考下列點陣圖描繪成 CAD 檔案(插入 E5-12-a.jpg 等檔案)

1. (E5-12-a.jpg)	2. (E5-12-b.jpg)	3. (E5-12-c.jpg)

立即練習 (E5-12-2.dwg)

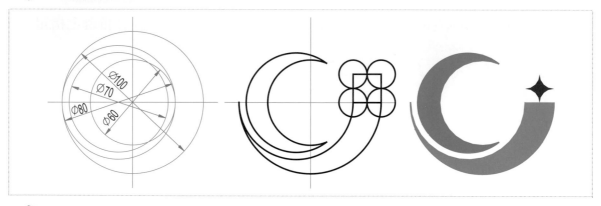

立即練習 (E5-12-3.dwg)

綜合練習

一、基本題型

請依照尺度以 1：1 抄繪下圖，不需標註尺度。

1. (C5-1-1.dwg)

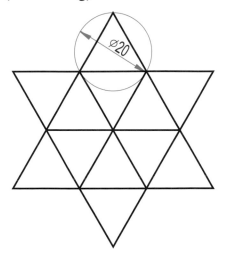

2. (C5-1-2.dwg)

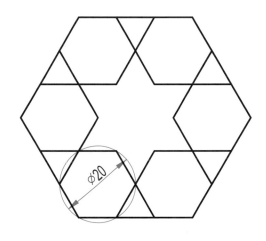

3. (C5-1-3.dwg)

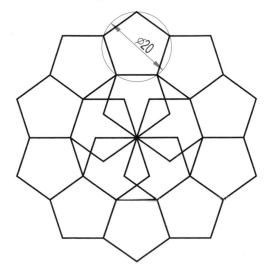

4. (C5-1-4.dwg)

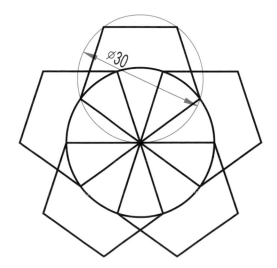

5. (C5-1-5.dwg)

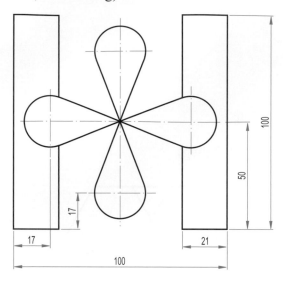

6. (C5-1-6.dwg)

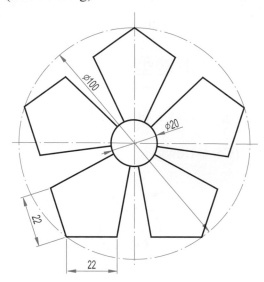

7. (C5-1-7.dwg)

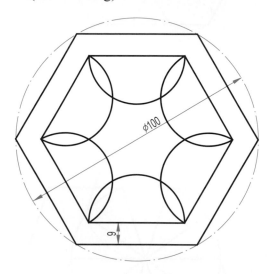

8. (C5-1-8.dwg)

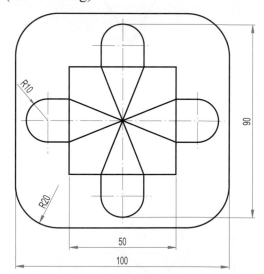

9. (C5-1-9.dwg)

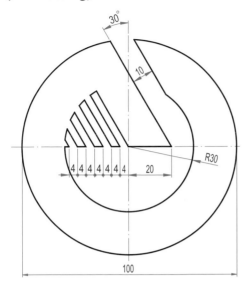

10. (C5-1-10.dwg)

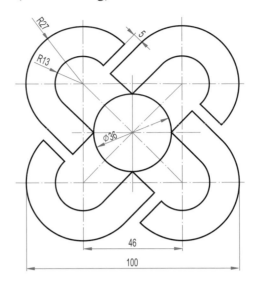

11. (C5-1-11.dwg)

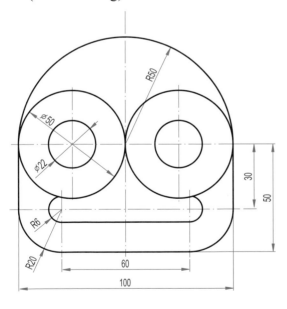

12. (C5-1-12.dwg)

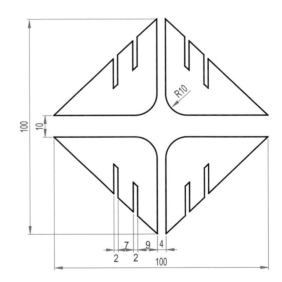

13. (C5-1-13.dwg)

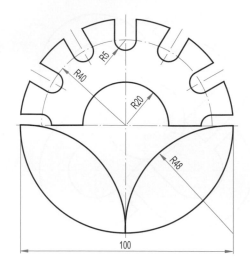

14. (C5-1-14.dwg)

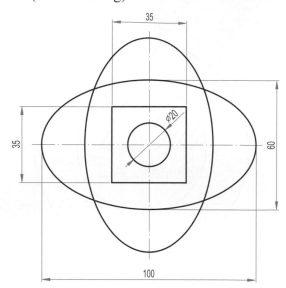

15.(C5-1-15.dwg)

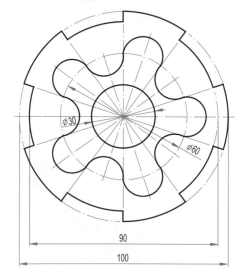

16. (C5-1-16.dwg)

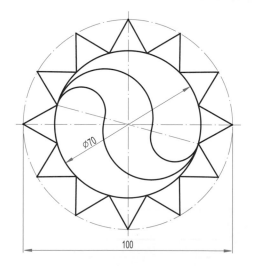

17. (C5-1-17.dwg)

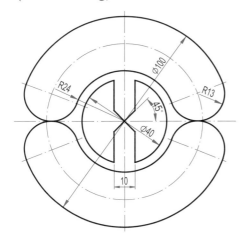

18. (C5-1-18.dwg)

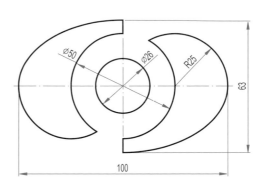

19. (C5-1-19.dwg)

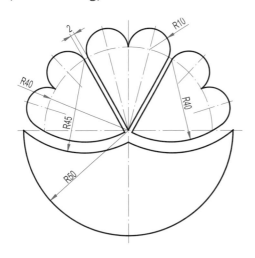

20. (C5-1-20.dwg)

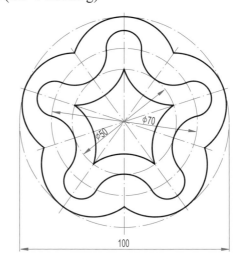

二、進階題型

請依照圖示尺度 1：1 抄繪下列各圖，不需標註尺度。

1. (C5-2-1.dwg)

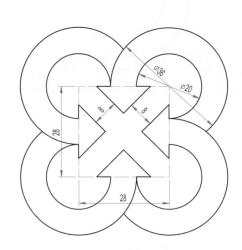

2. (C5-2-2.dwg)

3. (C5-2-3.dwg)

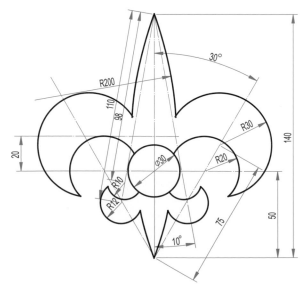

4. (C5-2-4.dwg)

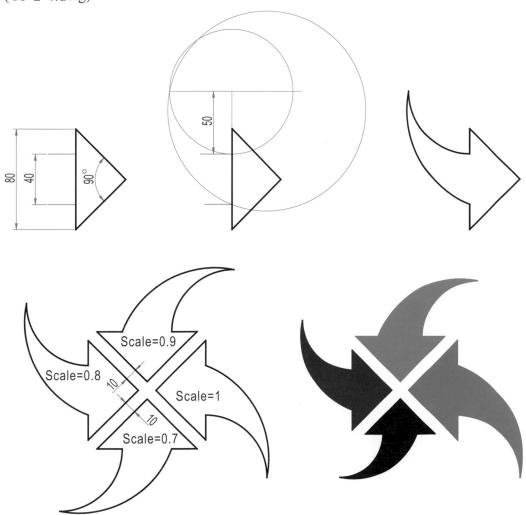

5. (C5-2-5.dwg)

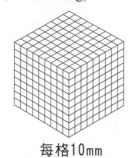 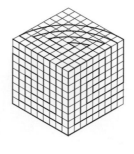

每格10mm

6. (C5-2-6.dwg)

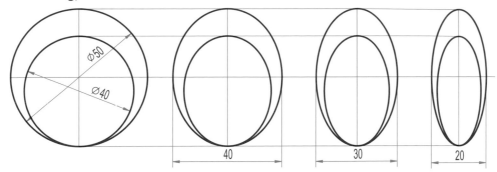

7. 請填入自己喜愛的顏色完成圖形，板線寬度 8。(C5-2-7.dwg)

三、創意設計

請依照下列圖形繪製或自行變化設計圖形。

1. 指示標誌

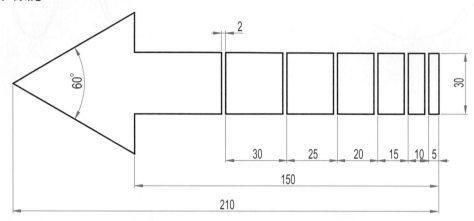

2. 變化指示標誌

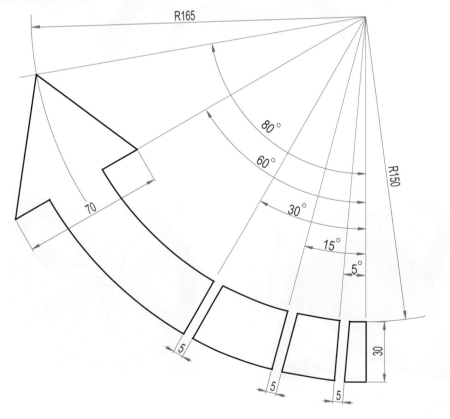

6

尺度標註

工程圖中，以視圖表達物體的形狀，以尺度標註表物體的大小，可見尺度標註在工程圖中的重要性。電腦輔助製圖軟體因有物件鎖點模式除能使圖形繪製準確，在尺度標註上能迅速與正確。

AutoCAD 軟體所提供的尺度變數設定值，並無法完全符合 CNS 國家標準工程製圖規範，因此在標註前尚須作稍微設定，以符合製圖規範。

尺度包括長度、角度、斜度、弧長、直徑、半徑等以尺度界線確定尺度的範圍，尺度線表示尺度之方向，箭頭乃指示尺度線之起迄，數字則決定尺度之大小，指線係導引註解說明，如圖 6-1 所示。

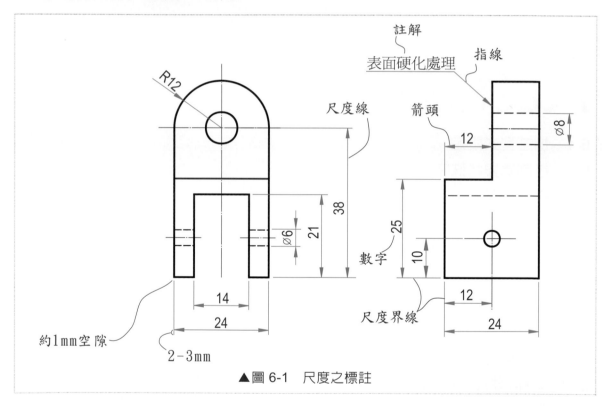

▲圖 6-1 尺度之標註

6-1 標註型式設定

6-1-1 新建標註型式

從「註解」頁籤的「標註」面板右下角「▾」點選後,出現「標註型式管理員」對話框,進行建立新型式、設定目前型式、修改型式、設定目前型式的取代,以及比較型式。

顯示目前標註型式的名稱 ISO-25,預設標註型式為 STANDARD。可以在此定義新標註型式。按「新建」,輸入新型式名稱「CNS-3」,按「繼續」。

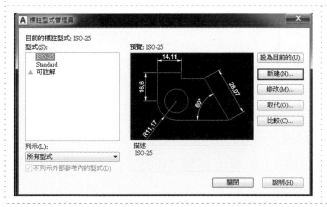
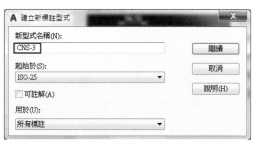

6-1-2 修改標註型式

按「修改」,顯示「修改標註型式」對話方塊,可以在其中修改標註型式。這個對話方塊的選項和「新建標註型式」對話方塊中的選項相同。

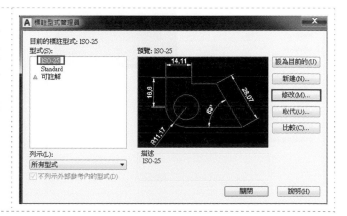

6-1-3 CNS 尺度標註型式設定

　　繼續「CNS-3」標註型式的設定。參考圖 6-1-1 之 CNS 規範，「線」標註線與延伸線建議採用綠色「■綠」，延伸至標註線外「2」，自原點偏移「1」。箭頭大小「2.5」，抑制(Suppress)與圓心記號繪製工程圖時不採用，可不予理會，則依原廠設定即可。(教學動態 6-1-3.mp4)

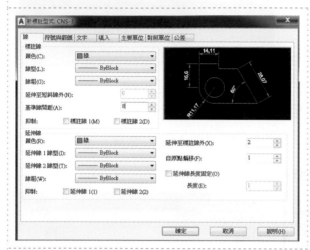

　　文字顏色為紅色「■紅」，文字字高「2.5」，字標註線偏移「1」，文字對齊選用「對齊標註線」，點選「文字型式」右邊「...」出現「文字型式」對話框，字體「isocp.shx」勾選大字體，選取「chineset.shx」，寬度係數「0.75」為長字體。按「套用」與「設為目前的」。

　　「填入」勾選「文字與箭頭」。「主要單位」線性標註與角度的精確度 0.00，「零抑制」皆勾選「結尾」。比例係數為 1，說明如下圖。

比例係數 1，結尾零不抑制。

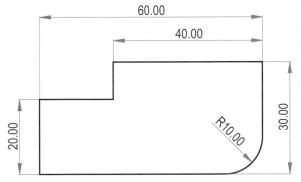

比例係數 2，結尾零抑制。

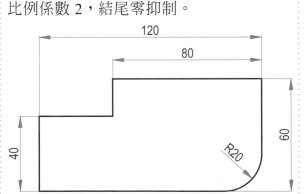

公差的設定要針對單一尺度個別調整，不宜此處設定，將於 7-3 節介紹。

6-1-4 公差標註

在標註型式的「公差」格式有「對稱」、「偏差」、「上下限」與「基本」，其型式內容如下。

(1) 方式「對稱」，上限值「0.1」。

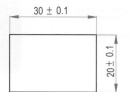

(2) 方式「偏差」，上限值「0.25」，下限值「0.12」，直式位置「下」。

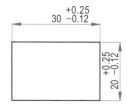

(3) 方式「偏差」，上限值「0.35」，下限值「-0.15」，直式位置「中央」。此方式 CNS3 標準不採用。

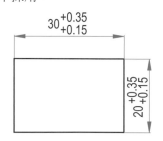

(4) 方式「上下限」，上限值「-0.12」，下限值「0.25」。

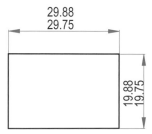

(5) 方式「基本」，幾何公差的基本尺度，每一個尺度皆有方框為理論尺度。

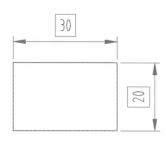

公差的標註設定之後，所有尺度皆有公差，不符實際需要，因此在完成尺度標註後，「常用」頁籤/「性質」面板之「⬎」。從性質對話框中點選「一般」、「線與箭頭」、「文字」、「填入」、「主要單位」、「替用單位」、「公差」逐一修改欲標註尺度，右圖是修改公差的位置。

1. 對稱，可以輸入「公差範圍上限」「0.1」抑制結尾零，出現如右圖的公差標註。

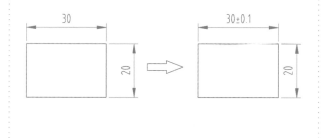

2. 偏差「雙向公差」，輸入「下限 0.1」(下限值內定為負，所以是-0.1)、「上限 0.2」(上限值內定為正)抑制結尾零「是」，出現如右圖的公差標註。

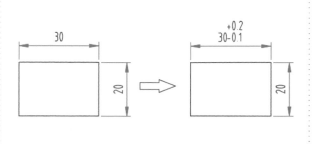

3. 偏差「單向公差」，輸入「下限-0.1」
(下限值內定為負，所以是+0.1)、「上
限 0.3」抑制結尾零「否」，出現如
右圖的公差標註。

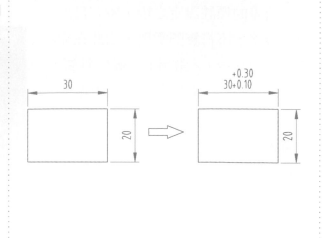

4. 偏差「單向公差」，輸入「下限 0.2」
(下限值內定為負，所以是-0.20)、「上
限-0.1」抑制結尾零「否」，出現如
右圖的公差標註。

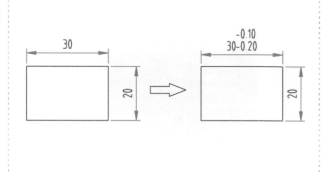

5. 範圍，輸入「下限 0.1」(下限值內定
為負，所以是 30-0.1＝29.90)、「上
限 0.2」(上限值內定為正，所以是
30+0.20＝30.20)抑制結尾零「否」，
出現如右圖的公差標註。

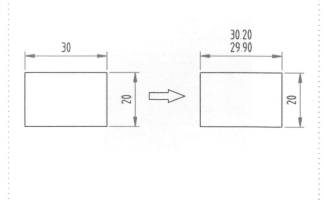

立即練習

請依據尺度繪製並標註尺度含公差。(E6-1-1.dwg)

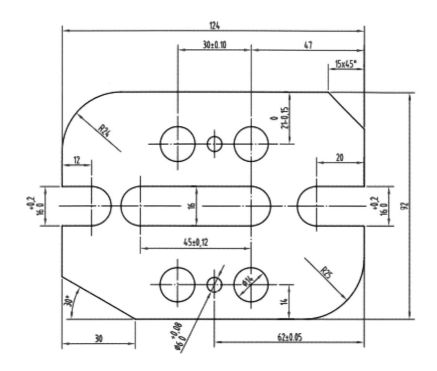

6-2 控制碼與特殊字元

AutoCAD 爲配合某些尺度標註的個別需要，使用控制碼「％％」配合「特殊字元」來完成，例如：百分比輸入「50%」也可以直接顯示「50%」。

▼表 6-2-1

名　稱	符號	控制碼與字元	範　　例
直徑	∅	%%c	%%c36　➡ ∅36
度	°	%%d	30%%dC　➡ 30℃
公差	±	%%p	30%%p0.02　➡ 30± 0.02
百分比	%	%%%	30%%%　➡ 30%

標註尺度要善用 AutoCAD 的工具列以及交點(Intersection)或端點(End)鎖點模式。尺度標註的工具列，而且最好將它放在操作時最方便的地方，標註時依需要點選即可。

在「常用」頁籤的「註解」面板選項中，包括有常用的「線性」、「對齊式」、「角度」、「弧長」、「半徑」、「直徑」等等，也有單一指令建立多種標註的「標註」。

而在「註解」頁籤的「標註」面板選項中較爲完整，有「快速」、「連續式」、「基線式」「更新」等等，介紹如下。

6-3 線性標註(DIMLINEAR)

▼表 6-3-1 線性標註指令表

指令	DIMLINEAR	精簡指令	DLI
常用頁籤/註解面板	線性	主要功能列	標註/線性

線性標註是指水平及直立尺度之標註，點選方式有選兩點，亦可以直接點選物件。

1.以兩點標註尺度

指令：DIMLINEAR

指定第一條延伸線原點或 <選取物件>：點選標註端點 1

指定第二條延伸線原點：點選標註端點 2

指定標註線位置或 .../垂直(V)/旋轉(R)]：游標向上移動，指定標註線位置 3

標註文字 = 25

游標向左移動，指定標註線位置 4

標註文字 = 15

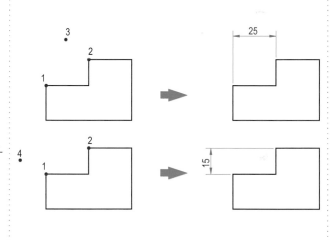

2.點取物件標註尺度

指令：DIMLINEAR

指定第一條延伸線原點或<選取物件>：Enter

選取要標註的物件：選取標註點 1

指定標註線位置 .../垂直(V)/旋轉(R)]：指定標註線位置點 2

標註文字 = 35

3. 點到線的旋轉標註

指令：_dimlinear

指定第一條延伸線原點或 <選取物件>：點 A

指定第二條延伸線原點：點 C

指定標註線位置或

[多行文字(M)/文字(T)/角度(A)/水平(H)/垂直(V)/旋轉(R)]：R

輸入 R

指定標註線的角度<0>：點 B 指定第二點：點 C

指定標註線位置或

[多行文字(M)/文字(T)/角度(A)/水平(H)/垂直(V)/旋轉(R)]： 點 標註位置

標註文字 = 25

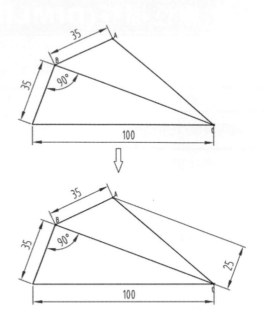

立即練習

請依據尺度繪製圖形，並標註尺度，直接標出 a 處之尺度。

1. (E6-3-1.dwg)　　　　　　　　　　2. (E6-3-2.dwg)

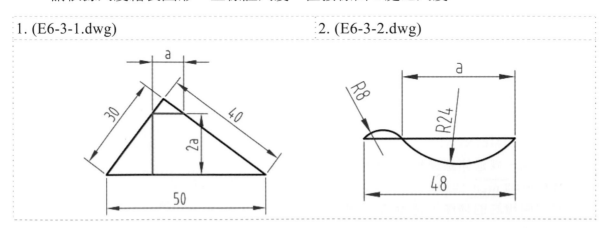

3. (E6-3-3.dwg)

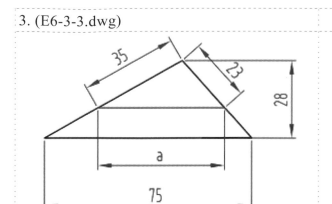

6-4 基線式標註(DIMBASELINE)

▼表 6-4-1　基線式標註指令表

指令	DIMBASELINE	精簡指令	DBA
註解頁籤/標註面板	基線式	主要功能列	標註/基線式

1. 基線式標註

指令：DIMLINEAR 先線性標註尺度，再執行基線式標註

標註文字　= 30

基線式指令：_dimbaseline 基線式標註

指定第二條延伸線原點或〔復原(U)/選取(S)〕<選取>：指定第二條延伸線原點 1

標註文字　= 40　　所得尺度值 40

指定第二條延伸線原點或〔復原(U)/選取(S)〕<選取>：指定第二條延伸線原點 2

標註文字　= 50　　所得尺度值 50

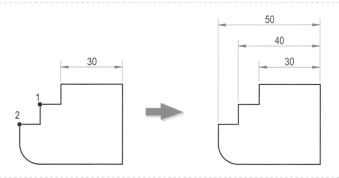

2. 重新定義基準邊

標註 30 尺度後，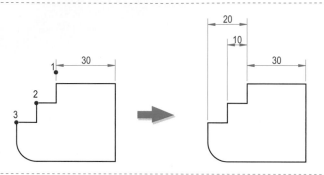 基線式

指令：_dimbaseline

選取基準標註： 點取點 1

指定第二條延伸線原點或 [選取(S)/退回(U)] <選取>： 點取點 2 標註文字 = 10

指定第二條延伸線原點或 [選取(S)/退回(U)] <選取>： 點取點 3 標註文字 = 20

立即練習

請依據尺度繪製圖形，並標註尺度。(E6-4-1.dwg)

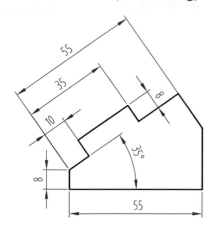

6-5 連續式標註(DIMCONTINUE)

▼表 6-5-1 連續式標註指令表

指令	DIMCONTINUE	精簡指令	DCO
註解頁籤/標註面板	連續式	主要功能列	標註/連續式

先線性標註尺度 30 後，再執行基線式標註。

指令：_dimcontinue

選取連續式標註：

指定第二條延伸線原點或 [選取(S)/] <選取>：

點選點 1

標註文字 ＝ 10

指定第二條延伸線原點或 [選取(S)/] <選取>：

點選點 2

標註文字 ＝ 10

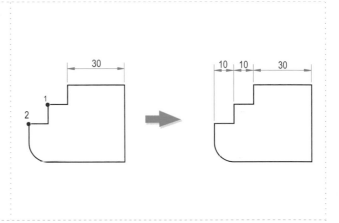

立即練習

請依據尺度繪製圖形，並標註尺度。(E6-5-1.dwg)

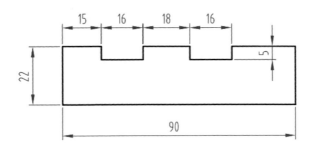

6-6 對齊式標註(DIMALIGNED)

▼表 6-6-1　對齊式標註指令表

指令	DIMALIGNED	精簡指令	DAN
常用頁籤/註解面板	對齊式	主要功能列	標註/對齊式

可以點選傾斜距離的兩點，也可以按 Enter 後直接點選物件，產生尺度。

對齊式

指令：_dimaligned

指定第一條延伸線原點或 <選取物件>：　點 1

指定第二條延伸線原點：點 2

指定標註線位置或　點選適當位置

[多行文字(M)/文字(T)/角度(A)]：

標註文字 = 40

指令：Enter

DIMALIGNED

指定第一條延伸線原點或 <選取物件>：En

選取要標註的物件：　直接點選線段點 3

指定標註線位置或

[多行文字(M)/文字(T)/角度(A)]：

標註文字 = 25

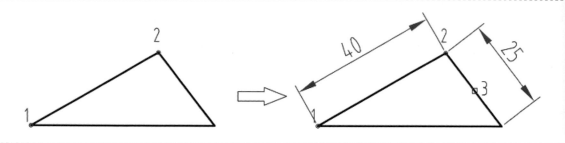

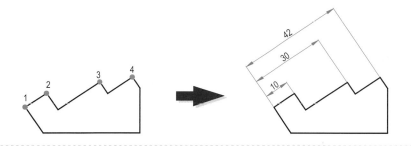

對齊式

指令：dimaligned

指定第一條延伸線原點或 <選取物件>： 點取點 1

指定第二條延伸線原點： 點取點 2

指定標註線位置或[多行文字(M)/文字(T)/角度(A)]： 指定標註線位置 標註文字 = 10

基線式

指令：dimbaseline

指定第二條延伸線原點或 [復原(U)/選取(S)] <選取>： 點取點 2 標註文字 = 30

指定第二條延伸線原點或 [復原(U)/選取(S)] <選取>： 點取點 3 標註文字 = 42

指定第二條延伸線原點或 [復原(U)/選取(S)] <選取>： 點取點 4

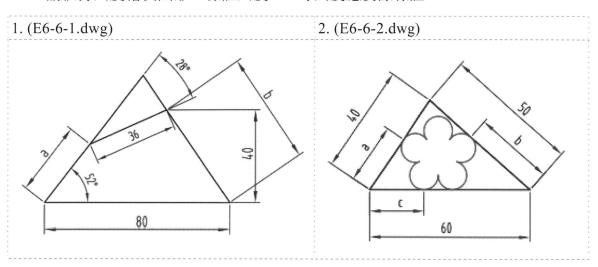

立即練習

請依據尺度繪製圖形並標註尺度 abc 等尺度應實際標註。

1. (E6-6-1.dwg)　　　　　　　　　　2. (E6-6-2.dwg)

6-7 座標式標註(DIMORDINATE)

▼表 6-7-1　座標式標註指令表

指令	DIMORDINATE	精簡指令	DIMORD
常用頁籤/註解面板	座標式	主要功能列	標註/座標式

座標式標註其標註方式關係到使用者座標系統(UCS)，對於專業模具圖面使用較多。

指令：UCS

目前的 UCS 名稱： *無名稱*

指定 UCS 的原點或 [面(F)/具名(NA)/物件(OB)/前一個(P)/視圖(V)/世界(W)/X/Y/Z/Z 軸(ZA)]

<世界>：點取端點為基準點 A

座標式

指令： _dimordinate

請指定特徵位置：指定欲標註位置 A

指定引線端點或 [X 基準面(X)/Y 基準面(Y)/多行文字(M)/文字(T)/角度(A)]：<正交 打開>

標註文字 = 0　自動標註與座標原點之距離 0(滑鼠向下移動至適當位置)

指令：Enter

DIMORDINATE

請指定特徵位置：指定欲標註位置

指定引線端點或 [X 基準面(X)/Y 基準面(Y)/多行文字(M)/文字(T)/角度(A)]：

標註文字 = 12　自動標註與座標原點之距離 12，依序標註其他尺度。

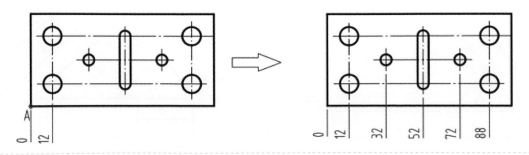

指令： _dimordinate

請指定特徵位置：指定欲標註位置 A

指定引線端點或 [X 基準面(X)/Y 基準面(Y)/多行文字(M)/文字(T)/角度(A)]： <

正交 打開>

標註文字 = 0 　自動標註與座標原點之距離 0（滑鼠向左移動至適當位置）

指令：Enter

DIMORDINATE

請指定特徵位置：指定欲標註位置

指定引線端點或 ［X 基準面(X)/Y 基準面(Y)/多行文字(M)/文字(T)/角度(A)］：

標註文字 = 12 　自動標註與座標原點之距離 12，依序標註其他尺度。

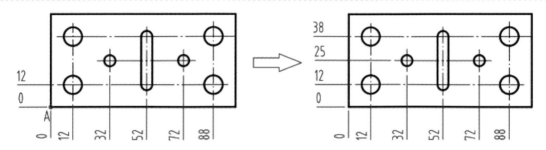

還原 **UCS** 座標至世界座標

指令：UCS

目前的 UCS 名稱： ＊無名稱＊

指定 UCS 的原點或 ［面(F)/具名(NA)/物件(OB)/前一個(P)/視圖(V)/世界
(W)/X/Y/Z/Z 軸(ZA)］<世界>：W 　輸入選項 W

6-8 角度標註(DIMANGULAR)

　　AutoCAD 角度標註除有兩線所夾角度外，仍有圓弧及圓的角度標註，有關
圓弧及圓的角度標註在工程圖中甚少使用。

▼表 6-8-1 角度標註指令表

指令	DIMANGULAR	精簡指令	DAN
常用頁籤/註解面板	 角度	主要功能列	標註/角度

1. 兩線夾角

指令：DIMANGULAR

選取弧, 圓, 線或 <指定頂點>：

　選取線點 1

選取第二條線：選取第二條線

　點 2

指定標註弧線位置或［多行文字

(M)/文字(T)/角度(A)］：指定標

　註線位置點 3

標註文字 ＝ 81

同法標註

標註文字 ＝106

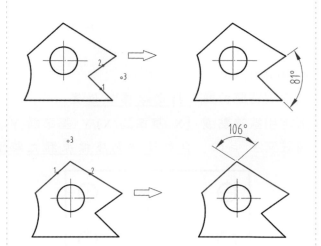

2. 弧

指令：DIMANGULAR

選取弧, 圓, 線或 <指定頂點>：

　點取圓弧點 1

指定標註弧線位置或［多行文字

(M)/文字(T)/角度(A)］： 指定標

　註線位置點 2

標註文字 ＝ 50

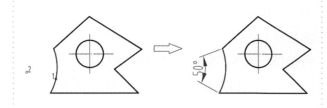

3. 圓

指令：DIMANGULAR

選取弧, 圓, 線或 <指定頂點>：

　點取圓點 1

指定第二個角度的端點：指定第

　二角度端點 2

指定標註弧線位置或［多行文字

(M)/文字(T)/角度(A)］： 指定

　標註線端位置

標註文字 ＝ 270

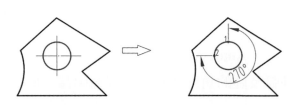

立即練習

請依據尺度繪製圖形並標註尺度，a：b＝1：2。(E6-8-1.dwg)

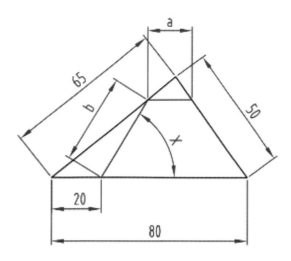

　　物體的形狀，不論多複雜，均可視為由許多簡單的基本幾何形狀，如角柱、圓柱、角錐、圓錐、球等所組成，本單元介紹直徑標註與半徑標註。

6-9 直徑標註(DIMDIAMETER)

1. 線性標註：

　　在視圖中直徑的標註盡量標註在表達圓形物體非圓的視圖上。所以標註時就以「線性標註」標註之，但為在數值前加上直徑符號「φ」，所以在標註數值前先輸入其控制碼「％％C<>」即可，當然如果圓形視圖要以線性標註亦須如此，如下圖所示。

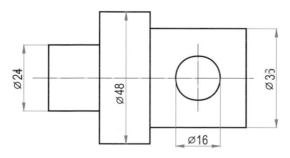

2. 圓形視圖標註：

▼表 6-9-1　直徑標註指令表

指令	DIMDIAMETER	精簡指令	DDI
常用頁籤/註解面板	直徑	主要功能列	標註/直徑

「文字位置」◉標註線上方時

指令：DIMDIAMETER

選取一個弧或圓：點選欲標註之圓

標註文字 = 20

指定標註線位置或 [多行文字(M)/
文字(T)/角度(A)]：　指定標註線位置
(在圓內或圓外情形如右圖)點內時直
徑尺度箭頭只有一邊。

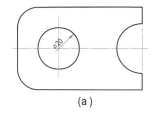
(a)

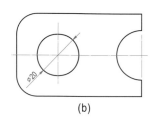
(b)

填入選項點選「文字與箭頭」，文字
位置選擇「位於標註線旁」時，標註
圓形直徑，則點選標註線位置不論在
圓內或圓外，如容得下箭頭時，則會
標註在圓內，直徑太小時則標註在圓
外。

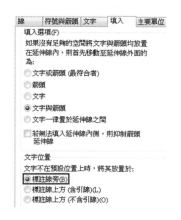

3. 圓弧轉折標註：

▼表 6-9-2 圓弧轉折標註指令表

指令	DIMJOGGED	精簡指令	DJO
常用頁籤/註解面板	轉折	主要功能列	標註/轉折

　　當弧或圓的中心位於配置圖面之外而無法顯示在其真實位置時，建立轉折半徑標註。可以在更方便的位置 (稱為中心位置取代) 指定標註的原點。「一般半徑標註」與「轉折標註」的比較如下圖。

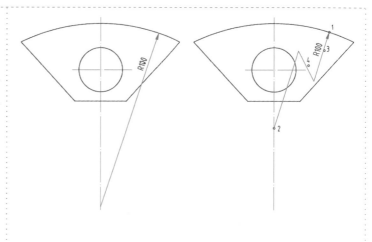

轉折
指令：_dimjogged
選取一個弧或圓：點1選圓弧
指定中心位置取代：點2心中
新位置
標註文字 = 100
指定標註線位置或 [多行文字
(M)/文字(T)/角度(A)]： 點3
尺度位置
指定轉折位置：點4轉折位置

立即練習

　　請依據尺度繪製圖形，並標註尺度，未知直徑 D、d 標註實際值。

1. (E6-9-1.dwg)　　　　　　　2. (E6-9-2.dwg)

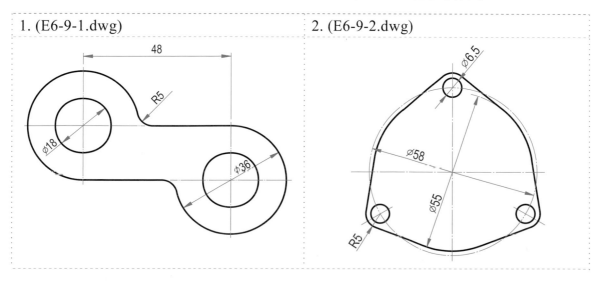

3. (E6-9-3.dwg)

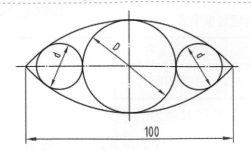

4. (E6-9-4.dwg)

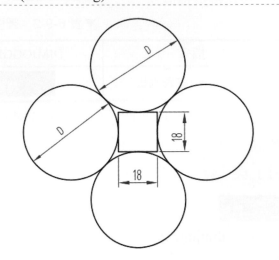

5. (E6-9-5.dwg)

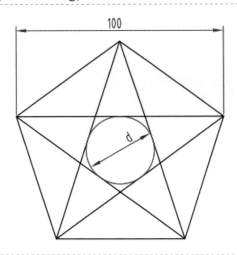

6. (E6-9-6.dwg)

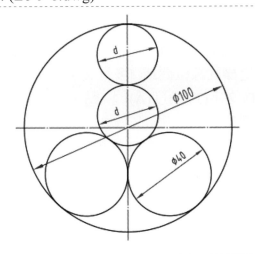

7. (E6-9-7.dwg)

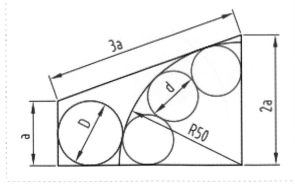

6-10 半徑標註(DIMRADIUS)

　　半圓以下之圓弧其大小多以半徑表示，由半徑符號「R」與數值連寫而成，半徑尺度必須標註在圓形視圖上，尺度線應畫在圓心與圓弧之間為原則，用一箭頭指在圓弧上，但因圓弧半徑各有不同，其標註方式，如下圖所示，其原則為不論尺度線之縮短與否，都必須對準圓心。

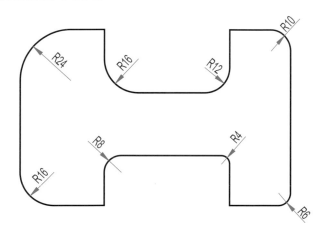

▼表 6-1 0 -1　半徑標註指令表

指令	DIMRADIUS	精簡指令	DRA
常用頁籤/註解面板	◯ 半徑	主要功能列	標註/半徑

```
指令：DIMRADIUS
選取一個弧或圓：　　點取圓弧
標註文字 = 10
指定標註線位置或 ［多行文字(M)/文字(T)/角
度(A)］：　指定標註線位置
```

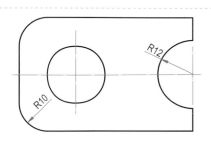

立即練習

請依據尺度繪製圖形，並標註尺度，Ra 要標註實際值。

1. (E6-10-1.dwg)

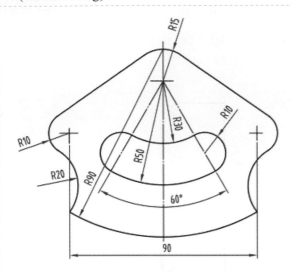

2. (E6-10-2.dwg)

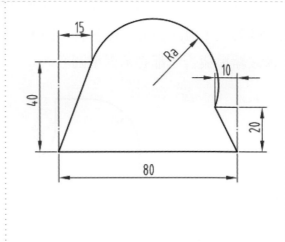

3. (E6-10-3.dwg)

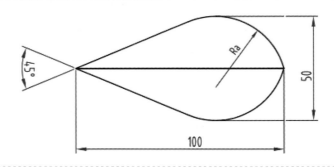

6-11 標註編輯(DIMEDIT)

「 ⊣→ 」切斷

指令：_DIMBREAK

選取標註以加入/移除切斷或 [多重(M)]： 點選尺度 17

選取物件以切斷標註或 [自動(A)/手動(M)/移除(R)] <自動>：

修改了 1 個物件

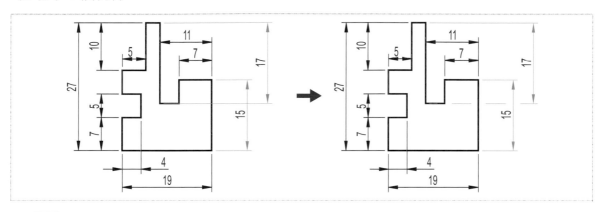

「 国 」調整間距

指令：_DIMSPACE

選取基準標註： 點選尺度 7

選取要隔開的標註：找到 1 個　點選尺度 5

選取要隔開的標註：找到 1 個，共 2　點選尺度 10

選取要隔開的標註：Enter

輸入值或 [自動(A)] <自動>：0　輸入 0

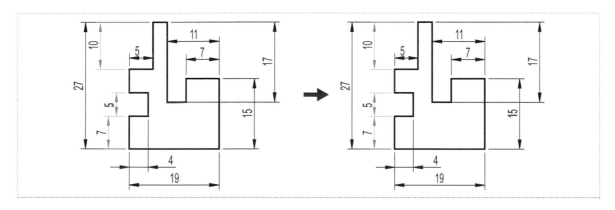

「 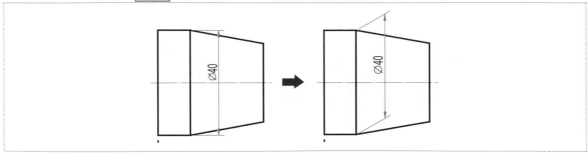 」文字角度

指令：_dimtedit

選取標註： 點選欲旋轉文字角度之尺度

指定標註文字的新位置或 [左(L)/右(R)/中(C)/歸位(H)/角度(A)]：_a

指定標註文字的角度： 45　輸入指定標註文字的角度 45

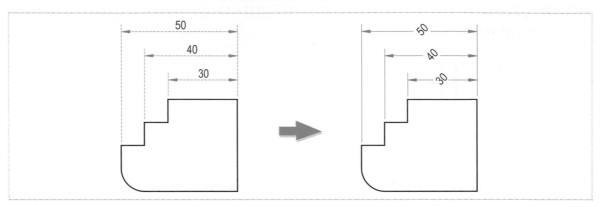

「 」傾斜

指令：_dimedit

輸入標註編輯的類型 [歸位(H)/新值(N)/旋轉(R)/傾斜(O)] <歸位>：_o

選取物件：找到 1 個

選取物件： 點取尺度 40

輸入傾斜角度 (按下 Enter 表示無)： 30　輸入傾斜角度 30

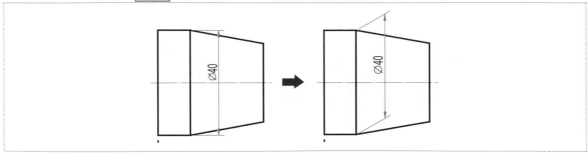

「 拉伸 」延伸應用

指令：STRETCH

以「框選窗」或「多邊形框選」選取要拉伸的物件...

選取物件：指定對角點：2 找到　從點 1 到點 2 框選物件

選取物件：Enter

指定基準點或位移：　指定基準點 3

指定位移的第二點：8　F8 正交打開輸入位移距離 8

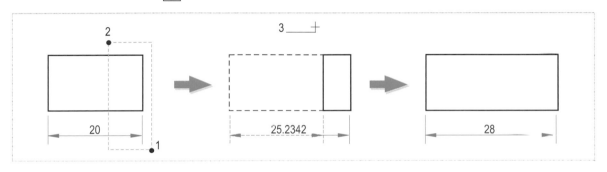

6-12 快速標註(QDIM)

▼表 6-12-1 快速標註指令表

指令	QDIM	精簡指令	無
註解頁籤/標註面板	快速	主要功能列	標註/快速標註

快速

指令：_qdim

選取要標註的幾何圖形：指定對角點：找到 7 個　從點 1 到點 2 選取

選取要標註的幾何圖形：Enter

指定標註線位置，或 [連續式(C)/錯開(S)/基線式(B)/座標(O)/半徑(R)/直徑(D)/基準點(P)/編輯(E)/設定(T)] <連續式>：　點選標註位置

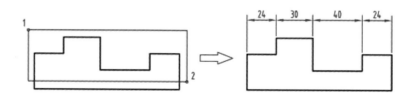

指令：_qdim

選取要標註的幾何圖形：指定對角點：找到 7 個　從點 1 到點 2 選取

選取要標註的幾何圖形：Enter

指定標註線位置，或 [連續式(C)/錯開(S)/基線式(B)/座標(O)/半徑(R)/直徑(D)/基準點(P)/編輯(E)/設定(T)] <連續式>：S　輸入 S 錯開

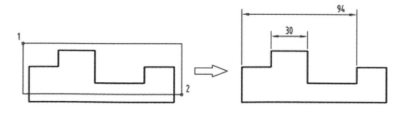

指令：_qdim

選取要標註的幾何圖形：指定對角點：找到 7 個從點 1 到點 2 選取

選取要標註的幾何圖形：Enter

指定標註線位置，或 [連續式(C)/錯開(S)/基線式(B)/座標(O)/半徑(R)/直徑(D)/基準點(P)/編輯(E)/設定(T)] <錯開>：B 輸入 B 基線式

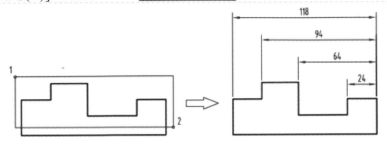

立即練習

1. (E6-12-1.dwg)

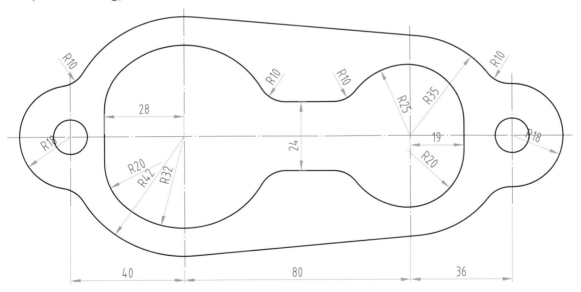

2. (E6-12-2.dwg)

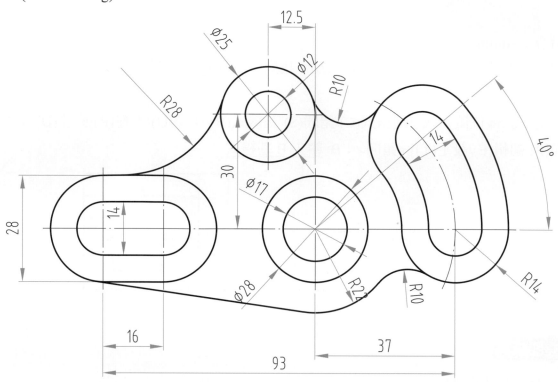

6-13　多重引線(MLEADER)

點選「註解」頁籤/「引線」面板「↘」，設定多重引線型式。

點選「新建」，輸入新型式名稱「CNS」後，按「繼續」。

引線格式，箭頭大小「2.5」。

引線結構，最多引線點設為「3」，設定連字線距離為「1」。

內容，文字高度「2.5」，引線連接之靠左貼附「頂行文字加底線」，靠右貼附也是「頂行文字加底線」，勾選延伸引線至文字。

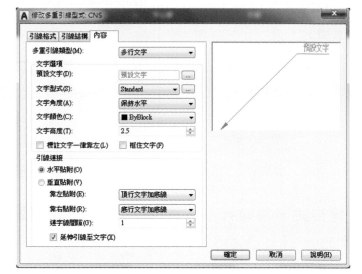

設為目前的，即可做引線標註使用。

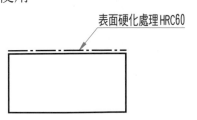

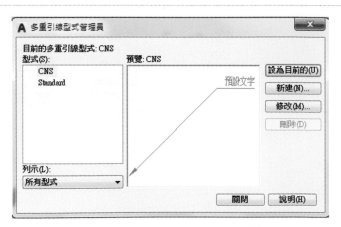

指令：_mleader

指定引線箭頭位置或 [引線連字線優先(L)/內容優先(C)/選項(O)] <選項>：標註第 1 點

指定下一點 標註第 2 點

指定引線連字線位置：Enter 後出現下列面板從「文字編輯器」頁籤可選取「符號」

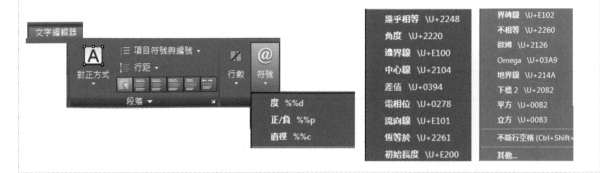

從「其他」選項可以找到正方形「囗」符號，其格式為「\U+25A1」，例如標註時「\U+25A1<>」即可得到正方形「囗」符號與實際尺度

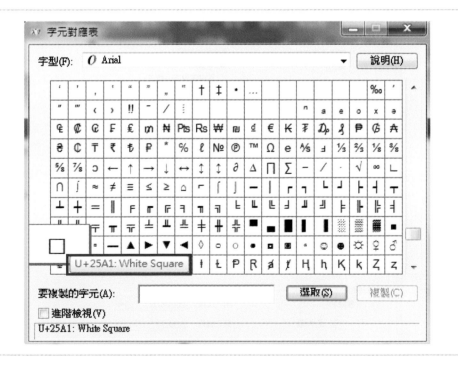

6-14 指線標註(QLEADER)

6-14-1 指線標註設定

指線(Leader)為導引註解說明至圖上的細實線,指線宜畫與水平線成 45°或 60°,尾端加一水平線,註解即寫在水平線上方。(AutoCAD 之譯名為引線)。指線在第一次使用前,必須先行設定,其步驟如下:

▼表 6-14-1 指線標註指令表

指令	Qleader	精簡指令	LE

指令:QLEADER

指定引線的第一個起點,或[設定值(S)]<設定值> : S　<u>輸入設定值選項 S</u>

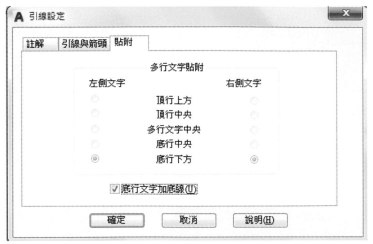

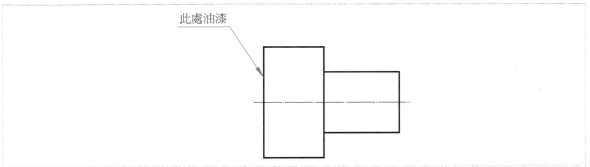

指令：QLEADER

指定引線的第一個起點, 或 [設定值(S)]<設定值>：　點取點 1

指定下一點：　　點取點 2

指定下一點：　　點取點 3，需注意點 2 與點 3 之距離不宜長，因註解在此線段之後

指定文字寬度 <0>：　Enter

輸入第一行註解文字<多行文字>：　Enter

指令：　_qleader

指定引線的第一個起點或 [設定值(S)] <設定值>：點取點 1

指定下一點：　點取點 2

指定下一點：　點取點 3，需注意點 2 與點 3 之距離不宜長，因註解在此線段之後

指定文字寬度 <0>：　Enter

輸入第一行註解文字 <多行文字>：此處油漆　輸入文字

輸入下一行註解文字：　Enter

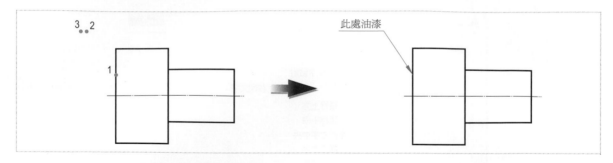

6-14-2　錐度與斜度的標註

標註錐度與斜度之前，須先繪製其符號，且無論錐度(Taper on diameter)或斜度(Taper on radius)之標註如何，其符號尖端恆指向右方。

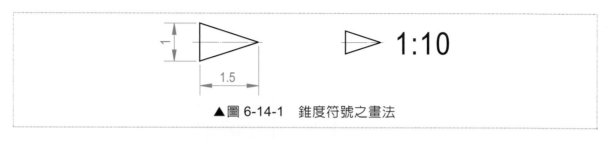

▲圖 6-14-1　錐度符號之畫法

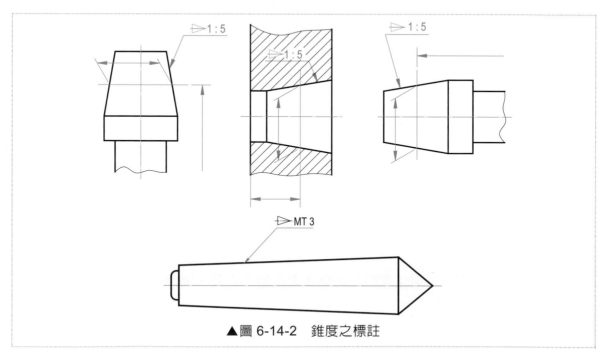

▲圖 6-14-2　錐度之標註

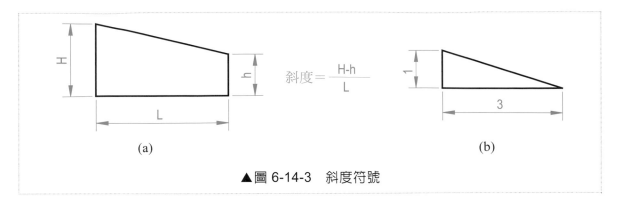

▲圖 6-14-3　斜度符號

$$斜度 = \frac{H-h}{L}$$

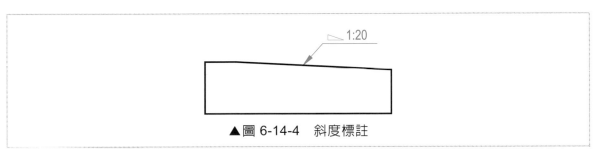

▲圖 6-14-4　斜度標註

作圖解析 (A6-14-1.dwg)

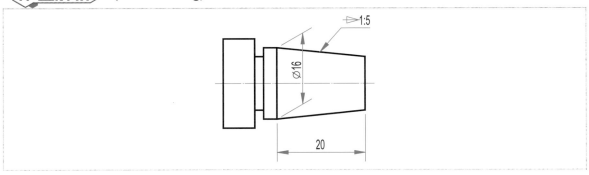

指令：_dimedit

輸入標註編輯的類型 [歸位(H)/新值(N)/旋轉(R)/傾斜(O)] <歸位>：_o

選取物件：找到 1 個

選取物件：Enter

輸入傾斜角度 (按下 Enter 表示無)：30

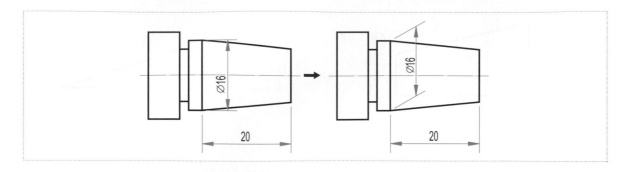

指令：QLEADER

指定引線的第一個點或 [設定(S)] <設定>：S　　「貼附」勾選「底行文字加底線」

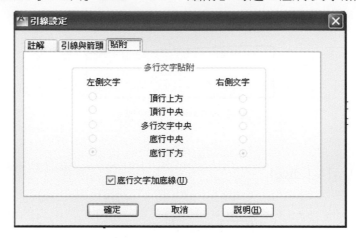

指定引線的第一個點或 [設定(S)] <設定>：點選點 1 位置

指定下一點：　< 正交 關閉 > 點選點 2 位置

指定下一點：　< 正交 打開 > 點選點 3 位置

指定文字寬度 < 0 >：Enter

輸入第一行註解文字 <多行文字>：1：5

輸入下一行註解文字：Enter

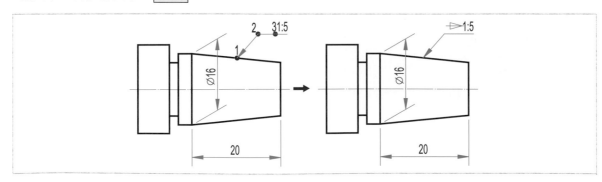

6-15　幾何公差

　　幾何公差是表示加工物件其幾何形態的外形之公差，是指一公差區域，而該形態或其位置，必須位於該公差範圍內。

　　幾何公差只在必要時才標註，也就是以功能、互換及製造環境等為標註之依據。

　　依據幾何性質及公差尺度之標註，公差區域有下列數種：

(1)　一個圓內的面積。

(2)　兩個同心圓內的面積。

(3)　兩等距曲線間或兩平行線間之面積。

(4)　一圓柱體內之空間。

(5)　兩同軸線圓柱面間之空間。

(6)　兩等距平面或兩平行面間之空間。

(7)　一個平行六面體內之空間。

　　ISO 於 2004 年調整幾何公差，將舊標準中 14 個公差性質，在新標準中增為 19 個。將公差類別分為：形狀公差、方向公差、位置公差與偏轉度公差四種。而且將線輪廓度、面輪廓度分別納入在形狀、方向和位置公差類別中；並將原來併在一起的同心度與同軸度做了區分，如表 6-15-1 所示，附加符號如表 6-15-2 所示。

▼表 6-15-1　幾何公差符的類別符號與說明

公差種類		公差性質	符號	說明	基準表示
單一形態	形狀公差	眞直度	—	限制實際直線與理想直線之誤差	無
		眞平度	▱	限制實際平面與理想平面之誤差	
		眞圓度	○	限制實際圓形或圓斷面與理想圓之誤差	
		圓柱度	⌭	限制實際圓柱表面與理想圓柱表面之誤差	
		線輪廓度	⌒	限制實際非圓形曲線與正確輪廓曲線之誤差	
		面輪廓度	⌓	限制實際非圓形曲面與正確輪廓曲面之誤差	
相關形態	方向公差	平行度	∥	限制直線或表面與基準直線或平面，相互平行的誤差程度	有
		垂直度	⊥	限制直線或表面與基準直線或平面，垂直的誤差程度	
		傾斜度	∠	限制直線或表面與基準直線或平面，傾斜角度的誤差程度	
		線輪廓度	⌒	依基準限制實際非圓形曲線與正確輪廓曲線之誤差	
		面輪廓度	⌓	依基準限制實際非圓形曲面與正確輪廓曲面之誤差	
	位置公差	位置度	⊕	限制實際位置與正確位置的誤差	有
		同心度	◎	限制在平面的圓心偏離基準形態的誤差	
		同軸度	◎	限制在平面的圓心偏離基準形態的誤差	
		對稱度	═	限制中心平面形態偏離基準形態的誤差	
		線輪廓度	⌒	依基準限制實際非圓形曲線與正確輪廓曲線之誤差	
		面輪廓度	⌓	依基準限制實際非圓形曲面與正確輪廓曲面之誤差	
	偏轉度公差	圓偏轉度	⟋	利用針盤指示器多次測試，繞基準軸迴轉一周之表面，其中一次最大的震動量，可測眞圓度、同軸度、垂直度與圓端面的平面度誤差	有
		總偏轉度	⟋⟋	利用針盤指示器多次測試，繞基準軸迴轉一周之表面，其中最大與最小指示值之差即爲總偏轉度，或是軸不定數迴轉，針盤沿軸向移動，所測得表面之最大高度差距，是綜合控制被測形態的位置、方向及形狀誤差	

▼表 6-15-2　附加符號

種類	符號	種類	符號
被測要素		包容要求	Ⓔ
基準要素	A　A	共同公差區域	CZ
基準目標	Φ2/A1	小徑	LD
理論正確尺寸	50	大徑	MD
延伸公差區域	Ⓟ	節徑	PD
最大實體要求	Ⓜ	素線	LE
最小實體要求	Ⓛ	不凸起	NC
自由狀態條件(非剛性零件)	Ⓕ	任意橫截面	ACS
全周(用於輪廓度)		可逆要求	Ⓡ

符號大小如圖 6-15-1 所示，h 表示標註數字之高度。

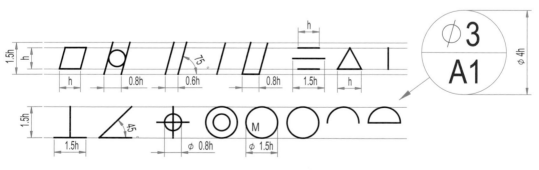

▲圖 6-15-1　幾何公差符號大小

幾何公差(Geometrical Tolerancing)的標註，是由一附有箭頭之引線(不是指線)，指向所欲管制之幾何型態與公差框格連接，如圖 6-15-2。

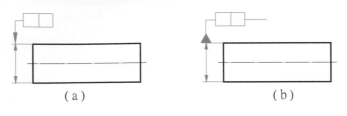

(a)　　　　　　　　　　　　(b)

▲圖 6-15-2

幾何公差展示特徵的形狀、輪廓、方位、位置和偏轉度的允許偏差。可在特徵控制框中加入幾何公差。這些框包含了單一標註的所有公差資訊，如圖 6-15-3。可以建立帶引線或不帶引線的幾何公差。特徵控制框由兩個或多個部分組成。第一個特徵控制框包含的符號代表公差所套用到的幾何特性，例如，位置、輪廓、形狀、方位或偏轉度。成形公差控制平直度、平坦度、真圓度、圓柱度、輪廓控制線與曲面。

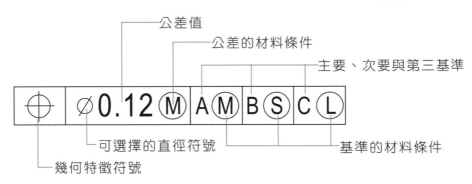

▲圖 6-15-3　幾何公差特徵控制框

▼表 6-15-3　幾何公差指令表

指令	TOLERANCE	精簡指令	TOL
註解頁籤/標註面板	⬚⬚		

螢幕上將顯示「幾何公差」對話方塊。幾何公差展示表單、紀要、方位、位置和偏轉度之可接受的偏差。使用 TOLERANCE、LEADER 或 QLEADER 可以與引線一起建立特徵控制框。

建立幾何公差的步驟：

1. 按一下「註解」頁籤 「標註」面板 「公差 ⊕1」。

2. 在「幾何公差」對話方塊中，按一下「符號」下的第一個正方形並選取要插入的符號。

3. 在「公差 1」下，按一下第一個黑方塊以插入直徑符號。

4. 在「文字」方塊中，輸入第一個公差值。

5. 若要加入材料條件 (可選擇的)，按一下第二個黑方塊，然後按一下「材料條件」對話方塊中的符號以插入它。

6. 在「幾何公差」對話方塊中，用同樣的方法加入第二個公差值 (可選擇的)。

7. 在基準面1、基準面2、基準面3下，輸入基準參考文字。

8. 按一下黑方塊，為每個基準參考插入一個材料條件符號。

9. 在「高度」框中，輸入高度值。

10. 按一下「投影公差區」方塊以插入符號。

11. 在「基準面識別碼」方塊中，加入基準值。

12. 按一下「確定」。

13. 在圖面中，指定特徵控制框的位置。

---

1. 幾何公差符號框的標註，輸入公差值「0.1」。

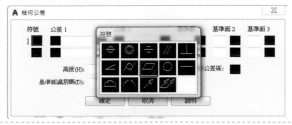
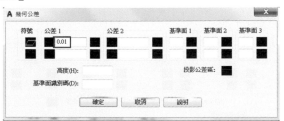

得到幾何公差符號框如下：

$$\boxed{\diagup \quad 0.01}$$

2. 多重公差或基準面可在適當框格中填入適當公差與符號。得到幾何公差符號框如下：

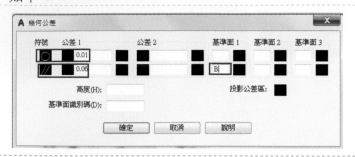

3. 幾何公差指線的標註：

指令列輸入：QLEADER

指令：QLEADER

指定引線的第一個起點，或 [設定值(S)]<設定值>：S 輸入 S 設定

「註解」點選「公差」。引線與箭頭對話框，箭頭選擇「封閉填滿」，第一線段「90」第二線段「水平」後按「確定」。(若為任何角度可以搭配 F8 正交)

指定引線的第一個起點，或 [設定值(S)]<設定值>： 點選點 1

指定下一點： 點選點 2

指定下一點： 點選點 3

然後出現「幾何公差」對話框輸入幾何公差設定。

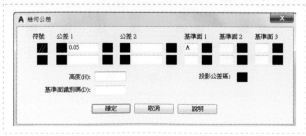
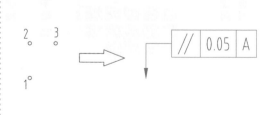

料條件適用於可以有不同大小的特徵。第二個部分包括公差值。根據控制類型，公差值前面帶有直徑符號，後面帶有材料條件符號。

材料條件適用於可以有不同大小的特徵：

1. 對於最大材料條件(符號為 M，也稱為 MMC)，特徵包含極限大小中聲明的最大材料量。在 MMC 情況下，孔具有最小直徑，而軸具有最大直徑。
2. 對於最小材料條件(符號為 L，也稱為 LMC)，特徵包含極限大小中聲明的最小材料量。在 LMC 情況下，孔具有最大直徑，而軸有最小直徑。
3. 忽略特徵大小(符號 S，亦稱為 RFS)意味著特徵可以是在指定範圍內的任意大小。

幾何公差值的大小，主要根據零件功能要求、表面織構特徵、加工的經濟性和量測的方便性等因素綜合考慮。

對於幾何公差數值的選用，以下圖為例。圖中①②③④處的公差值應如何標註呢？

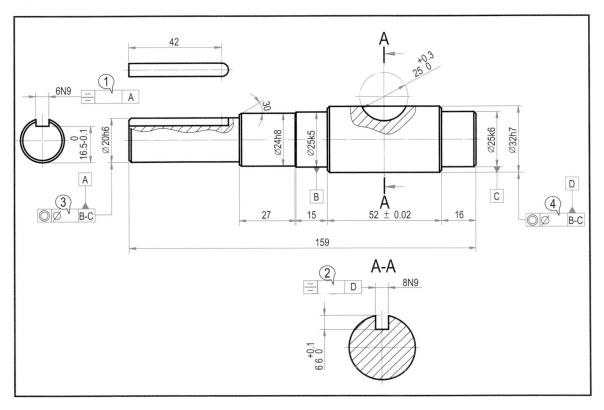

「①」處對稱度之尺度為「6N9」，查幾何公差數值表尺度為「6～＞3」公差等級為「9」所以公差值是「25μm」也就是「0.025mm」。

「②」處對稱度之尺度為「8N9」，查幾何公差數值表尺度為「10～＞6」公差等級為「9」所以公差值是「30μm」也就是「0.03mm」。

「③」處同心度之尺度為「∅20h6」，查幾何公差數值表尺度為「30～＞18」公差等級為「6」所以公差值是「10μm」也就是「0.01mm」。

「④」處同心度之尺度為「∅32h7」，查幾何公差數值表尺度為「50～＞30」公差等級為「7」所以公差值是「20μm」也就「0.02mm」。

▼表 6-15-4　幾何公差數值表

同心度 ◎、對稱度═、圓偏轉╱ 和總偏轉度╱╱

公差等級	主 參 數　　　　　L　　mm																
	≦1	>1~3	>3~6	>6~10	>10~18	>18~30	>30~50	>50~120	>120~250	>250~500	>500~800	>800~1250	>1250~2000	>2000~3150	>3150~5000	>5000~8000	>8000~10000
	公 差 值　　　　　　μm																
1	0.4	0.4	0.5	0.6	0.8	1	1.2	1.5	2	2.5	3	4	5	6	8	10	12
2	0.6	0.6	0.8	1	1.2	1.5	2	2.5	3	4	5	6	8	10	12	15	20
3	1	1	1.2	1.5	2	2.5	3	4	5	6	8	10	12	15	20	25	30
4	1.5	1.5	2	2.5	3	4	5	6	8	10	12	15	20	25	30	40	50
5	2.5	2.5	3	4	5	6	8	10	12	15	20	25	30	40	50	60	80
6	4	4	5	6	8	10	12	15	20	25	30	40	50	60	80	100	120
7	6	6	8	10	12	15	20	25	30	40	50	60	80	100	120	150	200
8	10	10	12	15	20	25	30	40	50	60	80	100	120	150	200	250	300
9	15	20	25	30	40	50	60	80	100	120	150	200	250	300	400	500	600
10	25	40	50	60	80	100	120	150	200	250	300	400	500	600	800	1000	1200
11	40	60	80	100	120	150	200	250	300	400	500	600	800	1000	1200	1500	2000
12	60	120	150	200	250	200	400	500	600	800	1000	1200	1500	2000	2500	3000	4000

查表後完成之工作圖，如下圖所示。其餘幾何公差數值請參考附錄。

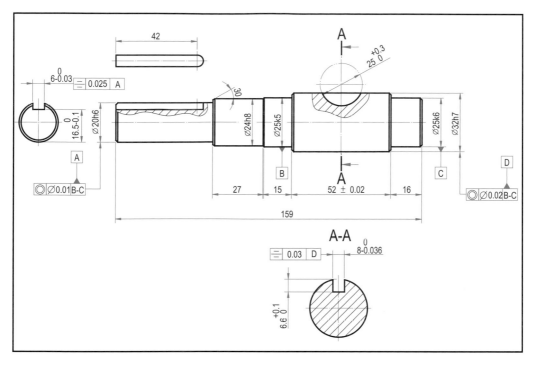

作圖解析 (E6-15-1.dwg)

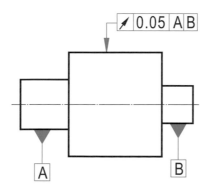

1. 基準面 A 之標註：

指令：qleader

指定引線的第一個起點，或 [設定值(S)]<設定值>：S 輸入 S 設定參數

2. 指定引線的第一個起點，或 [設定值(S)]<設定值>： 點取點 1

指定下一點： 點取點 2

指定下一點： Enter

點取工具列「 」。

指令：tolerance

輸入公差位置：將基準面符號 A 放置於適當位置

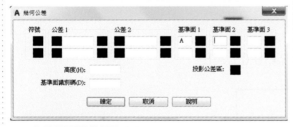

2. 依同樣方式完成基準面 B 之標註

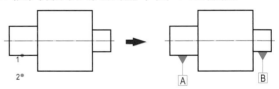

3. 註解為「公差」，箭頭選擇「封閉填滿」，後按「確定」，依序 3、4、5 點位置，輸入幾何公差設定。

指令：qleader

指定引線的第一個起點，或 [設定值(S)]<設定值>：S 輸入 S 設定參數

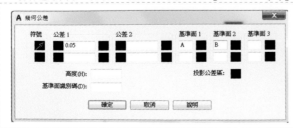
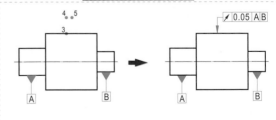

6-16 參數式繪製和約束

　　參數式繪製是用於使用約束進行設計，套用至 2D 幾何圖形的關聯和限制。有兩種一般約束類型：1.幾何約束可控制物件之間的相互關係，水平、垂直、平行、互垂、相切、固定等。2.尺度約束可控制物件的距離、長度、角度和半徑值。

參數式頁籤主要有「幾何」與「尺度」兩個面板，對話框內容如下圖。

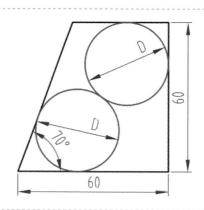

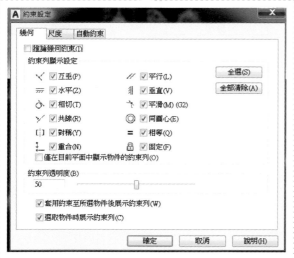

　　約束條件「 🔒 ☑固定(F)」對於直線或是圓弧需要固定的有「中點」與「端點」才能完全的固定。

已知四邊形尺度，請繪製內切於四邊形的兩個圓，並標註圓的直徑 D。

1. 約束條件點選固定「🔒」，將線段中點
   與端點固定。
   指令：_GcFix
   選取點或 [物件(O)] <物件>：

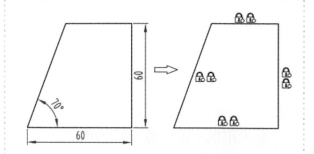

2. 畫兩個任意圓後，約束條件相等「━━」。
   指令：_GcEqual
   選取第一個物件或 [多重(M)]：點選圓
   選取第二個物件：點選另一圓

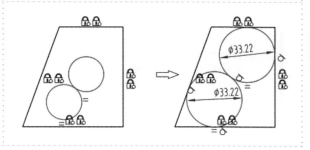

3. 約束條件相切「◯」，將圓與圓、圓與
   直線分別相切。
   指令：GCTANGENT
   選取第一個物件：
   選取第二個物件：

立即練習

1. (E6-16-1.dwg)

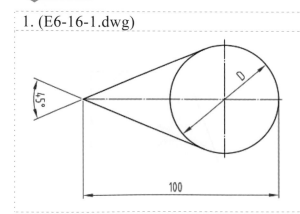

2. (E6-16-2.dwg)

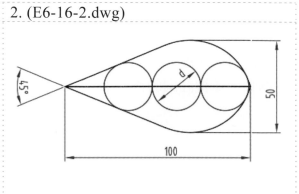

3. (E6-16-3.dwg)   4. (E6-16-4.dwg)

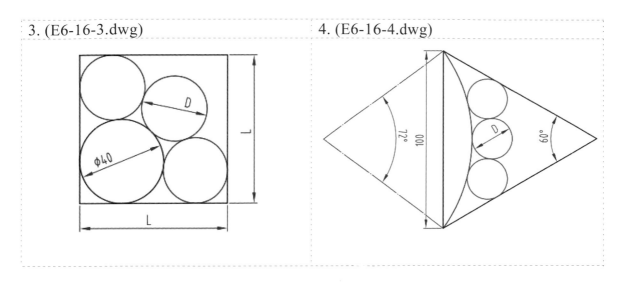

立即練習 (E6-15-5.dwg)

依據下圖標註幾何公差，並說明其意義爲何？

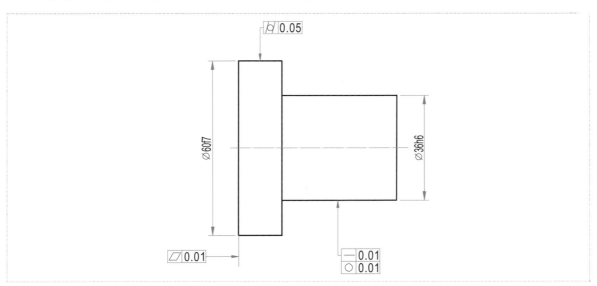

綜合練習

一、基本題型

請以 1：1 比例繪製下列各圖，圖中方格每格 8×8mm²，並以 CNS 標準規範標註之。(C6-1-1.dwg)

1

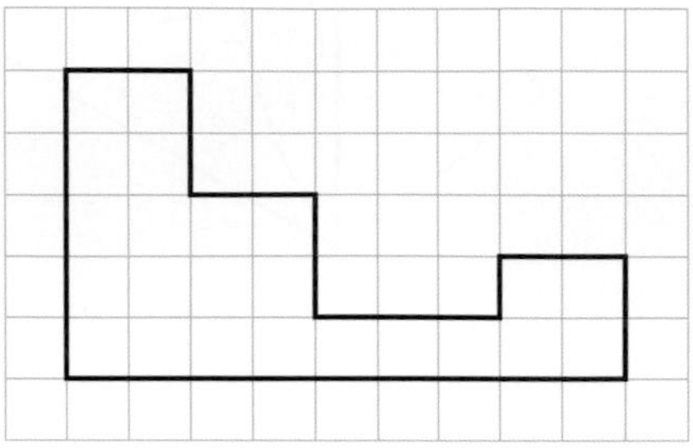

2

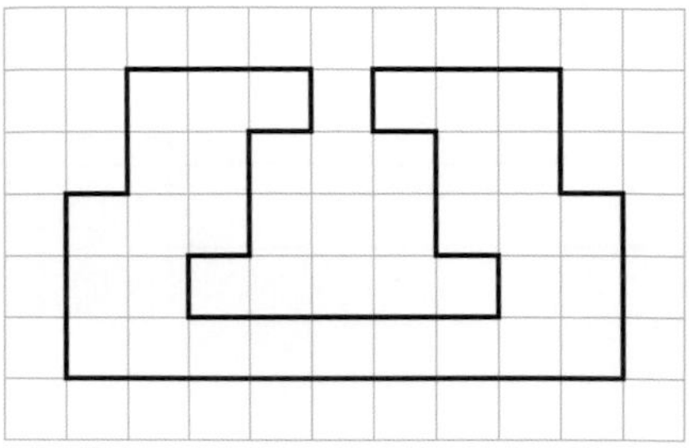

3

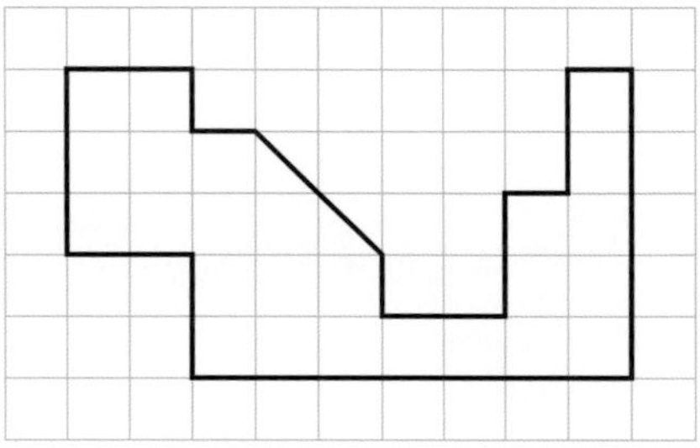

4

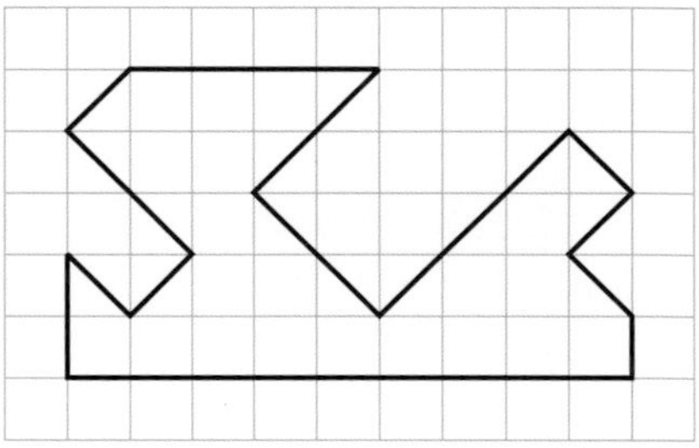

5

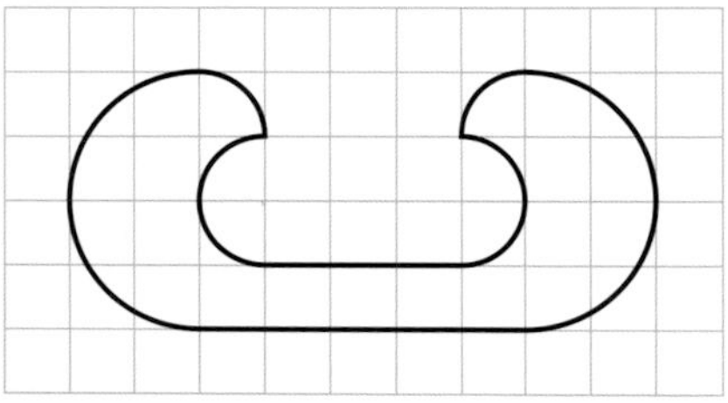

6

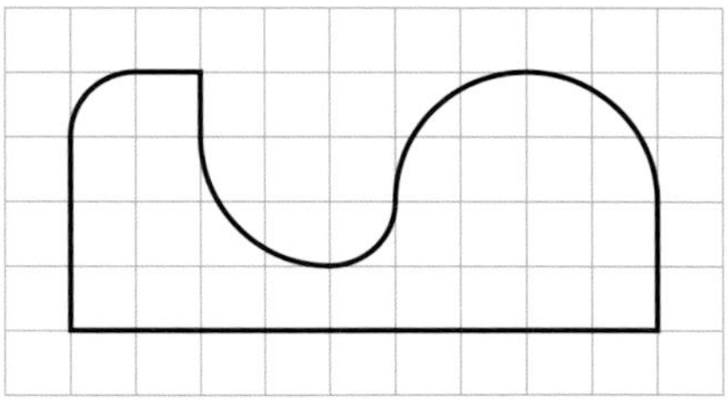

7

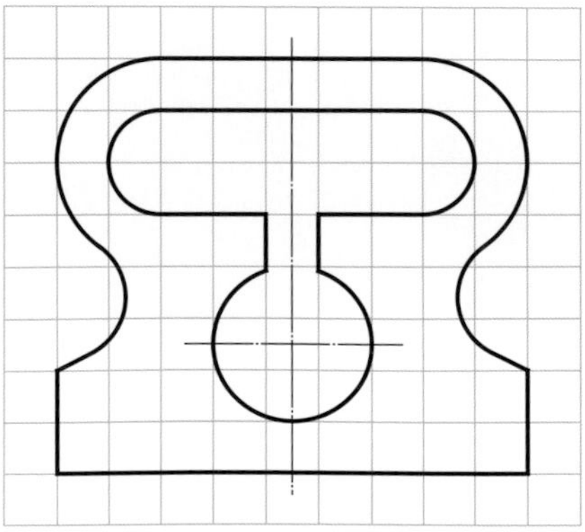

8

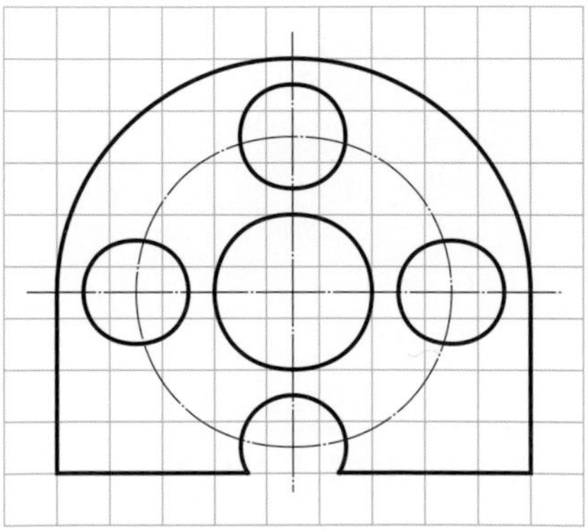

二、幾何題型

1. (C6-2-1.dwg)

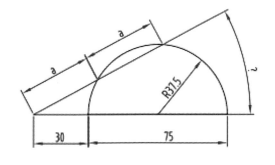

2. (C6-2-2.dwg)

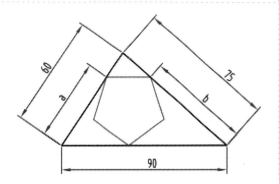

3. (C6-2-3.dwg)

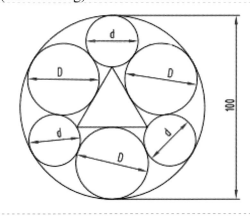

4. (C6-2-4.dwg)

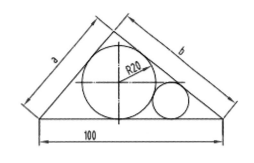

5. (C6-2-5.dwg)

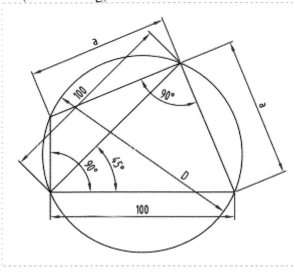

6. (C6-2-6.dwg)

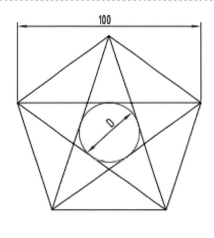

7. (C6-2-7.dwg)

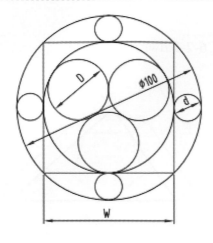

8. (C6-2-8.dwg)

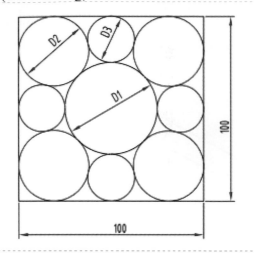

9. (C6-2-9.dwg)

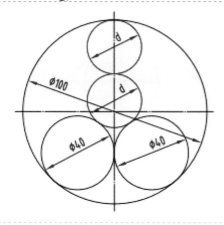

10. (C6-2-10.dwg)

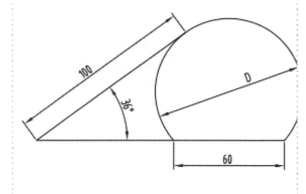

11. (C6-2-11.dwg)

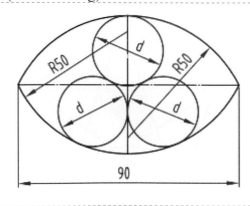

12. (C6-2-12.dwg)

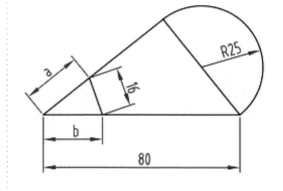

13. (C6-2-13.dwg)

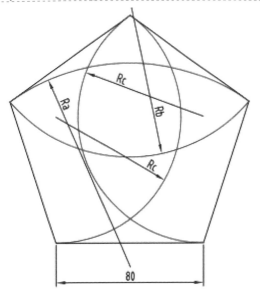

14. (C6-2-14.dwg)

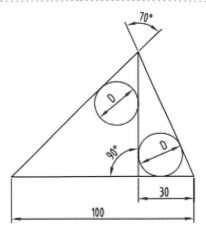

15. (C6-2-15.dwg)

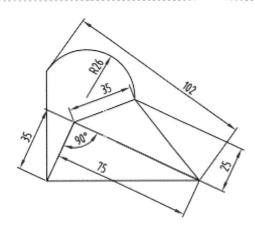

16. (C6-2-16.dwg)

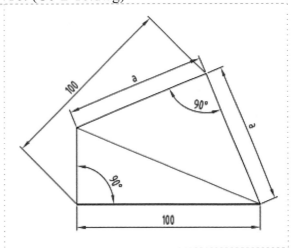

17. (C6-2-17.dwg)

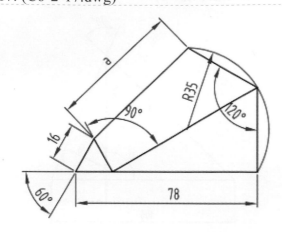

18. (C6-2-18.dwg)

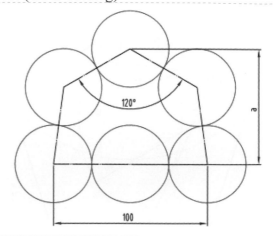

19. (C6-2-19.dwg)

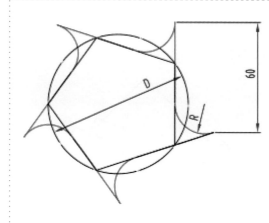

提示

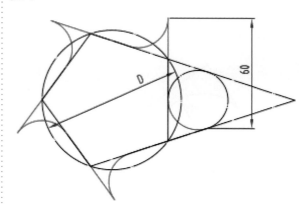

三、進階題型

請依 1：1 比例抄繪下圖，並標註尺度。

1. (C6-3-1.dwg)

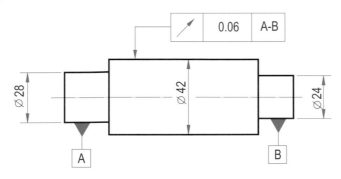

2. (C6-3-2.dwg)

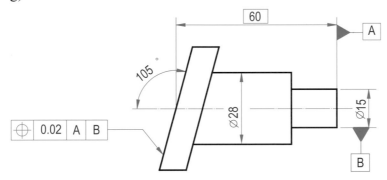

3. (C6-3-3.dwg)

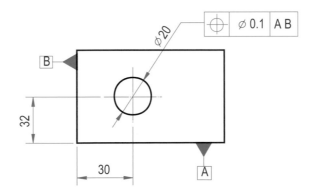

四、應用題型

1. 請依據尺度以 1：1 繪製圖形，並補足投影線條，在最適當位置標註尺度。
   (C6-4-1.dwg)

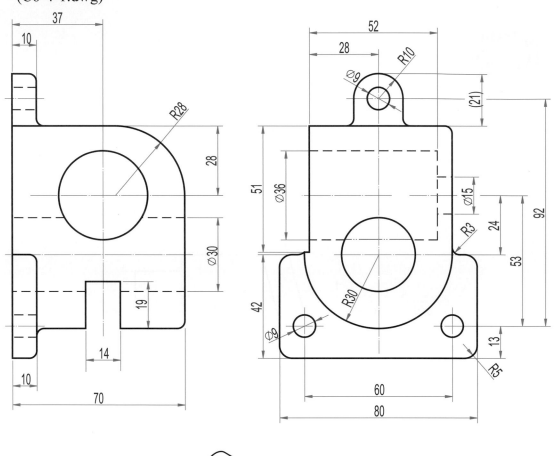

未標註之圓角為 R3
未標註之去角為 1X45°

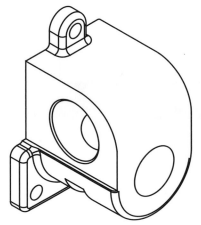

2. 請依據尺度以 1：1 補繪製前視圖，並於最適當位置標註尺度。(C6-4-2.dwg)

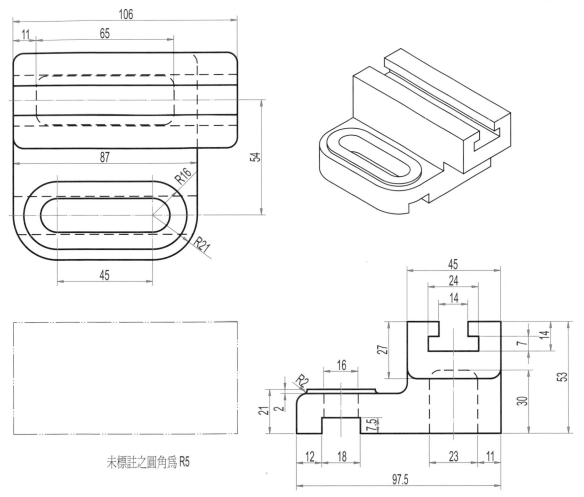

未標註之圓角為 R5

3. 請依據下圖尺度以 1：1 抄繪圖面需標註尺度與幾何公差符號。(C6-4-3.dwg)

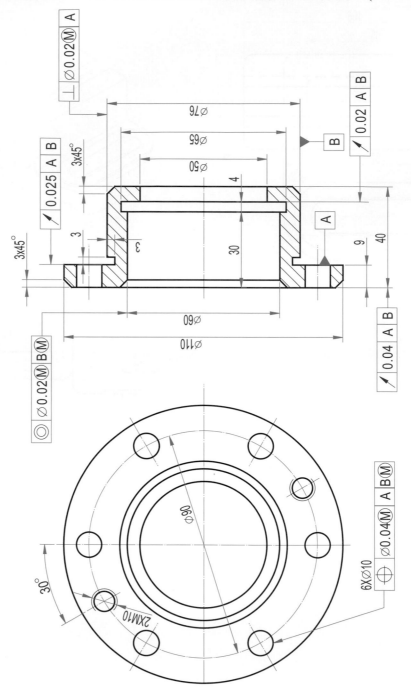

AutoCAD 2018

CHAPTER 7

工作圖繪製

7-1 剖面線(SECTION LINES)

7-2 正投影視圖繪製

7-3 工作圖(WORKING DRAWING)

7-4 零件圖(DETAIL DRAWING)

7-5 表面符號(SURFACE TEXTURE SYMBOL)

7-6 螺紋結件(THREAD FASTENERS)

7-7 圖塊(BLOCK 或 WBLOCK)

7-8 定義屬性(ATTDEF)

7-9 蝸桿與蝸輪

7-10 組合圖

7-1 剖面線(SECTION LINES)

　　為有區別於正投影視圖，假想割切物體所割出的平面稱為剖，以剖面線畫出。用以割切物體的平面，稱為割面，以割面線表示，但當割面的位置很明顯不畫也清楚割面位置時，則多予省略不畫，但剖面線是不可省略的。剖面線通常畫成與主軸或物體外形成 45 度等距間隔的細實線群，其間隔大小依剖面範圍而定，一般都在 2～5mm 左右。相鄰兩個物件其剖面線的方向需相反或使用不同的傾斜角度。

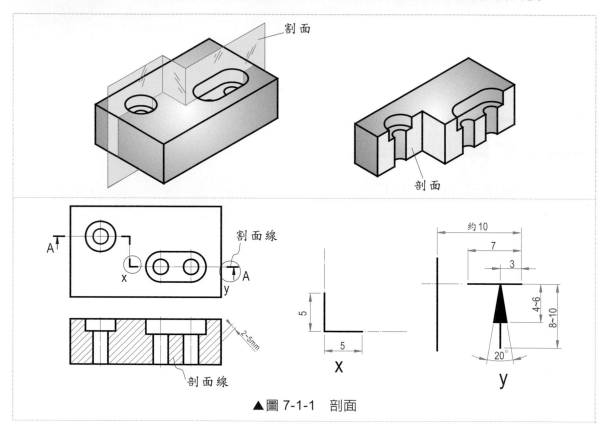

▲圖 7-1-1　剖面

　　剖面線的繪製，在傳統製圖時非常的麻煩，但在 AutoCAD 中，它是非常的方便，只要設定樣式及選取剖面範圍，選擇應用即可。

　　剖面線的繪製，在傳統製圖時非常的麻煩，但在 AutoCAD 中，它是非常的方便，只要設定樣式及選取剖面範圍，選應用即可。

▼表 7-1-1

指令	HATCH	精簡指令	H
常用頁籤 /繪圖面板/填充線	 填充線	主要功能列	繪製/填充線

　　AutoCAD 提供的剖面線樣式儲存在 acad.pat 和 acadiso.pat 文字檔中。可以將各種剖面線樣式定義加入此檔案，也可以自行建立剖面線樣式檔。

　　當使用「填充線」HATCH 指令時，出現「邊界」、「樣式」與「性質」。點選樣式的種類時，性質會呈現不同的資料。

　　「樣式」右邊「」有各式剖面線的型式，在建築圖面有代表各種材質的意義。ANSIXX 是美國國家標準協會(American National Standards Institute，ANSI)的材質代號，例如 ANSI31 是鑄鐵(Iron)、ANSI32 是鋼(Steel)等。

　　樣式點選「ANSI31」可以輸入「角度」與「比例 1」。也可以動態調整角度，滑鼠點拉角度左邊的「粗白線」角度「角度 136」從 0 到 136 度。比例也可以動態調整「 1.5 」三角形按鈕上下調整。

除了「樣式」外填充線有「實體」、「漸層」、「使用者定義」等。

以 CNS 標準繪製剖面線，一般都在「樣式」中選取「使用者定義」，可以自訂「角度」與「間距」。

「使用者定義」，輸入「角度」45 與「間距」3。點選欲畫剖面線區域，即得剖面線。

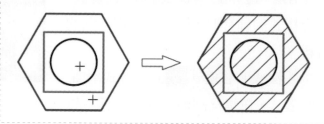

在「關聯式」的「選項 ▼」下有「孤立物件偵測」分為「正常」、「外部」、「忽略」與「無孤立物件偵測」，說明如下：點選同一位置點「＋」將出現下面 4 種剖面線呈現模式。

1. 正常孤立物件偵測，是跳區域的填上剖面線，孤立了正四邊形。

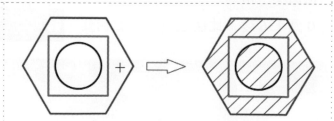

2. 外部孤立物件偵測，偵測到正六邊形的內部正四邊形，剖面線只在外圍。

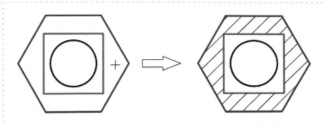

3. 忽略孤立物件偵測，將正六邊形的區域填上剖面線。

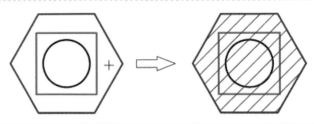

4. 無孤立物件偵測，與忽略孤立物件偵測一樣，將正六邊形的區域填上剖面線。

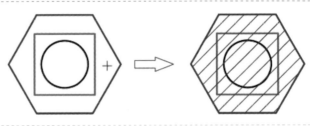

　　填充線可以指定置於物件的「上方」或是「下方」，或是邊界的「前方」或「後方」，下圖可以看出填充線與圓形、多邊形的交會差異。

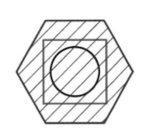
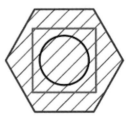

　　點選「選項」右邊的「小箭頭」出現右圖「填充線與漸層」的對話框。右下角「⊙」則是展開「孤立物件」等其他的對話框資料。

邊界之「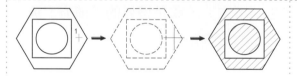 加入：點選點(K)」只要點區域內部即可執行受「孤立物件」約束之填充線，「 加入：選取物件(B)」則是點選物件，例如六邊形，則不受「孤立物件」的約束，整個六邊形內都是填充線。

「 」後點選六邊形內部點 1，在剖面線對話框按「 移除邊界(D)」移除孤立物件，點取點 2 之四邊形，產生右圖的填充線。

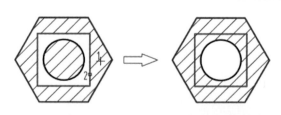

修改填充線物件性質的步驟有幾種不同的工具，能協助對既有填充線物件做性質變更。選取填充線物件後：

1. 使用「填充線編輯器」功能區控制項

2. 將游標懸停在填充線控制掣點上，以顯示可讓您快速變更原點、角度和比例樣式的動態功能表。

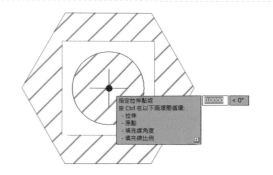

3. 使用「性質」選項板，可修改角度、比例等。

4. 按一下右鍵以存取「填充線編輯」和其他指令。

　　所謂關聯式即在移動尺度、數值或其它物件時，剖面線保持原有之相關關聯；而非關聯式，則剖面線保持原有的狀態，與移動物件無關，在「正常」模式下以「點選點」產生剖面，其比較見下圖。

1. 關聯式(Associative)　　　　　　　　2. 非關聯式(Nonassociative)

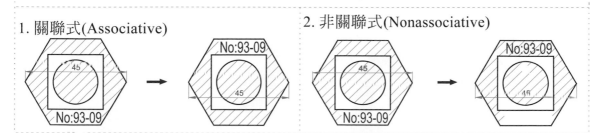

「  繼承性質(I) 」點選後出現了刷子圖案，點選填充線，可以重複複製到其他區域繪製填充線。

對於特殊材質之剖面，AutoCAD218 提供漸層之剖面線效果。以下舉例說明漸層剖面線呈現出之剖面線有意想不到之效果，更能呈現立體效果。

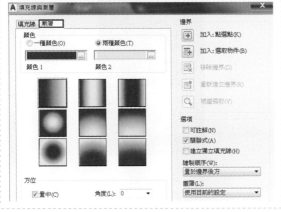

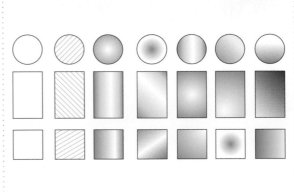

立即練習

請填入自己喜愛的顏色完成圖形，板線寬度 8。(E7-1-1.dwg)

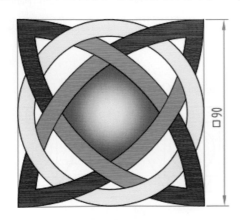

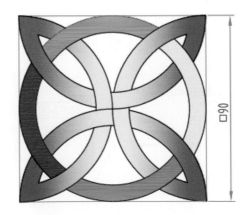

作圖解析 (A7-1-2.dwg)

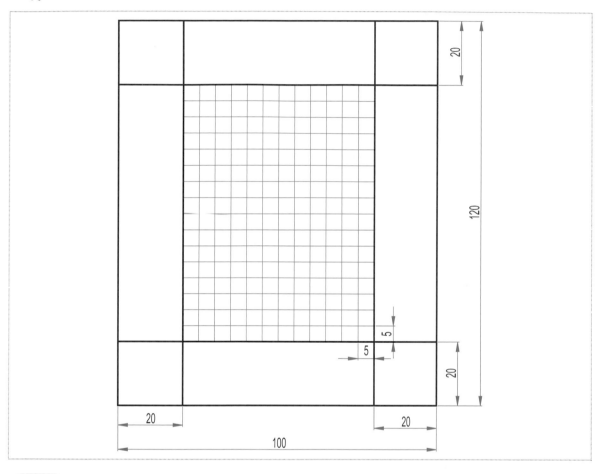

解析

　　繪製矩形框，以偏移複製(OFFSET)偏移 20，再以剖面(BHATCH)繪製 5mm 方格，分解剖面線後再移動。

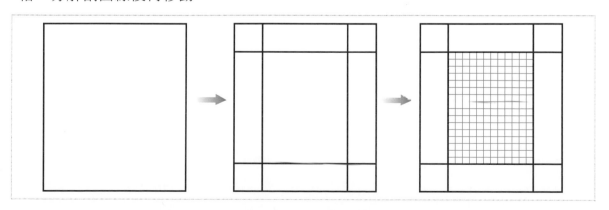

立即練習

1. 轉正視圖之繪製(E7-1-3.dwg)

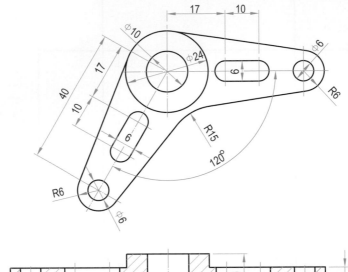

2. (E7-1-4.dwg)

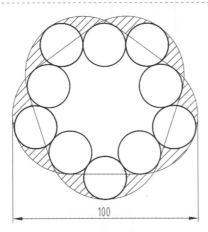

3. (E7-1-5.dwg)

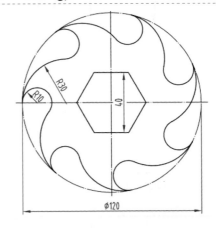

7-2 正投影視圖繪製

　　工程圖中以視圖表達物體形狀，以尺度標註表示物體大小。視圖依正投影原理繪製，圖形由幾何圖形組合而成，至於視圖的選擇，數量的多寡均為工程圖學的基礎觀念，本書不再說明，僅示範以電腦輔助製圖軟體繪製之秘訣及步驟。立體圖以正投影視圖表示，可完整表達物體的形狀常用於加工圖面。立體圖與正投影圖面繪製步驟如下圖所示。(P7-2-1.dwg)

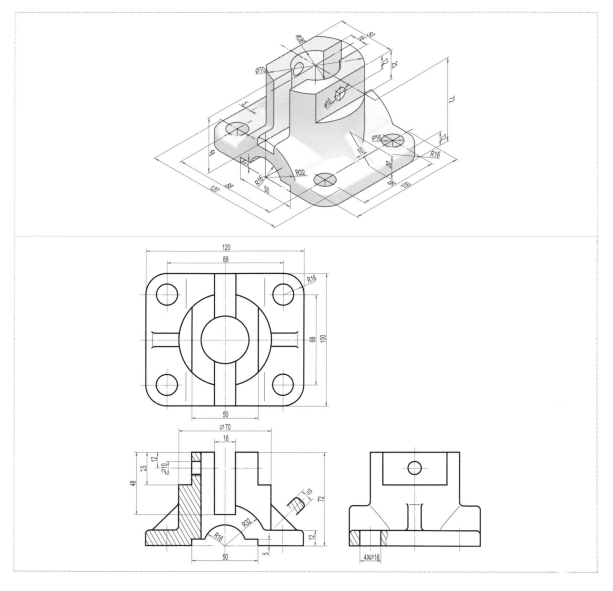

　　繪製此視圖需善用軟體的特性，如鏡射、旋轉、陣列等繪製，茲示範繪製於下。

1. 立體圖轉換成正投影平面圖，要有正投影觀念，如下圖所示從三個方向投影出平面圖，以鉛筆徒手畫大約畫出平面形狀。

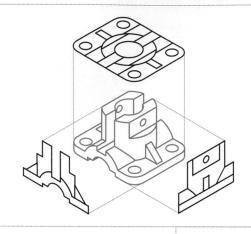

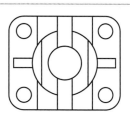

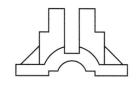

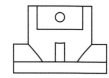

2. 俯視圖之矩形、圓弧與前視圖之半圓弧是最明顯的圖形特徵。以「╱ 線」繪製中心線後繪製「▢ ▾ 矩形」與「⊙」，然後互相投影，再以「╱ 線」繪製，「-⁄-- 修剪」「✎ 刪除」多餘線條。

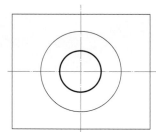

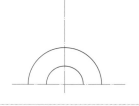

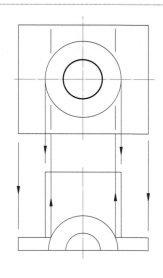

3. 以「／線」繪製，. 俯視圖與前視圖之切槽，「－／－修剪」「✎刪除」多餘線條。再投影右視圖。

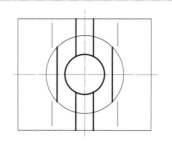
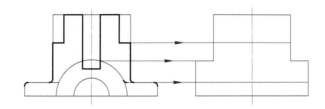

4. 前視圖以半剖面表示，所以俯視圖之小圓孔，實線投影至前視圖，投影三角形肋板。

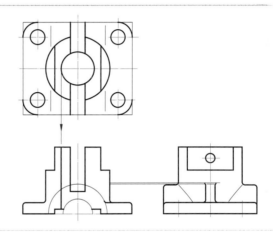

5. 投影肋板之俯視圖，並將需倒圓角之處「◻圓角」。繪製移轉剖面等其他細節，完成圖面。最後如下圖標註尺度，即完成正投影平面的繪製。

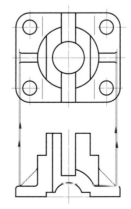
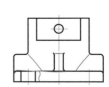

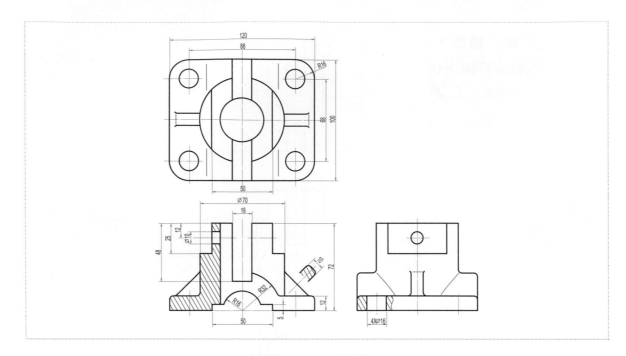

立體圖如果以 AutoCAD「3D 基礎」「3D 塑型」工作區直接繪製 3D 實體圖，則可以使用萃取邊，直接轉換成平面圖，將於單元八介紹。

立即練習 (E7-2-1.dwg)

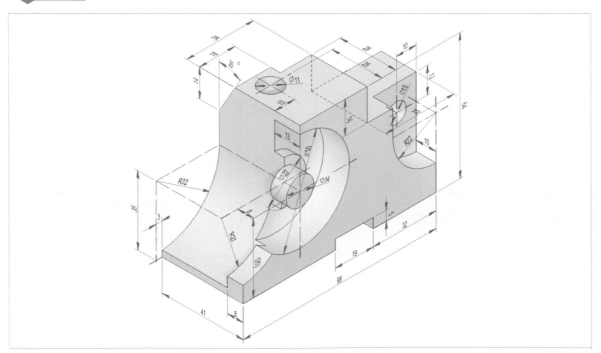

提示：先以徒手畫草圖模
　　　式，將立體圖投影至
　　　投影箱轉換成平面
　　　圖，如下圖所示。再
　　　以 AutoCAD 繪製正
　　　投影視圖。

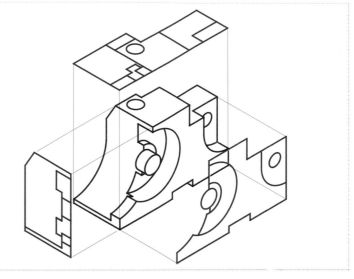

　　使用 AutoCAD 軟體繪製工作圖面，除了熟悉指令外，如何畫出正確無誤的設
計圖面，且可以生產製造，才是學習電腦輔助設計軟體最重要的。下面圖例是以讓
讀者學習繪製完整正投影視圖為要的題目，參考立體圖，補畫前視圖缺少的線條完
成視圖並標註完整的尺度。

(A7-2-1.dwg)

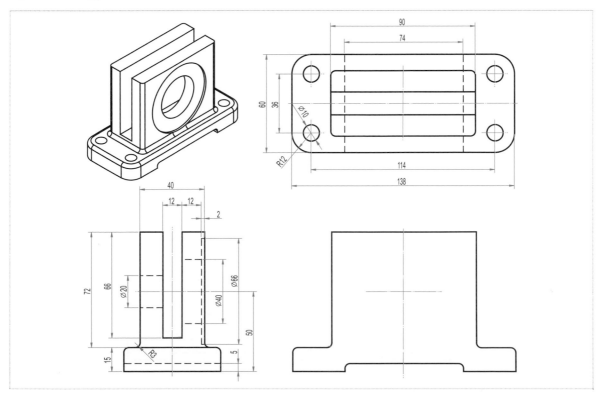

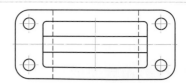

1. 左視圖「∅20」「∅40」「∅66」之圓，以「線」鎖點模式「端點」將圓形輪廓投影至前視圖。

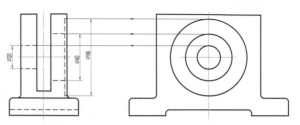

2. 將俯視圖「∅10」圓投影至前視圖，並將左側視圖「66」深槽投影至前視圖，並將線條變更為虛線，完成細部投影。

3. 重新標註尺度，注意大小與位置之原則，完成如下圖。

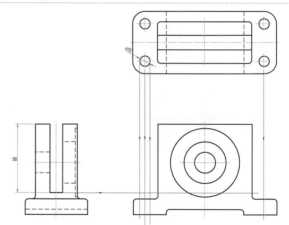

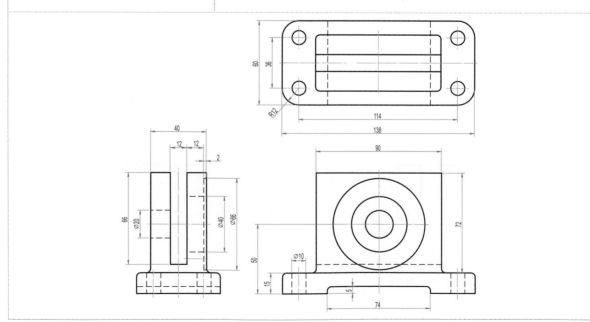

立即練習 (E7-2-2.dwg)

已知零件之前視圖與右側視圖，請繪製前視圖與左側視圖，並抄繪尺度。

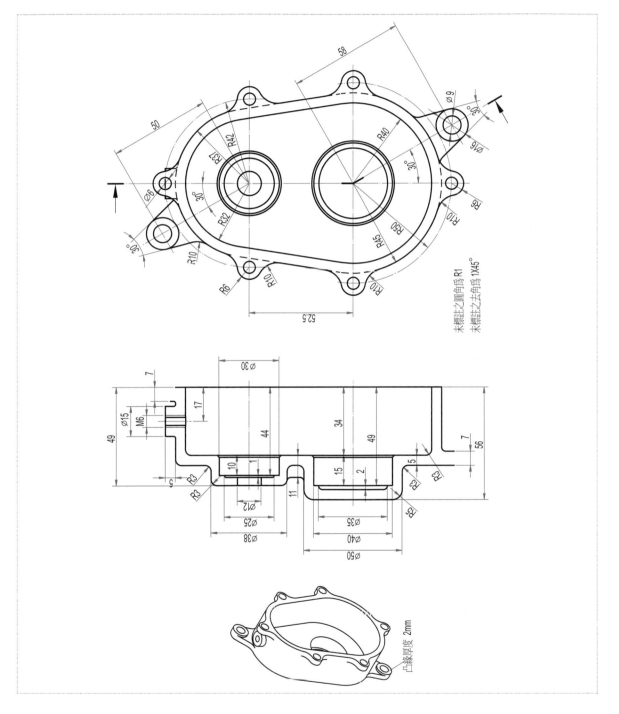

1. 繪製適當長度上方水平中心線，向下偏移(Offset)「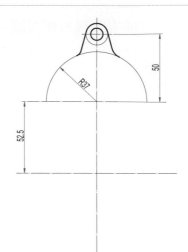」相距 52.5，繪製 R37 之中心線圓弧，向上偏移(Offset)「」50。

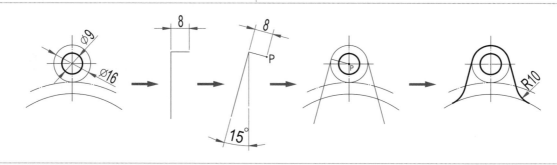

2. 繪製⌀9 與⌀16 之圓，在旁邊空白處以直線(Line)「」繪製水平長 8，直立線長度適當之直角線段。旋轉(Rotate)「」直角線段-15 度如圖所示，以 P 點為基準點，移動(Move)「」至圓之圓心位置 P。使用鏡射(Mirror)「」指令將直角線段鏡射至右半邊，刪除(Erase)「」多餘線條，倒圓角(Fillet)「」R10。

3. 將所完成的圖形以 O_1 點為圓心，旋轉 (Rotate)「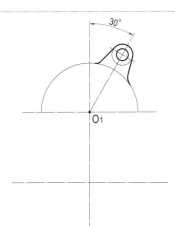」-30 度。

4. 以下水平線 O_2 為圓心畫圓 R45，並向下偏移(Offset)「⌂」。

5. 同前例繪製圓弧切線圖形，如 B 處。

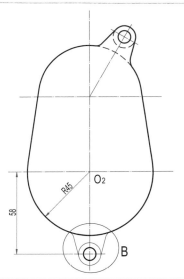

6. 以 O_2 為圓心，將 B 處圖形旋轉 (Rotate)「」-30 度。

7. 在 **C**、**D** 兩處繪製ϕ12 之圓與 M6 之螺紋。

8. 使用「環形陣列」，分別以 O_1、O_2 為中心點做環狀陣列，項目總數 3 個，項目間的角度 180 度。

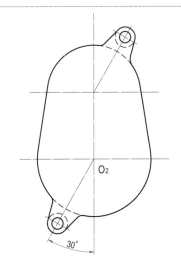

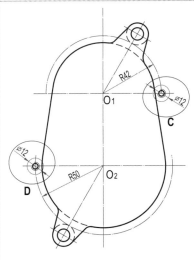

9. 完成圖形環狀陣列，倒圓角(Fillet)「」R10。

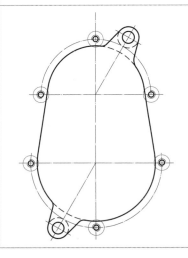

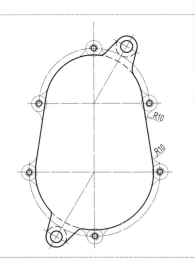

10. 完成左側視圖外形後，依照尺度繪製前視圖，並相互投影，依據割面線位置，投影至前視圖。	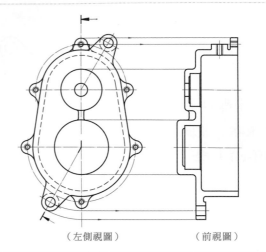 （左側視圖）　　　　（前視圖）
11. 繪製剖面線後，自行完成標註尺度。	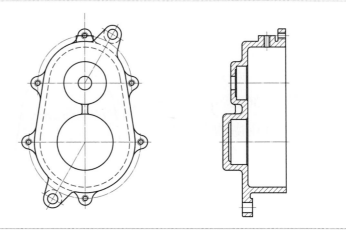

綜合練習 第一部

一、基本題型

依照所示尺度及割面線以 1：1 比例繪製剖視圖。

1. (C7-1-1.dwg)

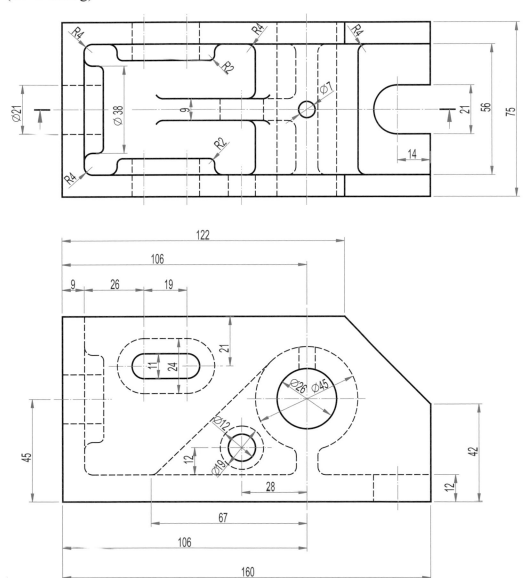

2. （C7-1-2.dwg）

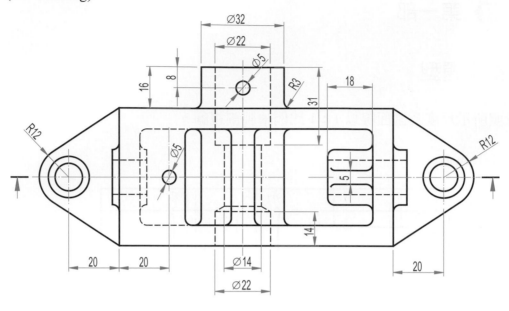

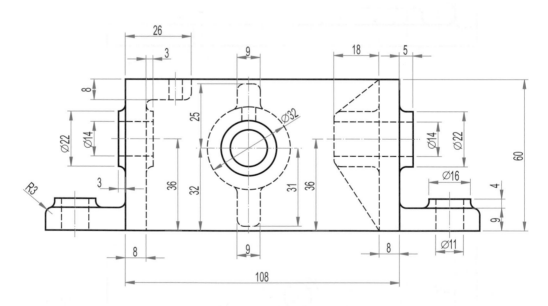

3.　(C7-1-3.dwg)

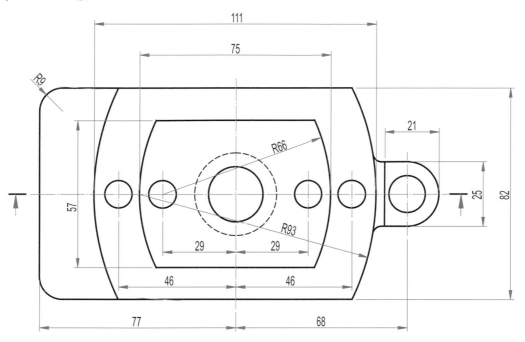

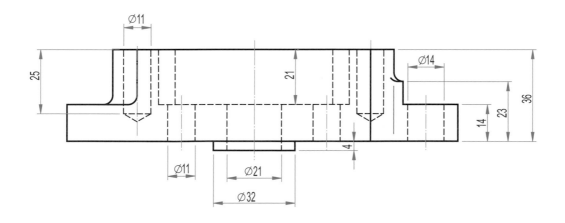

4. (C7-1-4.dwg)

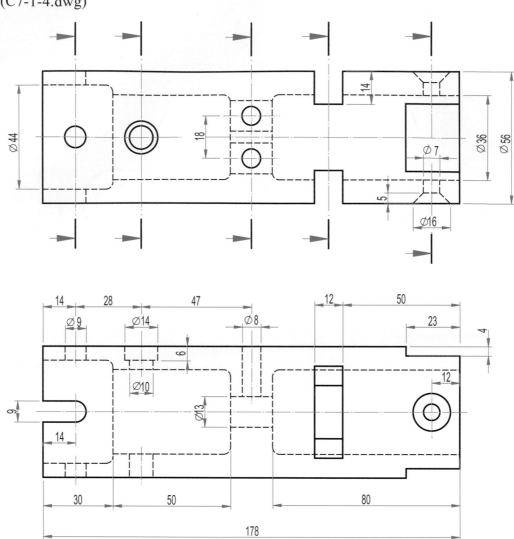

二、進階題型

1. 請以 1：1 比例繪製轉正剖視圖，並於最適當位置標註尺度。(C7-2-1.dwg)

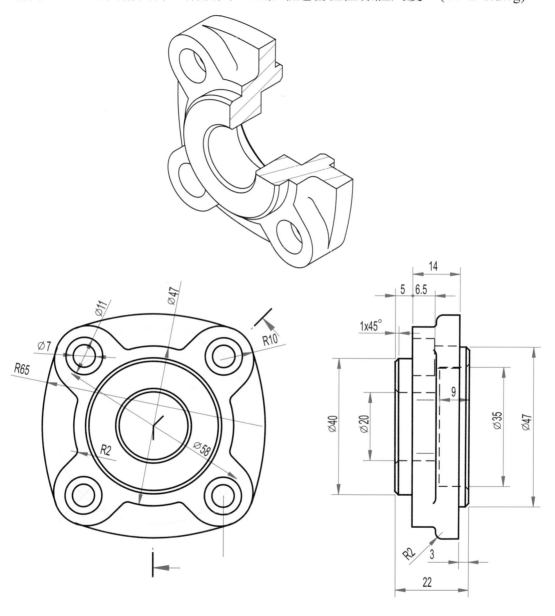

2. 依照尺度以比例 1：1 繪製下列各物體之全剖視圖。(C7-2-2.dwg)

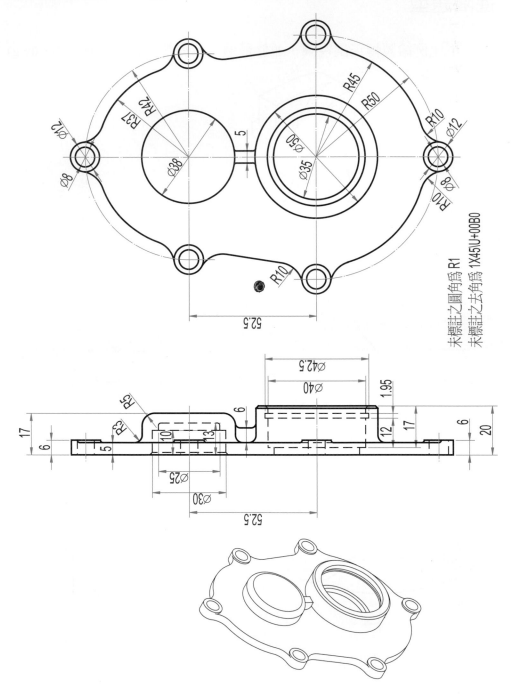

未標註之圓角為 R1
未標註之去角為 1X45∪+00B0

3. 請依據尺度以 1：1 繪製左側視圖為半剖面視圖，並於最佳位置標註尺度。
   (C7-2-3.dwg)

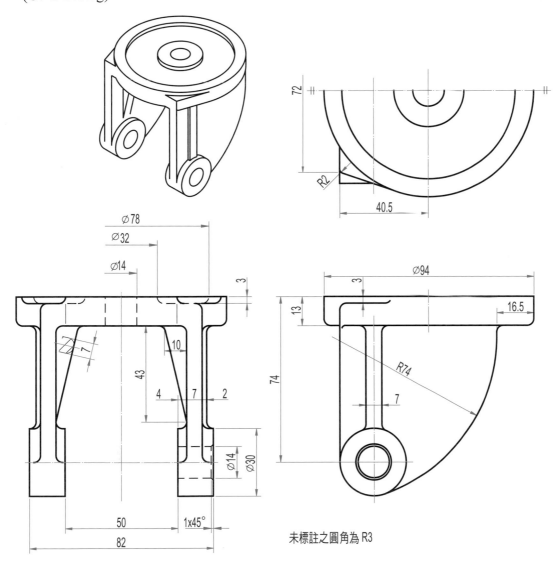

未標註之圓角為 R3

4. 請依尺度以 1：1 應用各種剖視圖法繪製正投影視圖，並於最適當位置標註尺度。(C7-2-4.dwg)

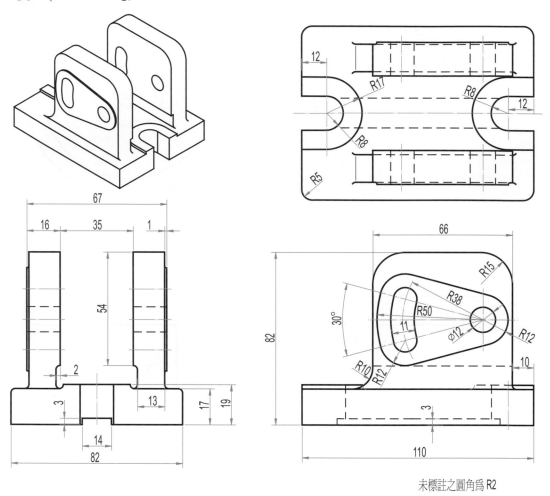

未標註之圓角為 R2

5. 請以 1：1 抄繪視圖，補畫前視圖剖面線，加畫左側視圖，查表 20H9 與 48H8 之公差值填於對照表內。(C7-2-5.dwg)

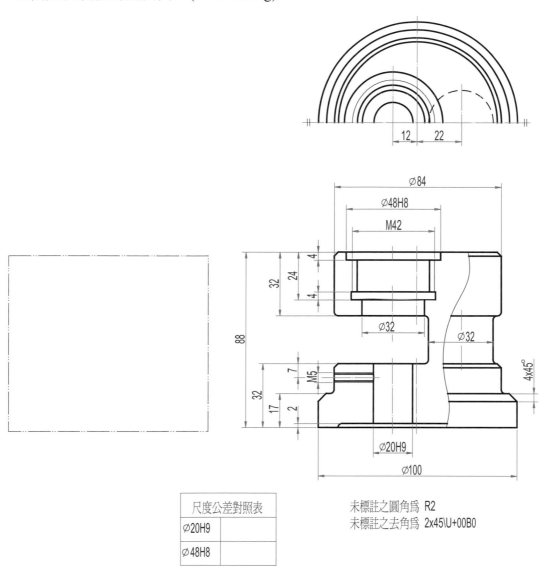

尺度公差對照表	
⌀20H9	
⌀48H8	

未標註之圓角為 R2
未標註之去角為 2x45\U+00B0

三、應用題型

請參考立體圖尺度以 1：1 比例繪製正投影視圖，自行決定以何種剖視呈現，需標註尺度。

1. 可參考提示之正投影視圖，x = 105，y = 20。(C7-3-1.dwg)

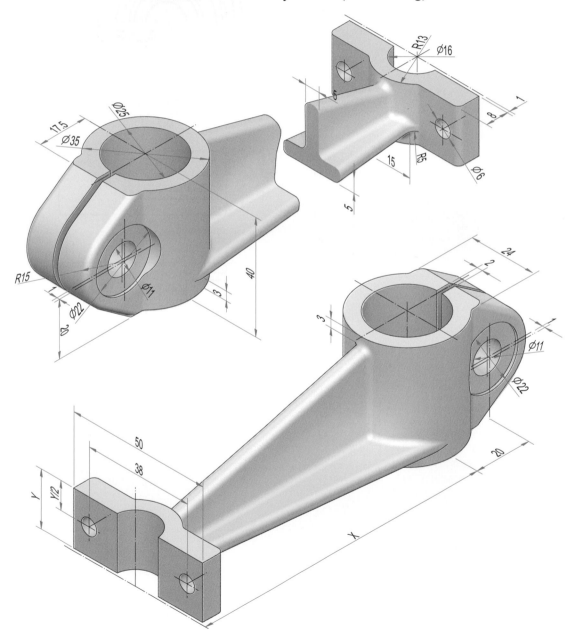

2. 可參考提示之正投影視圖，x = 120，y = 70。(C7-3-2.dwg)

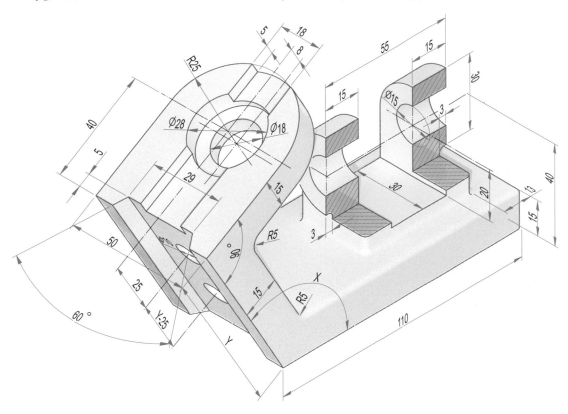

3. 可參考提示之正投影視圖，x = 80，y = 79。(C7-3-3.dwg)

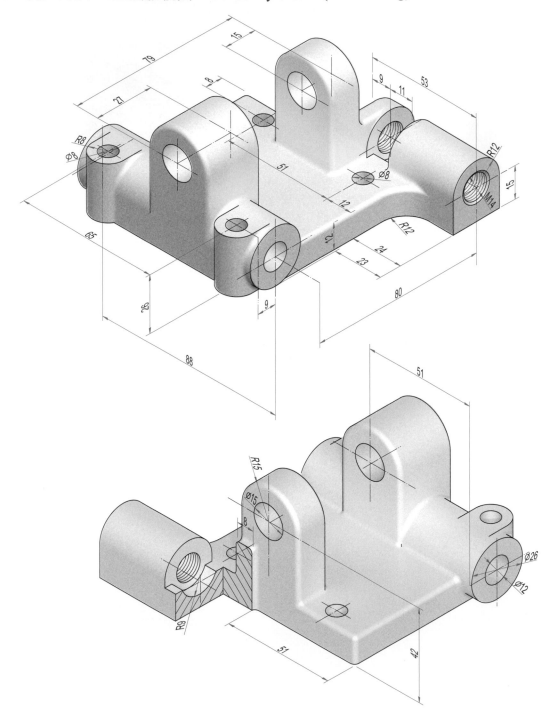

4. 可參考提示之正投影視圖，x = 160，y = 50。(C7-3-4.dwg)

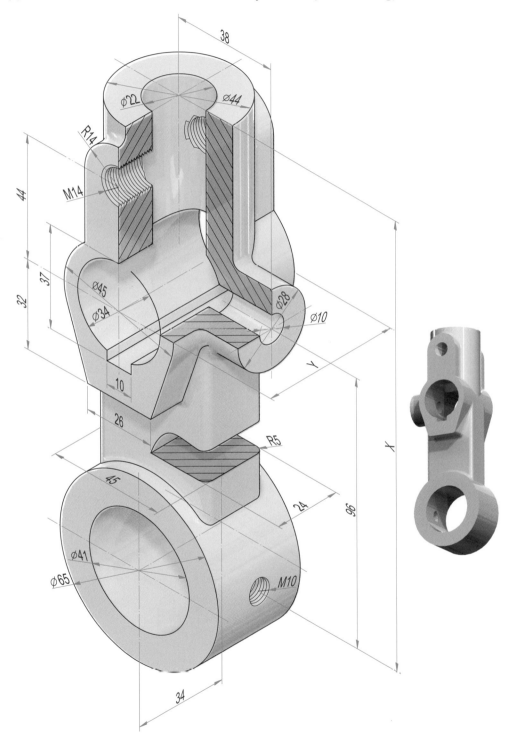

5. 可參考提示之正投影視圖，x = 34，y = 60。(C7-3-5.dwg)

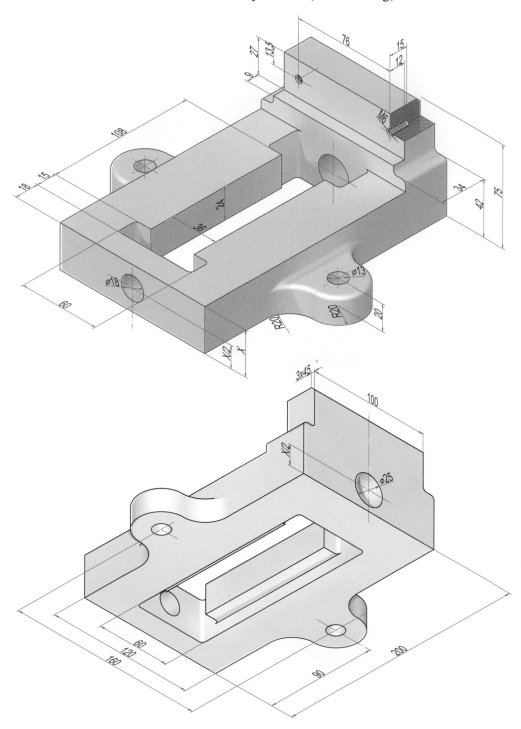

6. 可參考提示之正投影視圖，x = 100，y = 150。(C7-3-6.dwg)

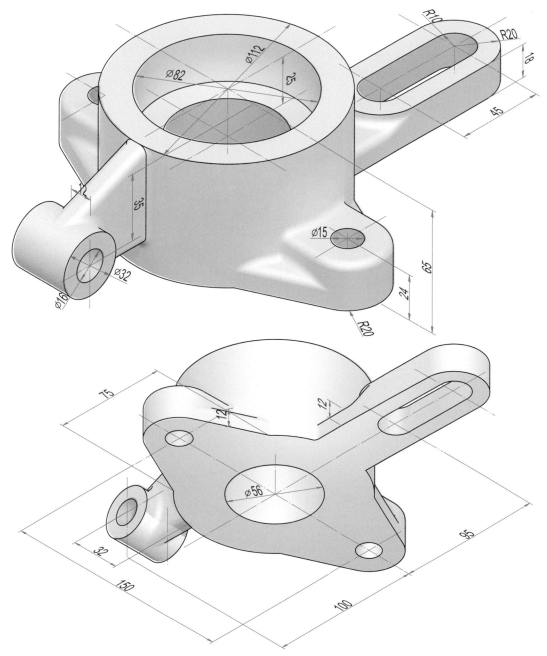

7. 可參考提示之正投影視圖，x = 85，y = 32。(C7-3-7.dwg)

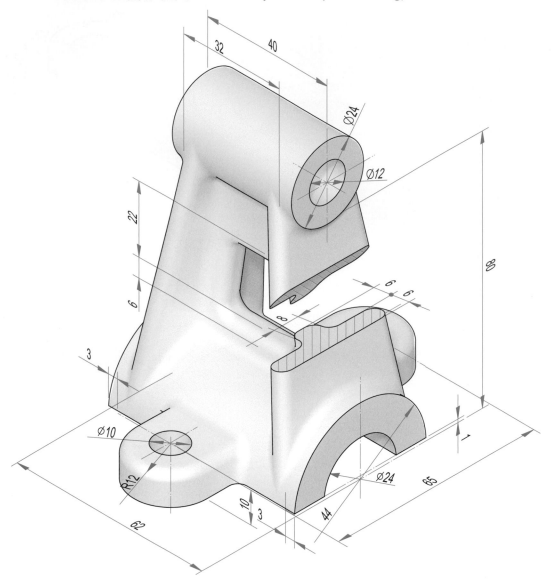

提示：立體圖轉換成正投影平面圖之參考，如下面各圖。

1.

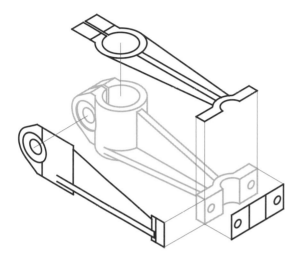

2.

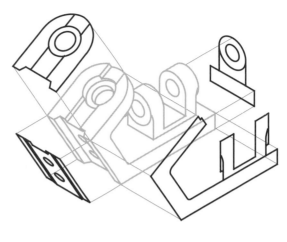

3.

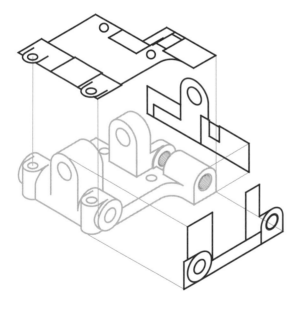

4.

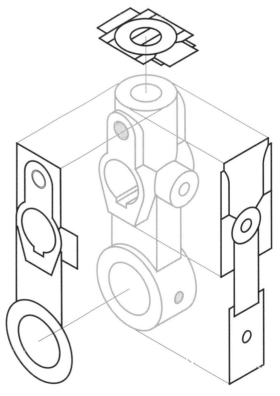

5.

6.

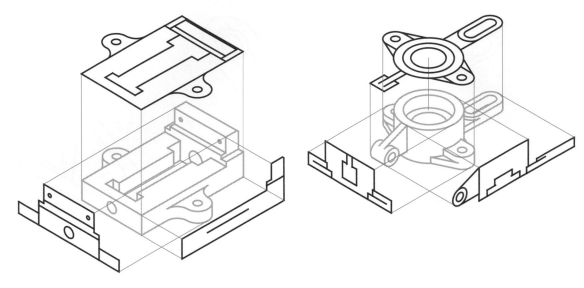

7.

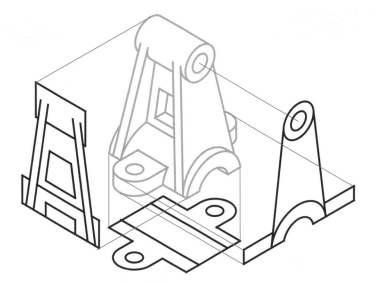

7-3 工作圖(WORKING DRAWING)

工作圖(Working Drawing)係供給機械之製造或結構營建所需資料之圖樣。在機械產品中由多個零件組合而成的圖示方式，大致有零件圖(Detail Drawing)來進行製造和檢驗；有組合圖又稱裝配圖(Assembly Drawing)來表達零件間之組裝關係。

圖示 7-3-1 為「支持架」之工作圖，從組合圖中瞭解其零件共由八個零件組合而成，而著八個零件中有一般零件及螺紋件，一般零件中需含有視圖、尺度及加工製造應達到的技術要求如表面符號、公差、配合，以及標題欄、零件表。

螺紋件指含有螺紋的零件及螺紋標準件，含螺紋的零件之表達方式與一般零件同，但標準件在零件圖中可不用繪出，但組合圖中就須表示出它的位置，並在組合圖的零件表中標明其件號及規格。

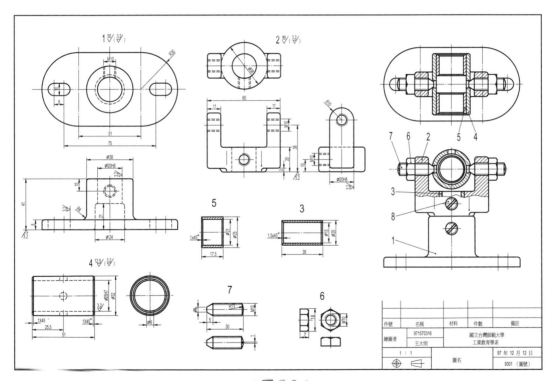

▲圖 7-3-1

有關視圖、尺度標註在前面均已述及，公差配合在圖中之標註可歸於尺度標註，因此本單元將僅依表面符號、螺紋結件畫法以及組合圖在電腦輔助製圖中之繪製方法一一說明之。

7-4 零件圖(DETAIL DRAWING)

零件圖的繪製是學習所有指令後的統合與應用，繪製時有幾個繪製步驟需考慮：

7-4-1 繪圖前之設定

1. 設定圖紙範圍(LIMITS)

2. CNS 線型建立與載入

3. 圖層與線型設定

4. 尺度標註參數設定

5. 自動儲存設定(SAVETIME 設為 10)

6. 看清楚需要繪製的圖面、比例大小、圖框大小式樣及其他規定事項。

7. 細看零件之各視圖，大致瞭解各零件的形狀及功能。

8. 零件圖中視圖的繪製，必須先看清楚視圖的形狀，然後以最精簡的指令及步驟完成之。

9. 標註尺度、表面符號或註解需注意各字體的一致性。

10. 核對全圖特別注意螺紋處線條的粗細是否正確，小孔有否遺漏，剖面處是否都畫上了剖面線，尺度標註是否重複或短缺等。

7-4-2 繪製注意事項

繪圖時除了熟練 AutoCAD 指令外應注意下列幾點：

1. 螢幕左下方的提示區顯示目前的執行狀態，隨時注意資料的輸入避免產生錯誤的訊息。

2. 善用功能鍵 F8 、與物件鎖點模式，以提高繪圖的效率。

3. 善用畫面縮放(ZOOM)與平移(PAN)。

4. 善用 acad.pgp 快速鍵精簡指令,一手敲鍵盤一手用滑鼠,提昇效率。

立即練習 (E7-4-1.dwg)

　　請參考組合圖相關零件位置,以 1:1 比例繪製零件 6 工作圖,需標註尺度、公差、表面織構符號。

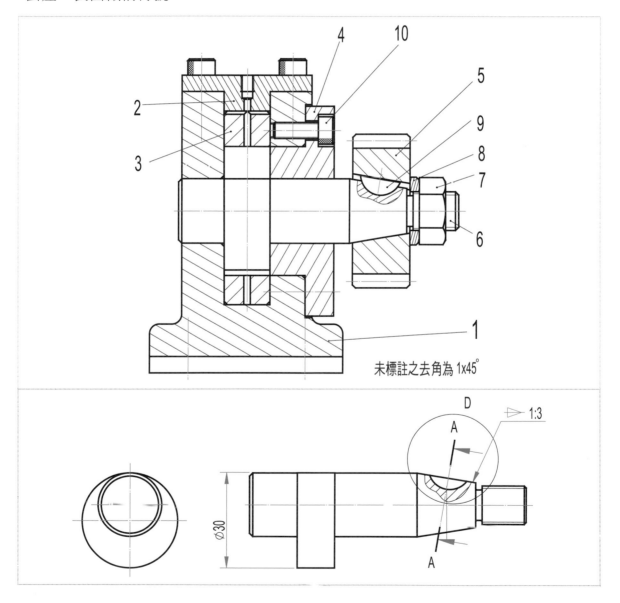

未標註之去角為 1x45°

7-5 表面符號(SURFACE TEXTURE SYMBOL)

表面符號用來表達零件之表面情況，包含表面粗糙度(Surface Roughness)及加工方法等，在圖中常出現是基本符號及粗糙度值，符號以細實線繪製為原則，當必要補充說明表面織構特徵時，必須在基本符號或延伸符號中長邊加一水平線，如圖 7-5-1 所示。

符號	文字	意義
√	APA	允許任何方法加工方法
√	MRR	必須去除材料
√	NMR	不得去除材料

▲圖 7-5-1

表面織構符號的完整符號之組成，可能必須加註表面參數及數值兩項，以及增加特別要求事項，例如：傳輸波域、取樣長度(Sample length)、加工方法、表面紋理及方向及加工裕度等。為使表面要求事項能確保其表面織構之功能，宜建立許多不同之表面參數需求。

完整符號中可以加註表面織構要求事項的指定位置，如圖 7-5-2 所示。

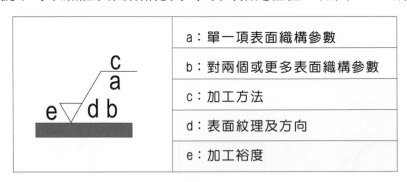

a：單一項表面織構參數	
b：對兩個或更多表面織構參數	
c：加工方法	
d：表面紋理及方向	
e：加工裕度	

▲圖 7-5-2

表面符號之畫法與大小如圖 7-5-3 所示，圖中 h 代表視圖上標註尺度數字之字高，H 則視需要而定，與註寫之項目等長，除文字外，線條均為細實線。

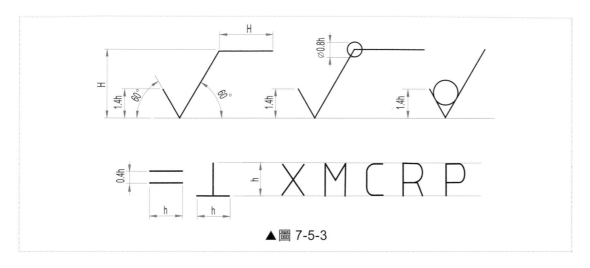

▲圖 7-5-3

符號及其加註項目的尺度大小，如下表 7-5-1 所示。

▼表 7-5-1

數字及字母高度，h (參照 CNS 3)	2.5	3.5	5	7	10	14	20
符號 d'線寬	0.25	0.35	0.5	0.7	1	1.4	2
字母 d 線寬							
H₁ 高度	3.5	5	7	10	14	20	28
H₂ 高度(最小)[a]	7.5	10.5	15	21	30	42	60

7-5-1　視圖上標註表面符號

1. 標註方向

　　在視圖上標註表面符號之方向以朝上及朝左為原則，若表面傾斜方向或地位不利時，則將表面符號標註於指線上如圖 7-5-4 所示。

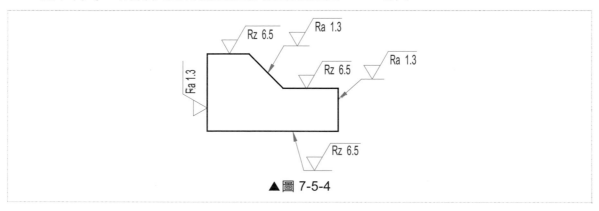

▲圖 7-5-4

2. 標註位置

　　表面符號以標註在機件各表面之邊視圖或極限線上為原則，同一機件上不同表面之表面符號，可分別標註在不同視圖上，但不可重複或遺漏，如圖 7-5-5。

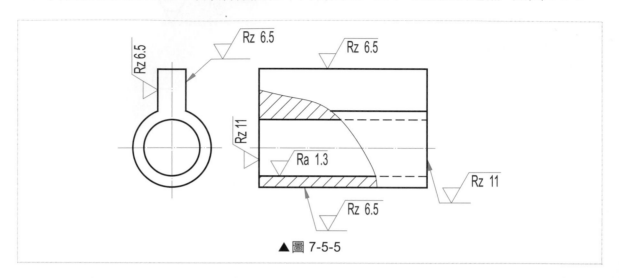

▲圖 7-5-5

7-5-2　表面符號之繪製

　　從圖 7-5-6 中知表面符號之高度 H 等於數字字高，繪製時切記不可用已知一邊長繪製三角形的畫法，因其高度不等於邊長，常用的繪製方法有很多，讀者可依自己熟悉的指令繪製之，也可依下列圖示的步驟繪製之。

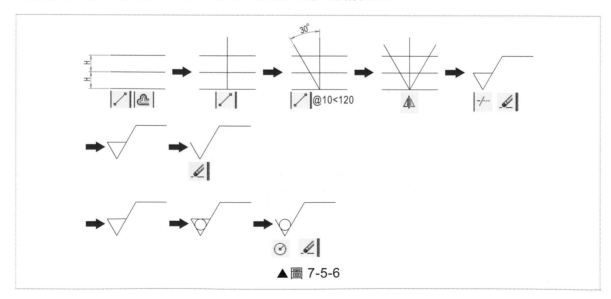

▲圖 7-5-6

有人將常使用的表面符號集合當成一個元件，稱為圖塊 BLOCK 或 WBLOCK。但筆者建議一般學生讀者將其放置於標題欄旁做為底圖之一部份，但圖面完成後切記刪除。

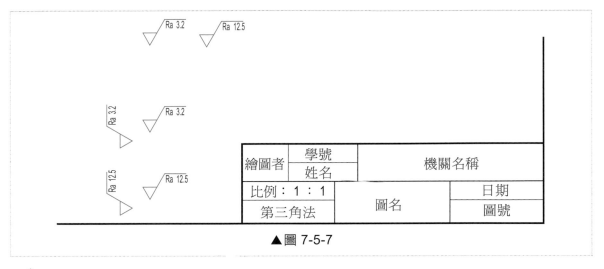

▲圖 7-5-7

立即練習 (A7-5-1.dwg)

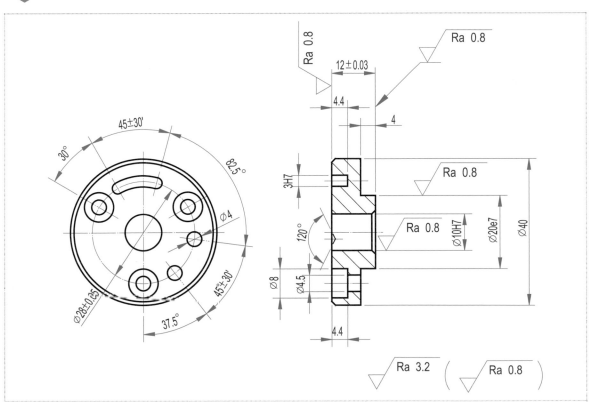

7-6 螺紋結件(THREAD FASTENERS)

凡具有螺紋用以防止其他機件間之相對運動，或用以結合或固定機件之零件即稱為螺紋結件。如螺栓與螺帽、有頭螺釘、小螺釘及固定螺釘等，一般將其歸為標準機件。但有些機件含螺紋並非標準件，則稱為螺紋件，螺紋有外螺紋及內螺紋。螺紋也有其用途不同而有粗細、旋向、線數及斷面形狀不同而有不同，製造時必須查閱相關資料，但在製圖中只須瞭解其大徑以及螺紋深度習用數值，如表 7-6-1 所示。

▼表 7-6-1

大徑	3～6	8～16	20～40	40 以上
螺旋深度習用數值	0.5	1	1.5	2

7-6-1 外螺紋的畫法

1. 畫出螺紋的大徑及螺紋長。

2. 畫出螺紋的螺紋深度，C 值以螺紋深度習用數值，而製造時之詳細數值須參考設計便覽。

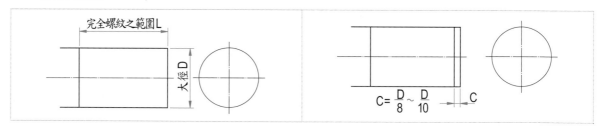

3. 用 CHAMFER 指令畫出 45°去角部位。

4. 畫螺紋的端視圖，螺紋小徑用細實線但須缺口約 1/4 個圓，此 1/4 缺口可以在任何方位，一端少許超出中心線，另一端稍離開中心線，去角圓省略不畫。

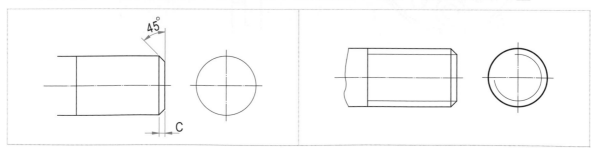

5. 更改線型圖層以粗實線表示螺紋大徑、去角部分及螺紋範圍線，以細實線表示小徑部分，及斷裂線。

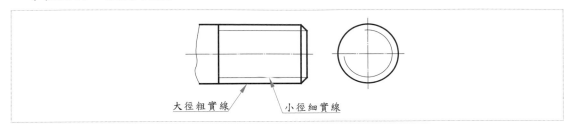

大徑粗實線　　小徑細實線

7-6-2　內螺紋的畫法

1. 內螺紋畫法類似外螺紋，只是需注意孔徑與孔深，其孔徑大小通常畫成等於螺紋小徑，鑽頂角度畫 120°。

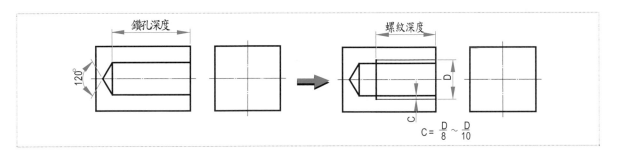

2. 畫螺紋的端視圖，表示大徑的圓須缺口約 1/4 圓。

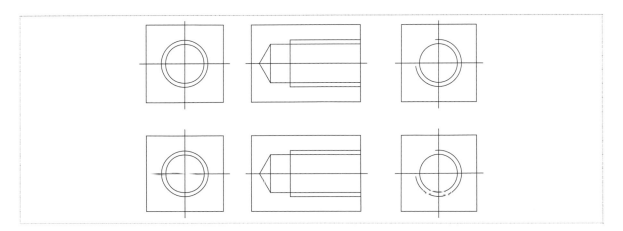

3. 更改線型圖層，以粗實線表示鑽孔、螺紋長度以及端視圖之鑽孔圓，以細實線表示大徑之 3/4 圓。

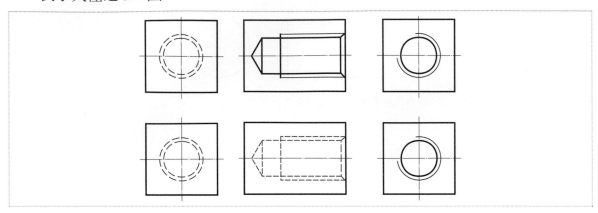

4. 前視圖如為剖視圖，利用 HATCH 指令畫剖面線，剖面線應畫至小徑之輪廓線上，若未剖則全以虛線畫出。

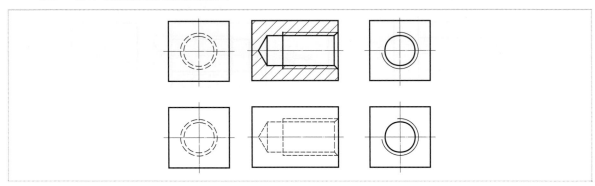

7-6-3　螺栓頭的畫法

1. 六角螺栓頭的對邊寬度約為螺栓大徑的 1.5 倍。先畫一直徑等於 S 之圓，再以多邊形指令(POLYGON)畫出螺栓頭端部的形狀。

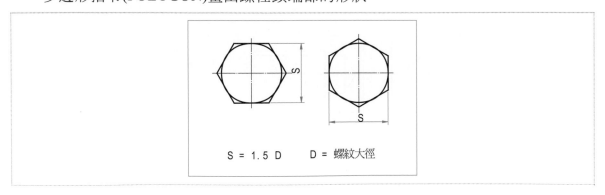

S = 1.5 D　　　D = 螺紋大徑

2. 畫出螺栓頭的高度，螺栓頭的高度約為螺紋大徑的 0.75 倍。

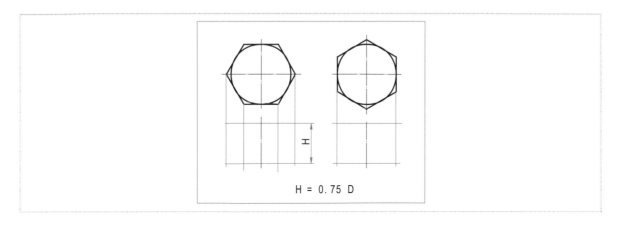

3. 畫螺栓頭去角部分，去角角度是 30°，高度約為螺栓大徑的 0.1 倍，又因去角而產生的弧線可用圓弧指令(ARC)配合圖示之抓點模式繪製。

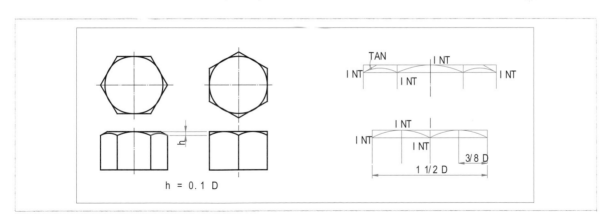

立即練習 (A7-6-1.dwg)

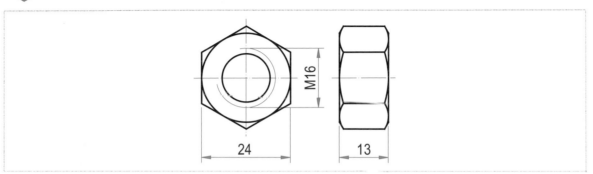

立即練習 (A7-6-2.dwg)

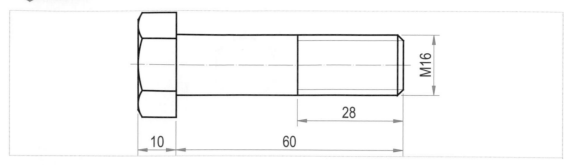

7-7 圖塊(BLOCK 或 WBLOCK)

　　將許多物件等集合當成一個元件來處理,稱為圖塊(Block 或 Wblock),用 Block 指令建立的圖塊只有在原圖檔才有插入(Insert 在組合圖中敘述)圖塊的作用。如在開啟另一圖檔後則無法插入,必須將原有之「Block」以「Wblock」製作為檔案,因此大都以「Wblock」圖塊來建圖塊,茲將其繪製步驟敘述如下。

7-7-1 建立圖塊(BLOCK)

▼表 7-7-1 建立圖塊指令表

指令	Block	精簡指令	B
插入頁籤/圖塊定義面板/建立圖塊	建立 圖塊	主要功能列	繪製/圖塊/建立

將「 √Ra 3.2 」之表面符號建立圖塊的步驟如下:

先繪製好欲建立圖塊之圖形,輸入名稱「Ra3.2」。

如下圖勾選基準點與物件。

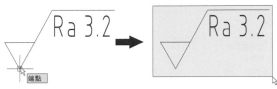

建立 圖塊

指令：_block
指定插入基準點： 點選右圖端點
選取物件：指定對角點：框選物件 找到 5 個
選取物件：Enter

插入

指令：_INSERT

指定插入點或 [基準點(B)/比例(S)/X/Y/Z/
旋轉(R)]：

指定旋轉角度 <0>：Enter

指令：Enter

INSERT

指定插入點或 [基準點(B)/比例(S)/X/Y/Z/
旋轉(R)]：

指定旋轉角度 <0>：90 輸入 90

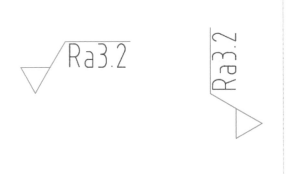

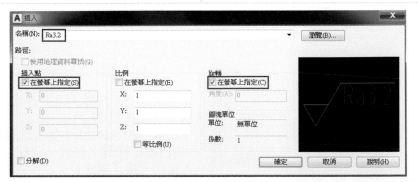

7-7-2 WBLOCK

利用 BLOCK 所建立圖塊只有在原圖檔才有插入圖塊作用，如在開啟另一新圖檔後則無法插入，必須將原為「BLOCK」圖塊以「WBLOCK」製作圖塊為檔案，在任何圖稿內才能插入。圖塊的使用，除用在表面符號外，螺帽、螺釘亦常建立圖塊。

▼表 7-7-2　WBLOCK 指令表

指令	Wblock	精簡指令	W
插入頁籤/圖塊定義面板/製作圖塊	製作圖塊	主要功能列	

指令：WBLOCK

指定插入基準點：點選下圖之端點

選取物件：　框選物件
指定對角點：框選物件
找到 5 個
選取物件：Enter

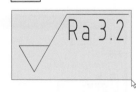

在對話框中「目標」之「檔案名稱與路徑」找到目錄位置然後輸入名稱「G：\2018ACAD\Ra3.2」，即完成圖塊之建立，WBLOCK 所建之圖塊，同樣以插入指令插入圖面。按「確定」完成製作圖塊步驟。

標準機件在電腦輔助製圖中常將其建為圖塊(Wblock)。圖塊在圖面中使用時需要以「插入圖塊」來指定插入位置。

7-7-3 插入圖塊(INSERT)

▼表 7-7-3 插入圖塊指令表

指令	Insert	精簡指令	I
常用**頁籤**/圖塊**面板**/插入	插入	主要功能列	插入/圖塊

點選「插入」，在對話框之「瀏覽」選取圖塊儲存位置 G：\2018ACAD\Ra3.2，按確定後回到「插入」對話框按確定點選欲插入圖塊之位置，於點 1 出旋轉 90 度，其餘點 2、點 3 處旋轉為設定值 0 度。

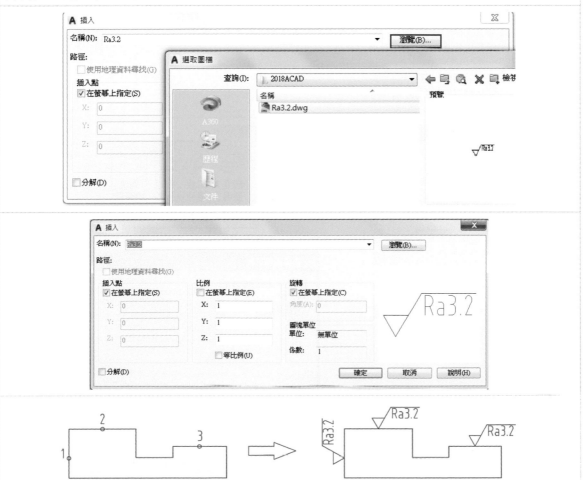

立即練習

將M8螺栓製作圖塊,以A點為基準點,並完成右圖的螺栓組合圖。
(E7-7-1.dwg)

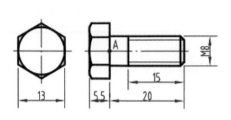

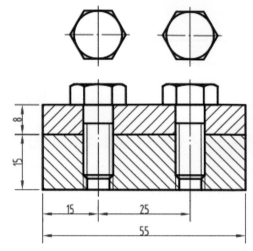

7-7-4 動態圖塊

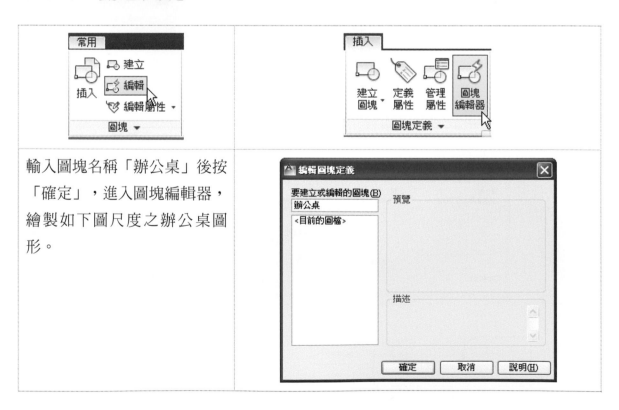	
輸入圖塊名稱「辦公桌」後按「確定」,進入圖塊編輯器,繪製如下圖尺度之辦公桌圖形。	

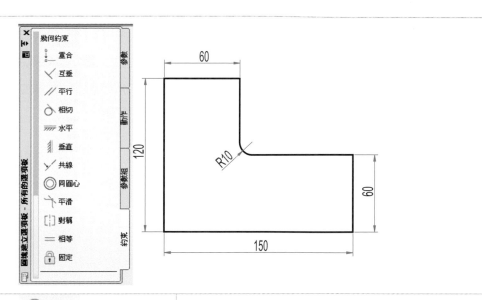

從選項板選取「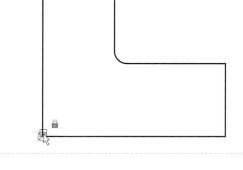固定」，點選左下角之交點。 點選參數之線性「 線性」，如下圖之標註「距離 1」。	

指令：_BParameter 線性

指定起點或 [名稱(N)/標示(L)/鏈(C)/描述(D)/基準(B)/選項板(P)/數值組(V)]：點選左邊端點

指定端點： 點選右邊端點

指定標示位置： 點選尺度位置

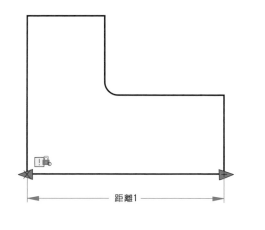

點選「距離1」按右鍵，點選「掣點顯示」為1。然後點選「動作」之「拉伸」，如下圖所示。點選「距離1」後，再點右邊「▷」。

指令：_BActionTool 拉伸

選取參數：點選距離1

指定要關聯於動作的參數點或輸入 [起點(T)/第二點(S)] <第二點>：點選右邊箭頭

指定拉伸框架的第一個角點或 [多邊形框選(CP)]：點選右下角點 P1

指定對角點：點選左上角 P2

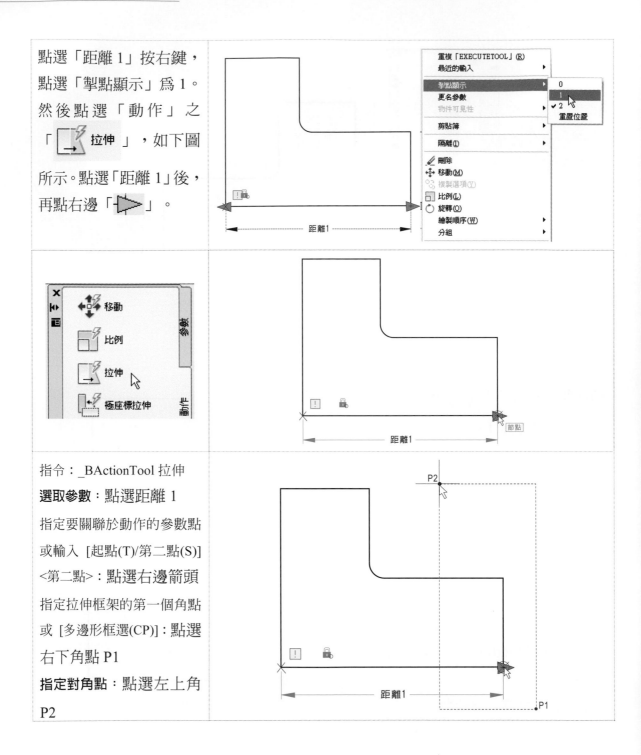

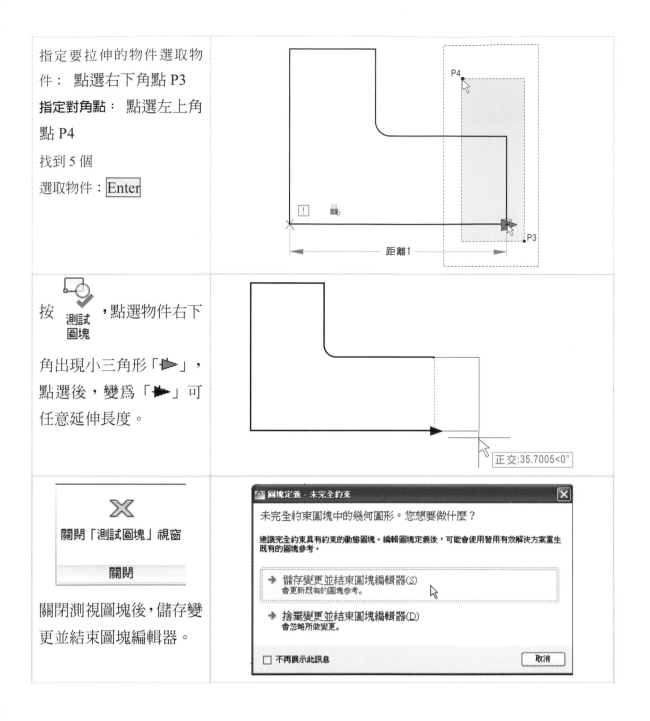

指定要拉伸的物件選取物件： 點選右下角點 **P3**

指定對角點： 點選左上角點 **P4**

找到 5 個

選取物件：Enter

按 測試圖塊，點選物件右下角出現小三角形「⮞」，點選後，變為「⮞」可任意延伸長度。

關閉測視圖塊後，儲存變更並結束圖塊編輯器。

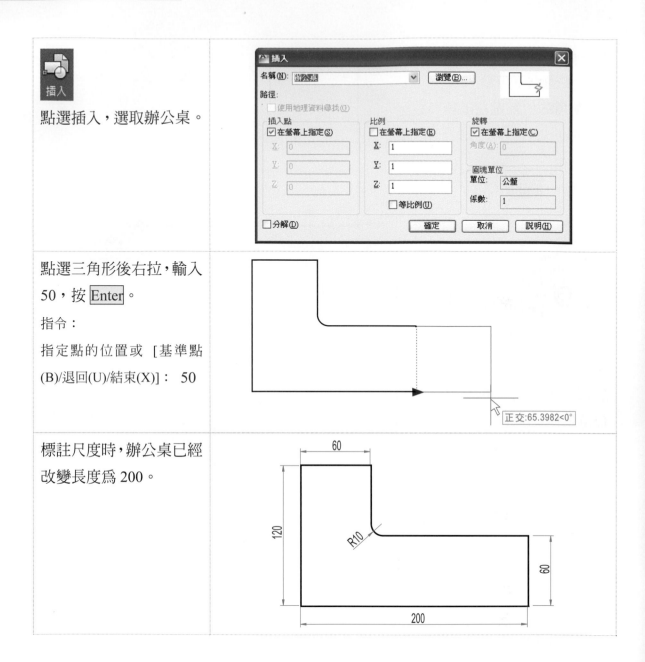 點選插入，選取辦公桌。	
點選三角形後右拉，輸入 50，按 Enter 。 指令： 指定點的位置或 [基準點 (B)/退回(U)/結束(X)]： 50	
標註尺度時，辦公桌已經 改變長度為 200。	

另外，繼續介紹「增量」
之延伸。

點選「距離 1」，按右鍵，
點選「性質」。在數值組
之 距 離 類 型 點 選「增
量」，距離增量「10」，
距離最小值為「150」，
也可以設定最大值，若無
設定，則可無限延伸。

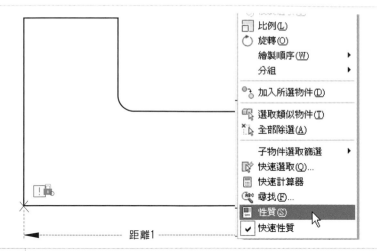

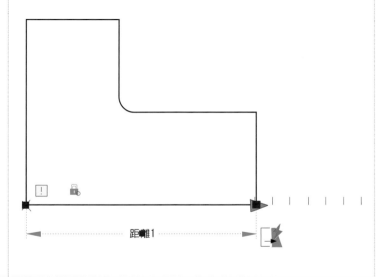

插入物件後，點選物件按
右下角三角形，則可一次
增量 10。

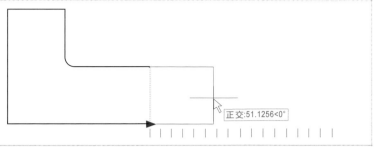

7-7-5　圖塊表格

本例以多種尺度之辦公桌為例，如何依據不同尺度，快速插入圖塊完成辦公室之配置。

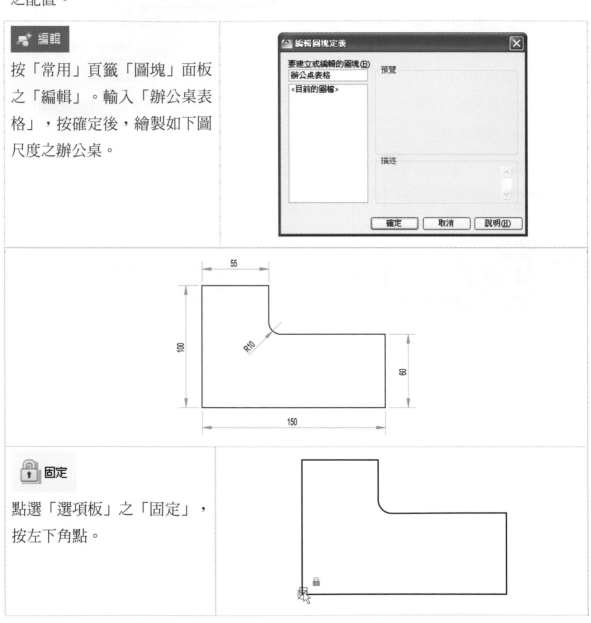

編輯 按「常用」頁籤「圖塊」面板之「編輯」。輸入「辦公桌表格」，按確定後，繪製如下圖尺度之辦公桌。	
固定 點選「選項板」之「固定」，按左下角點。	

圖塊編輯器之

自動約束

指令：_AutoConstrain

選取物件或 [設定(S)]：指定對角點： 找到 7 個

選取物件或 [設定(S)]：

已將 15 個約束套用至 7 個物件

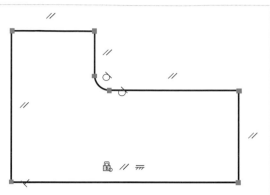

水平

標註水平尺度

垂直

標註垂直尺度

標註半徑尺度

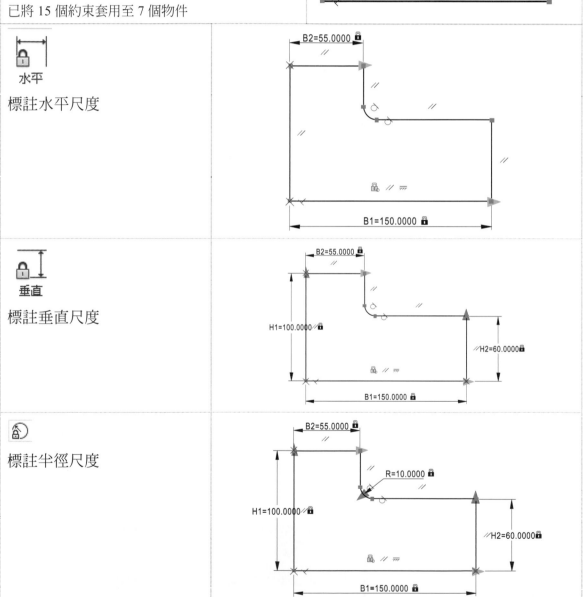

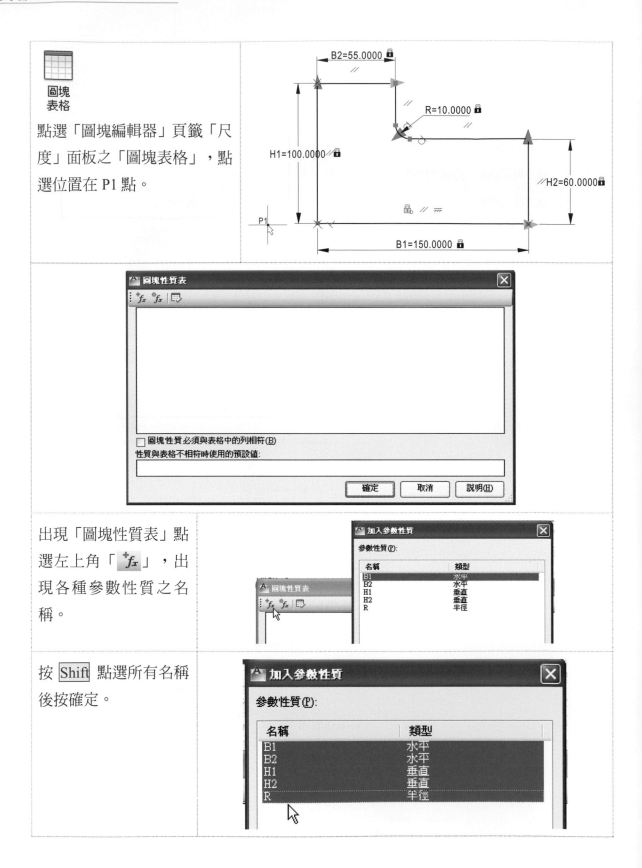

點選「圖塊編輯器」頁籤「尺度」面板之「圖塊表格」，點選位置在 P1 點。

出現「圖塊性質表」點選左上角「^+f_x」，出現各種參數性質之名稱。

按 Shift 點選所有名稱後按確定。

按「 *fx 」加入新參數於表格中，輸入名稱「尺度」，類型為「字串」。	
以滑鼠將「尺度」按壓移至最前方。輸入各種尺度規格之數據，如右圖。	 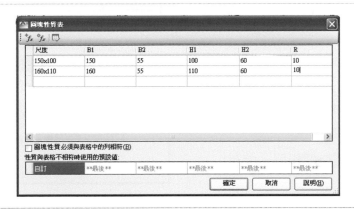
完成圖塊表格，左下角出現方格圖形。	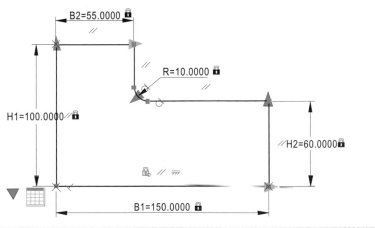

也可以將 Excel 之檔案
之數據資料直接複製
到圖塊性質表內。

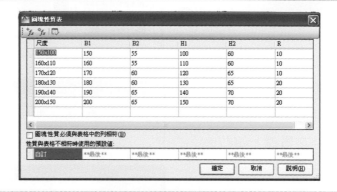

尺度	B1	B2	H1	H2	R
150x100	150	55	100	60	10
160x110	160	55	110	60	10
170x120	170	60	120	65	10
180x130	180	60	130	65	20
190x140	190	65	140	70	20
200x150	200	65	150	70	20

完成規格表之數據。

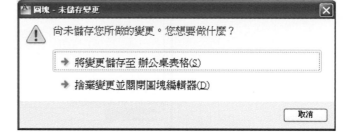

關閉圖塊編輯器,儲存
檔案。

插入

插入「辦公桌表格」之
圖塊。

點選物件後出現如右圖之型態。	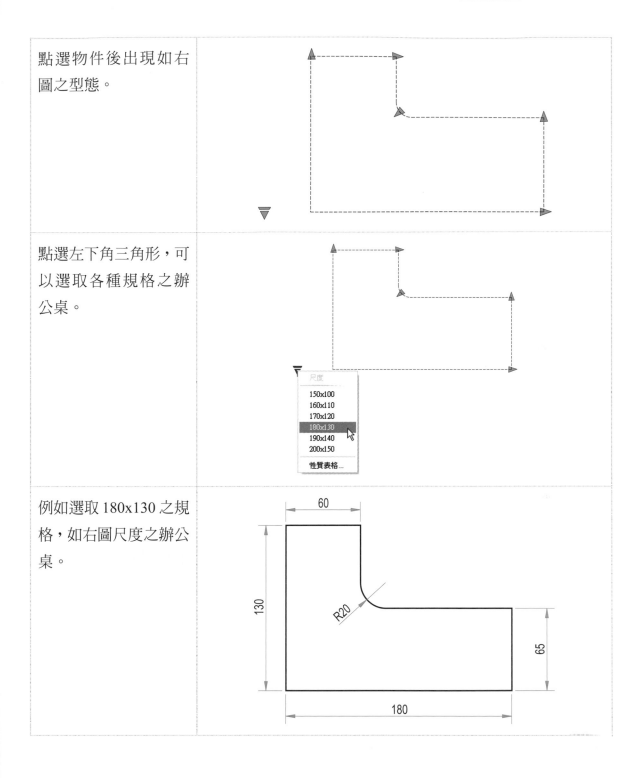
點選左下角三角形，可以選取各種規格之辦公桌。	
例如選取 180x130 之規格，如右圖尺度之辦公桌。	

7-8 定義屬性(ATTDEF)

　　圖塊的建立也有人以定義屬性來繪製,實際繪製工程圖時大都以修改數字方式來繪製,但業界常用來管理圖檔。

　　屬性 (ATTDEF 指令)建立用於儲存圖塊中資料的屬性定義顯示「 屬性定義」對話方塊。 屬性是使用圖塊定義建立並包括的物件。 屬性可以儲存資料,如零件號碼、產品名稱等。

▼表 7-8-1　定義屬性指令表

指令	Attdef	精簡指令	ATT
插入頁籤/圖塊定義面板/定義屬性	定義屬性	主要功能列	繪製/圖塊/定義屬性

(1) 在「標籤」處輸入「St」,surface texture 表面織構之縮寫
(2) 在「提示」處輸入「請輸入參數與值」
(3) 在「預設」處輸入「R a 3.2」
(4) 在「文字選項」的「對正方式」選用「左」
(5) 文字高度「2.5」

指令：_attdef

指定起點： 指定右圖之起點

點選基準點，如右圖之端點。以框選選取物件後，在目標之檔案名稱與路徑「C：\2018ACAD\St」後按「確定」。

指令：_INSERT

指定插入點或 [基準點(B)/比例(S)/X/Y/Z/旋轉(R)]：　插入點 1

指定旋轉角度 <0>：　Enter

指令：出現對話框

依序完成點 2 輸入參數與值「Ra 0.8」與點 3 輸入參數與值「Rz 12.5」。

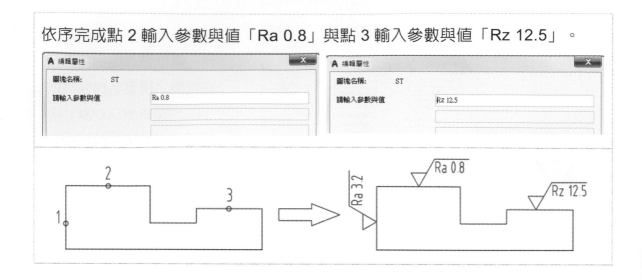

7-9 蝸桿與蝸輪

蝸桿與蝸輪的應用，常見於減速機等機械零件，但是繪製零件圖時除了圖形與尺度標註外，尚有其他數據需要呈現，如圖 7-9-1 為蝸桿零件圖(省略尺度標註)與數據表，圖 7-9-2 為蝸輪零件圖(省略尺度標註)與數據表。

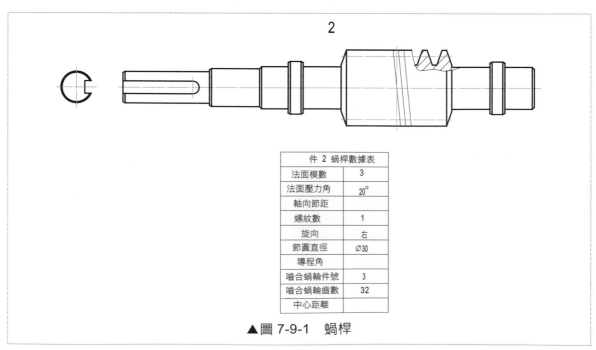

件 2 蝸桿數據表	
法面模數	3
法面壓力角	20°
軸向節距	
螺紋數	1
旋向	右
節圓直徑	∅30
導程角	
嚙合蝸輪件號	3
嚙合蝸輪齒數	32
中心距離	

▲圖 7-9-1　蝸桿

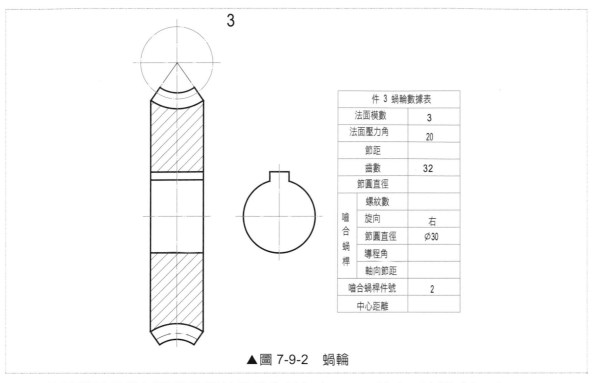

件 3 蝸輪數據表

件 3 蝸輪數據表		
法面模數		3
法面壓力角		20
節距		
齒數		32
節圓直徑		
嚙合蝸桿	螺紋數	
	旋向	右
	節圓直徑	∅30
	導程角	
	軸向節距	
嚙合蝸桿件號		2
中心距離		

▲圖 7-9-2　蝸輪

依據機械設計便覽蝸桿蝸輪設計資料如表 7-9-1 所示，計算式如下：

$$\tan\theta = \frac{L}{\pi dp} = \frac{1\times P}{\pi dp} = \frac{\pi Ms}{\pi dp} = \frac{Ms}{dp} = \frac{Ms}{30}$$

$$Mn = 3 = Ms\cos\theta \quad Ms = \frac{3}{\cos\theta}$$

$$\tan\theta = \frac{\sin\theta}{\cos\theta} = \frac{Ms}{30} = \frac{3}{\cos\theta}\times\frac{1}{30} = \frac{1}{10\cos\theta}$$

$$\sin\theta = \frac{1}{10} = 0.1 \quad \theta = 5.739° = 5°44'21''$$

$$Ms = \frac{3}{\cos\theta} = 3.015$$

軸向節距 $P = \pi Ms = 9.472$

蝸輪節圓直徑 $= Dp = NMs = 96.48$

蝸桿節圓直徑 $= dp = 30$

中心距離 $= \frac{96.48+30}{2} = 63.24$

模數 $m = \frac{3}{\cos(5.739)} = 3.015$

▼表 7-9-1　蝸桿蝸輪計算表

蝸輪(Worm gear)之計算

各部名稱	記號	計算公式
模數	M_s	$M_s = \dfrac{P}{\pi} = \dfrac{D_p}{N}$
法面模數	M_n	$M_n = M_s \cos\theta$
軸向節距	P	$P = \pi M_s = \dfrac{\pi D_p}{N} = \dfrac{\pi D_t}{N+2}$
法面節距	P_n	$P_n = P\cos\theta$
齒數	N	$N = \dfrac{D_p}{M_s} = \dfrac{D_t}{M_s} - 2 = \dfrac{\pi D_p}{P}$
齒冠	a	$a = M_s = 0.3183P$
齒根	b	$b = a + c = 1.157M_s = 0.3683P$
間隙	c	$c = \dfrac{P}{20} = 0.157M_s$
節線上之齒厚	T	$T = \dfrac{P}{2} = \dfrac{\pi M_s}{2}$
法截面之齒厚	T_n	$T_n = T\cos\theta$
有效齒高	h_w	$h_w = 2a = 2M_s = 0.6366P$
總齒深	h_t	$h_t = a + b = 0.6866P$
蝸輪節圓直徑	D_p	$D_p = M_sN = \dfrac{PN}{\pi} = 0.3183NP$
蝸輪喉徑	D_t	$D_t = D_p + 2a = (N+2)M_s$
蝸輪面角	α	$\alpha = 60° \sim 80°$
蝸輪最大徑	D_o	$D_o = 2C - 2R_t\cos\left(\dfrac{\alpha}{2}\right)$
蝸桿導程	L	$L = P$ (單紋) $L = 2P$ (雙紋) $L = 3P$ (三紋)
蝸桿節圓直徑	d_p	$d_p = \dfrac{L}{\pi\tan\theta}$
蝸桿外徑	d_o	$d_o = d_p + 2a$
中心距離	C	$C = \dfrac{(D_p + d_p)}{2} = \dfrac{(D_p + d_o)}{2}$
蝸桿導程角	θ	$\tan\theta = \dfrac{L}{\pi d_p}$

蝸桿螺旋的定義如圖 7-9-3 所示，展開後之導程三角形，底邊長度為 πD，Pn 與斜邊是垂直的，$Pn = Pcos\theta = \pi Mscos\theta = \pi Mn$，本題目已知蝸桿節圓直徑 D = 30，法面模數 Mn = 3，利用 AutoCAD 作圖法求出軸向節距 P 與導程角 θ。(P7-9-1.dwg)

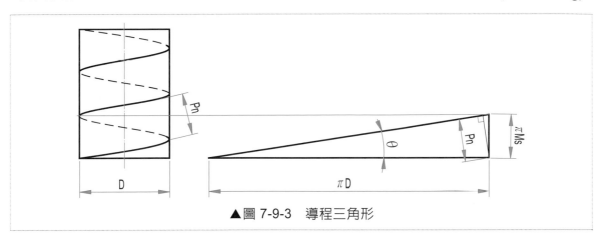

▲圖 7-9-3　導程三角形

繪製 30π 直線，右邊端點為圓心繪製半徑為 3π 之圓。	
從 P1 點繪製直線相切於右邊圓於 P2 點。	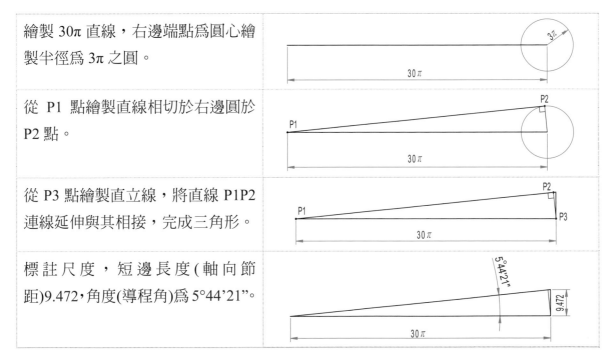
從 P3 點繪製直立線，將直線 P1P2 連線延伸與其相接，完成三角形。	
標註尺度，短邊長度(軸向節距)9.472，角度(導程角)為 5°44'21"。	

7-9-1　參數式的應用

以上一蝸桿蝸輪導程三角形為例，利用參數式之幾何限制繪製有關連性之圖形，當改變相關尺度後其幾何關係還是存在的。(P7-9-2.dwg)

繪製如右圖之任一三角形 abc。	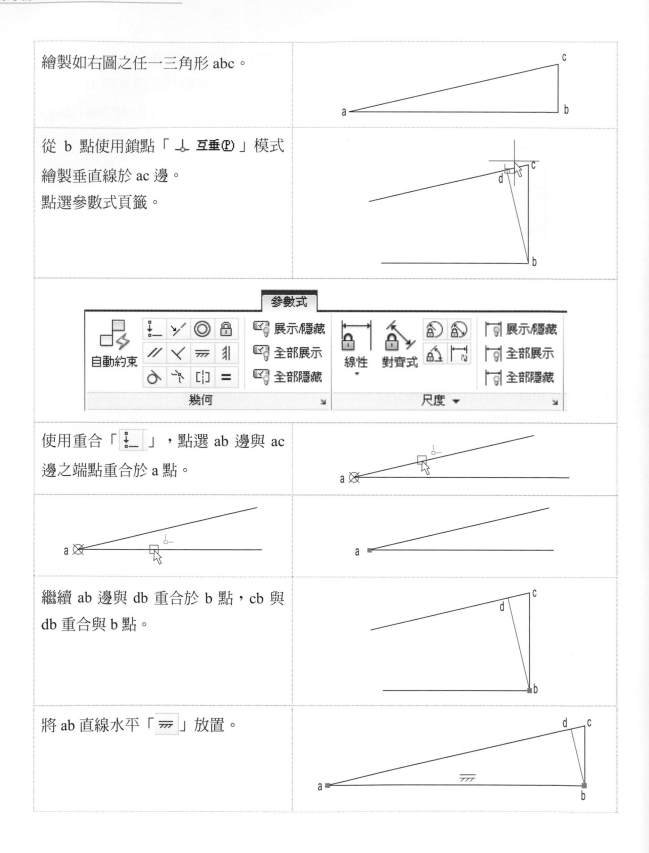
從 b 點使用鎖點「⊥ 互垂(P)」模式繪製垂直線於 ac 邊。 點選參數式頁籤。	
使用重合「⌞」，點選 ab 邊與 ac 邊之端點重合於 a 點。	
繼續 ab 邊與 db 重合於 b 點，cb 與 db 重合與 b 點。	
將 ab 直線水平「⚏」放置。	

做 cb 與 ab 之互垂「✓」。

做 bd 與 ac 邊之互垂「✓」與重合「↓」。

使用「🔒 線性 」標註底邊 ab 長度距離 1 輸入「pi＊30」，「🔒 對齊式 」標註紅線距離 2 輸入「pi＊3」，如下圖所示。

標註導程角 5°44'21"與軸向節距 9.742。

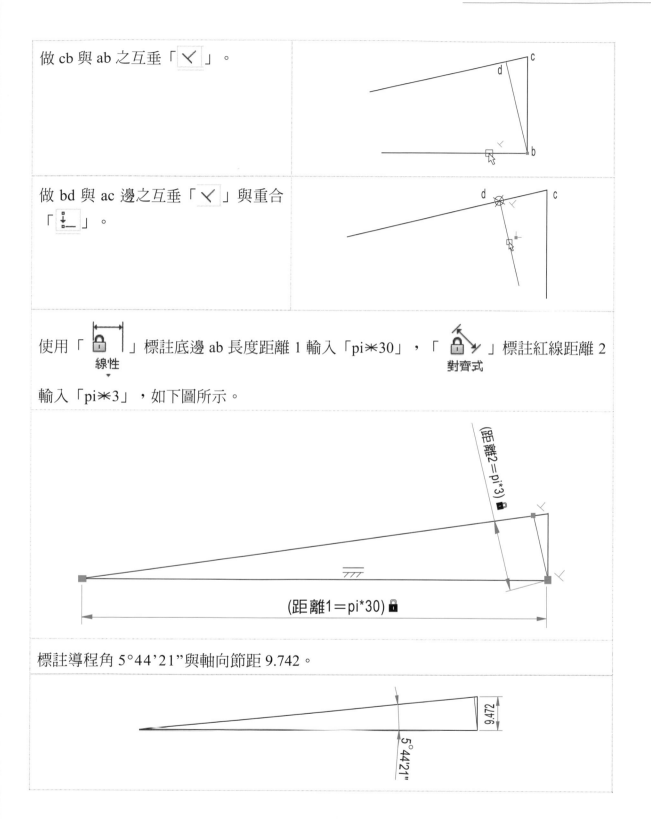

　　圖解法求得軸向節距與導程角後，繪製完成如圖 7-9-4 與圖 7-9-5 所示的蝸桿與蝸輪。

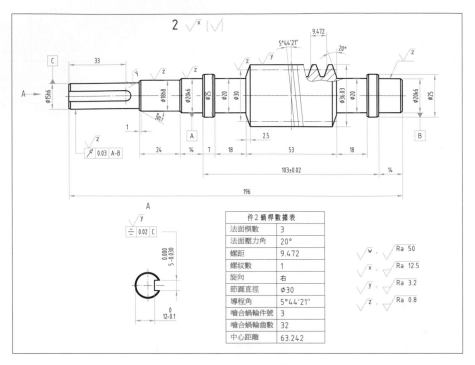

件2 蝸桿數據表	
法面模數	3
法面壓力角	20°
螺距	9.472
螺紋數	1
旋向	右
節圓直徑	φ30
導程角	5°44′21″
嚙合蝸輪件號	3
嚙合蝸輪齒數	32
中心距離	63.242

▲圖 7-9-4　蝸桿

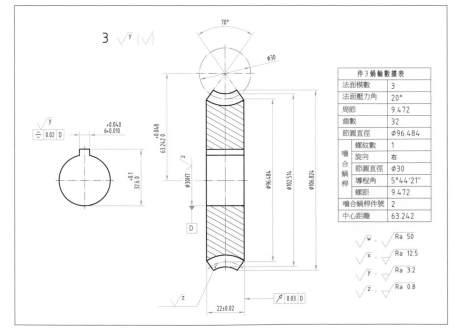

件3 蝸輪數據表		
法面模數		3
法面壓力角		20°
周節		9.472
齒數		32
節圓直徑		φ96.484
嚙合蝸桿	螺紋數	1
	旋向	右
	節圓直徑	φ30
	導程角	5°44′21″
	螺距	9.472
嚙合蝸桿件號		2
中心距離		63.242

▲圖 7-9-5　蝸桿

7-10 組合圖

　　繪製組合圖前，必須注意各零件的組合狀態，並判別零件在組合圖中所需用之視圖，再將零件圖中之視圖尺度標註層關閉，COPY 後再 MOVE 加以組合修正即可。下圖為「支持架」之組合圖，茲將其繪製步驟分述如下：

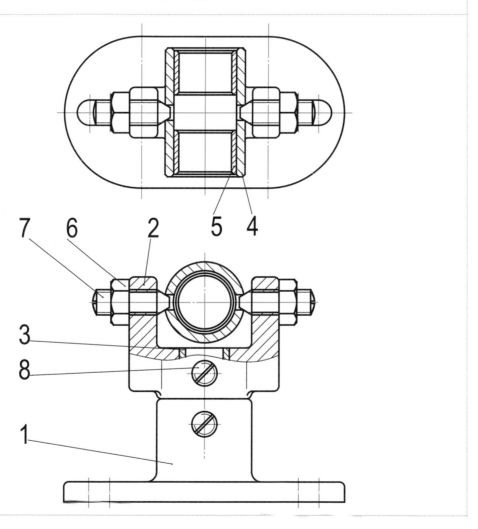

1. 分析其零件及零件所需視圖，繪製視圖。

    (1) 開啟 P7-10-1.dwg 圖檔。

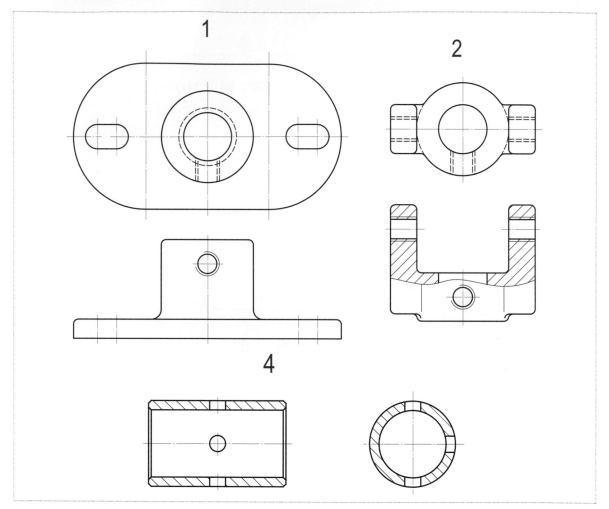

    (2) 選取所需視圖。

    (3) 繪製未有之視圖：

        組合圖中含有八個零件，而已繪製的零件有 1、2、4 三個零件，因零件 8 在組合圖中只有一個視圖，因此只要在組合圖中直接畫上即可，其餘零件 3、5、6、7 以兩個視圖表示。

    (4) 分析裝配之順序：

        ① 先將零件 1 修改與組合圖同(前視圖不剖)。

        ② 再將零件 2 之前視圖修改與組合圖之局部剖視，但剖面線可在完全組合後再繪製。

③ 將零件 2 以 MOVE 指令與零件 1 組合，注意 MOVE 時基準點(Base point)前視圖為 a_1，俯視圖為 b_1，移至點 a_2 與點 b_2。零件 2 組合時因視圖中線條產生重疊，如圖中 A 圓與 B 圓重疊在組合中 C 圓，會有實線與虛線重疊，在螢幕上實線會蓋住虛線，實際上，虛線仍存在，編修時需特別注意，因此在組合時須特別注意。

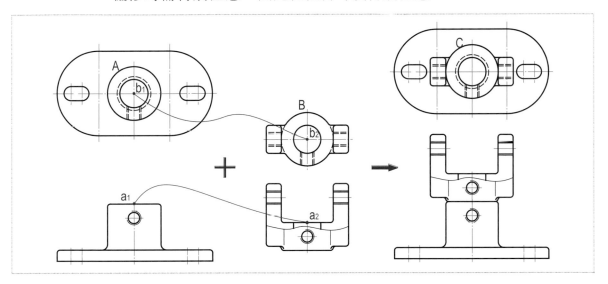

④ 將零件 4 與零件 5 組合，先將零件 5 複製(COPY)一個俯視圖，再以 MOVE 指令組合，注意基準點(Base point)。

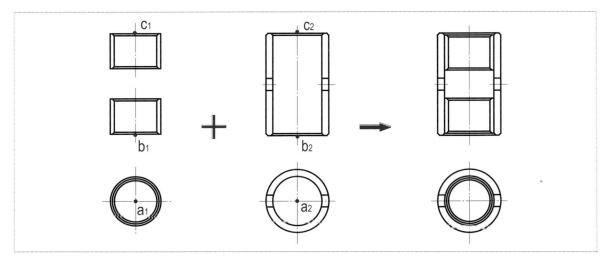

⑤　將 4、5 組合件以 MOVE 指令與 1、2 之組合件組合之，注意 MOVE4、5 組合件時，其基準點(Base point)前視圖 a_1 點、俯視圖 b_1 點，點 a_1 移至點 a_2，點 b_1 移至點 b_2。

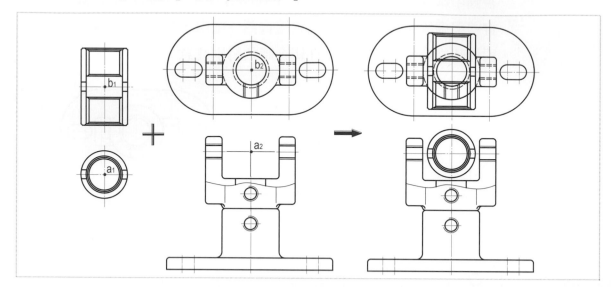

⑥　將固定螺釘以 MOVE 指令與零件 2 組合，將基準點 a_1 移至 a_2。F 處放大如圖(b)所示。在零件 4 圓孔 d_1 點向右延伸一直線相交零件 7 於 d_2 點。將零件 7 之 d_2 點移動(MOVE)到 d_1 點。同步驟將俯視圖完成。

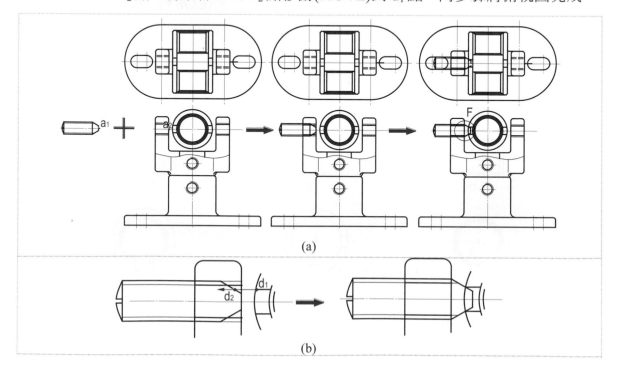

(a)

(b)

⑦ 將螺帽之 a_1 點移至 a_2 點組合，組合後線條之修剪須非常注意，同步驟將俯視圖之 b_1 點移至 b_2 點組合。

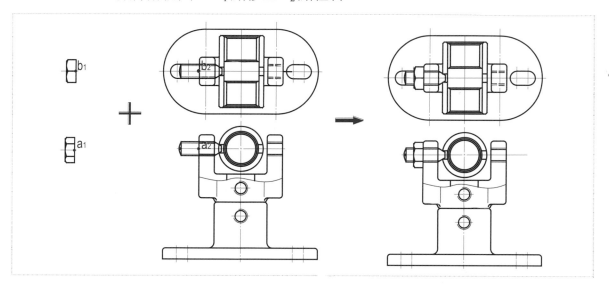

⑧ 將零件 6 與零件 7 之組合 MIRROR 至右側，並修剪多餘線條。

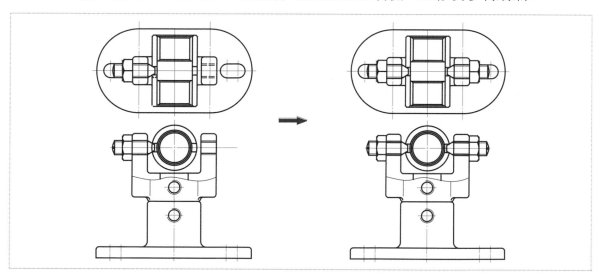

⑨ 　繪製零件 3 及零件 8，依圖示大小與位置。

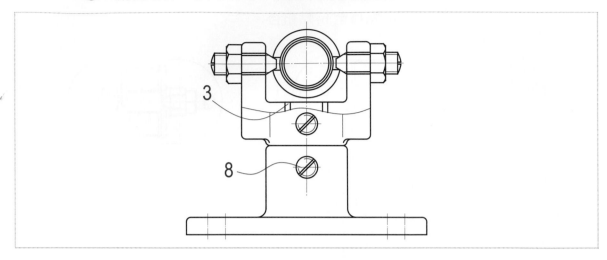

⑩ 　繪製剖面線，注意剖面線方向及間隔。

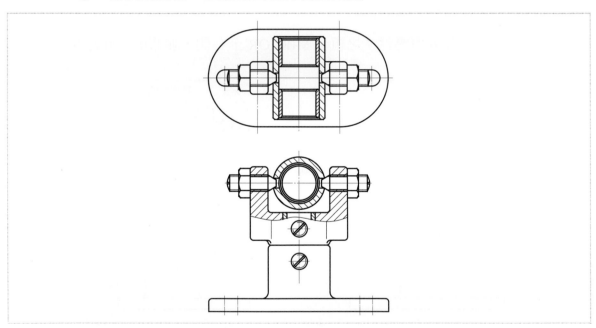

⑪ 依圖示標註件號,件號線用細實線,由零件內引出,在零件內之一端加一小黑點,另端對準件號數字之中心,件號線盡量避免垂直或水平,繪製之步驟如圖示。

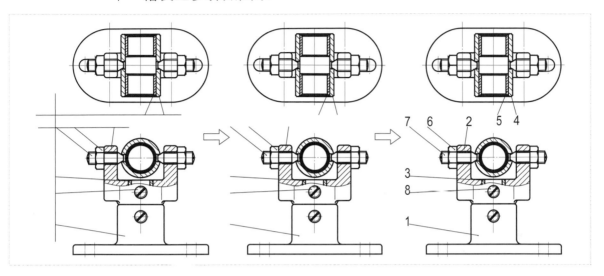

立即練習

可自行依據尺度繪製零件,或是開啟 E7-9-1 圖檔,繪製組合圖。(E7-9-1.dwg)

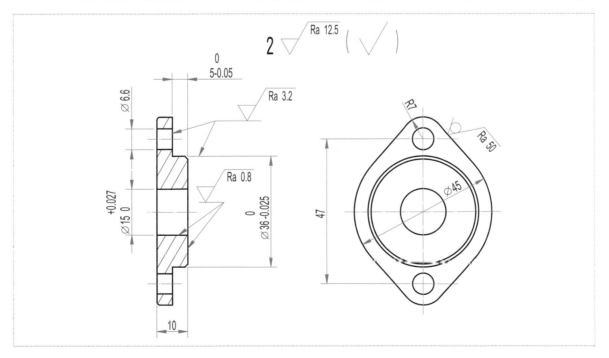

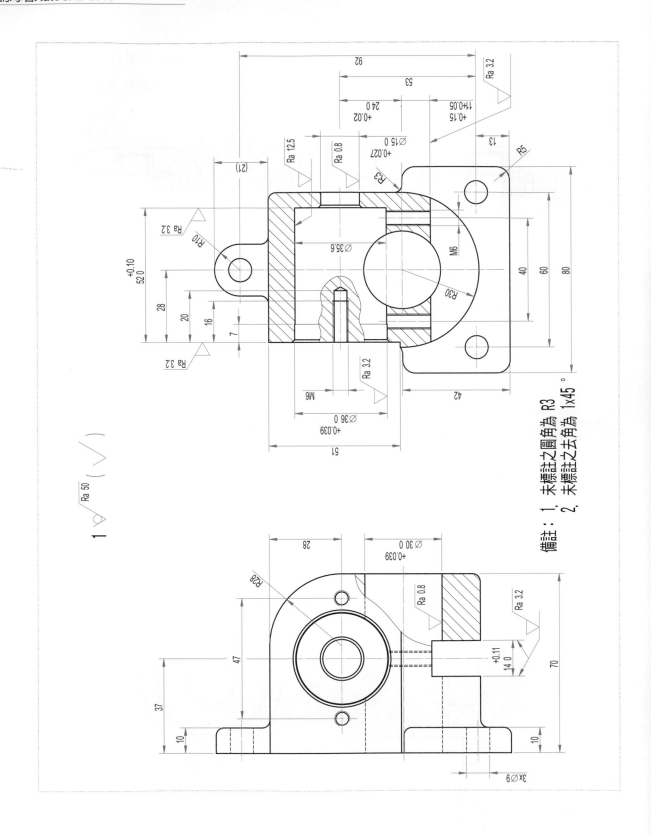

備註：1. 未標註之圓角為 R3
2. 未標註之去角為 1x45°

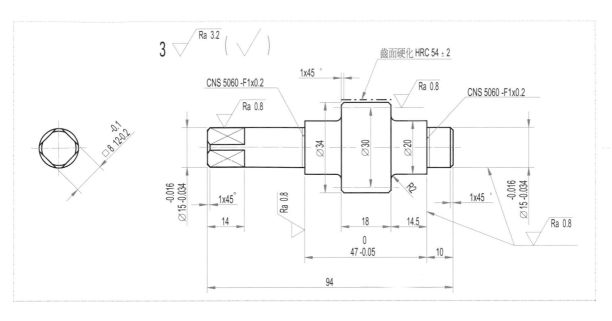

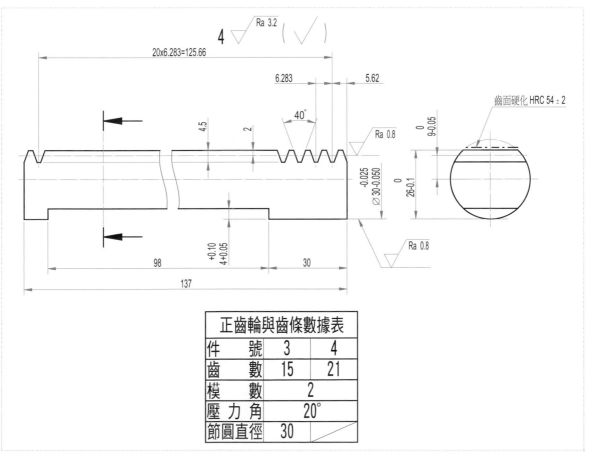

正齒輪與齒條數據表		
件　　　號	3	4
齒　　　數	15	21
模　　　數	2	
壓　力　角	20°	
節圓直徑	30	

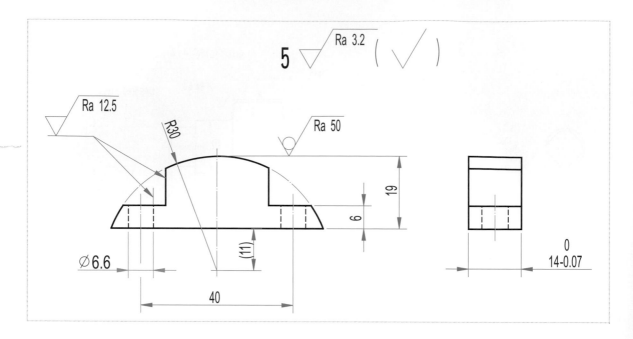

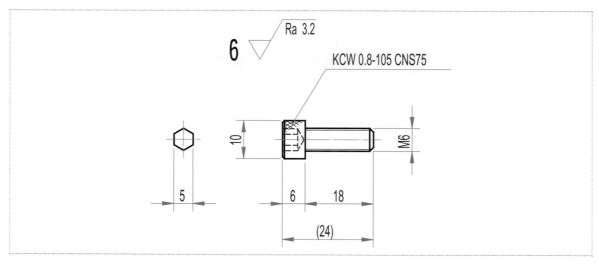

提示：

1. 本例以組合圖右側視圖之組合圖繪製為例，首先將各視圖相關位置放置適當位
   置。

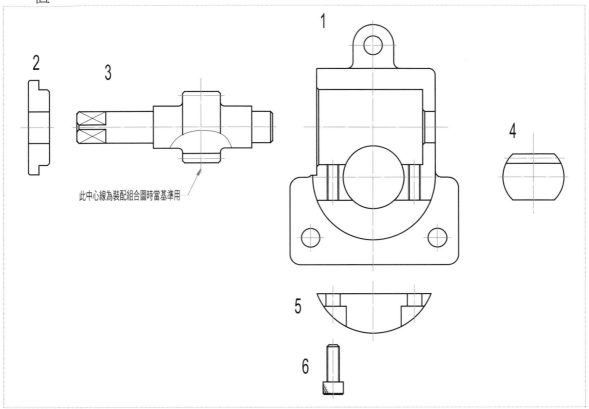

2. 螺紋之組合圖容易將線條粗細線弄錯，其正確步驟如下。

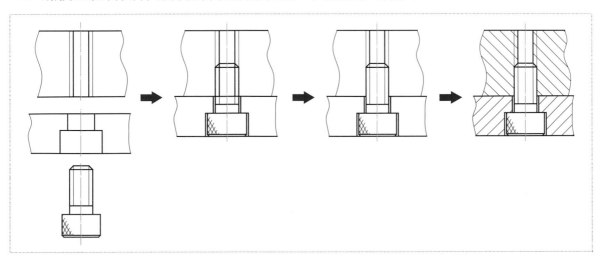

3. 組合後之參考解答如下。

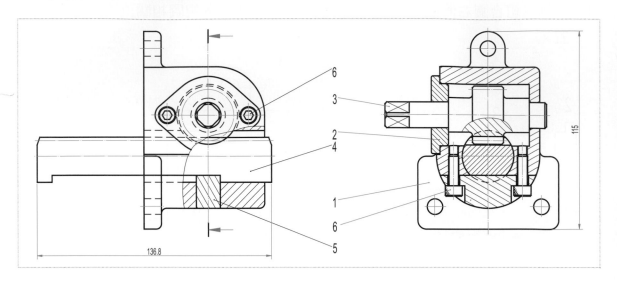

綜合練習 第二部

一、基本題型

1. 請參考立體圖以 1：1 繪製前視圖為全剖視圖，將左側視圖改畫為右側視圖，需
   標註尺度。(C7-2b-1.dwg)

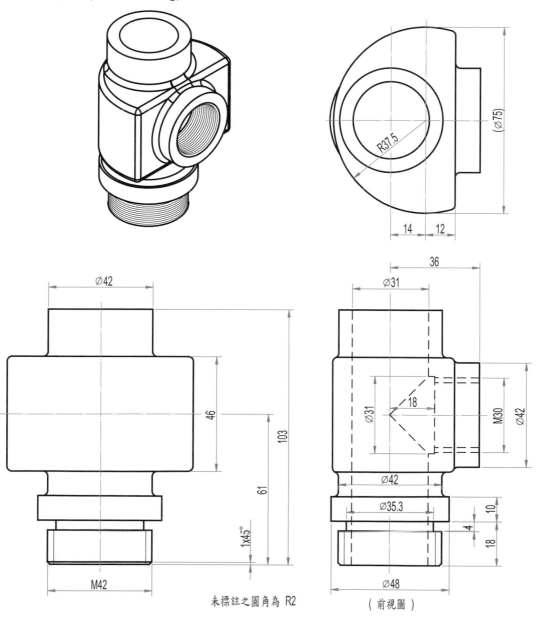

未標註之圓角為 R2

（前視圖）

2. 請參考立體圖以 1：1 比例繪製，仰視圖以局部剖面表示，補繪完整右側視圖，
   需標註尺度。(C7-2b-2.dwg)

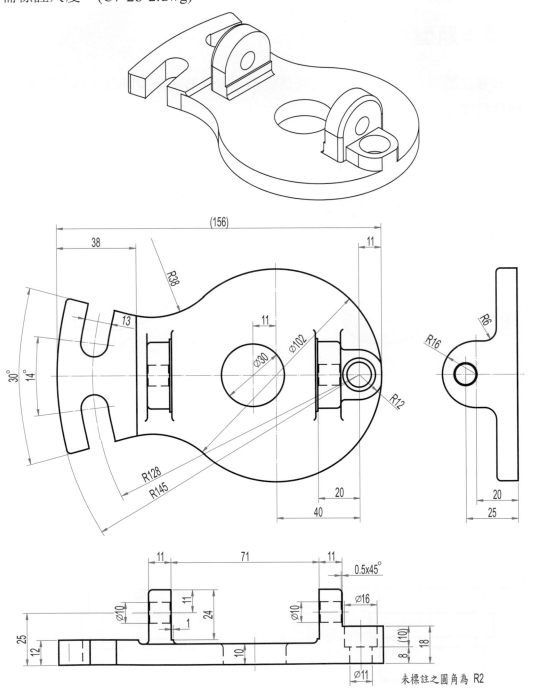

未標註之圓角為 R2

3. 請參考立體圖以 1：1 比例繪製，補畫左側視圖剖面線，補繪完整俯視圖，需標
   註尺度。(C7-2b-3.dwg)

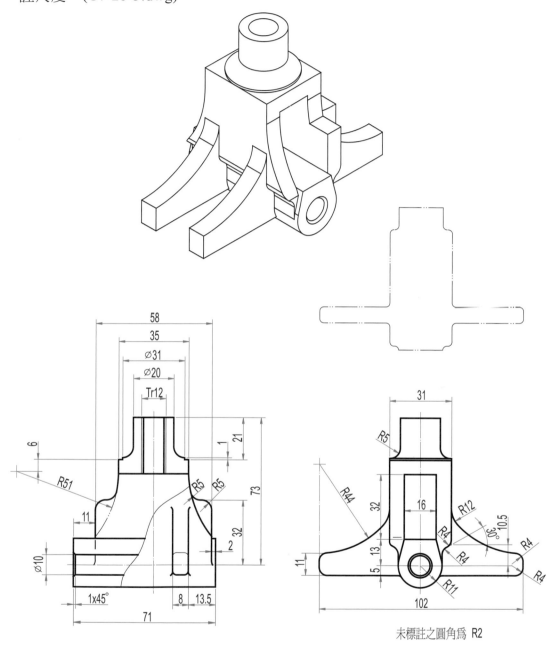

未標註之圓角為 R2

4. 請依尺度 1：1 抄繪視圖，並加畫前視圖剖面線，查表 H7 公差值填於表格內，並練習表面織構符號之標註。(C7-2b-4.dwg)

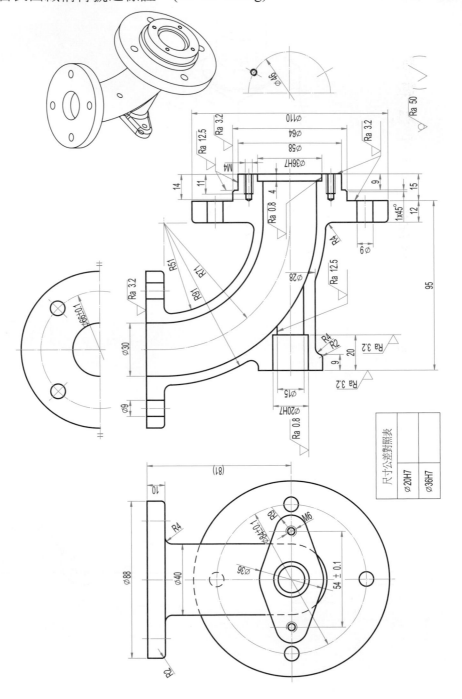

尺寸公差對照表		
∅20H7	∅36H7	

5. 請依尺度 1：1 抄繪視圖，並補畫剖面線，查表各公差等級之公差值填入空格中。
   (C7-2b-5.dwg)

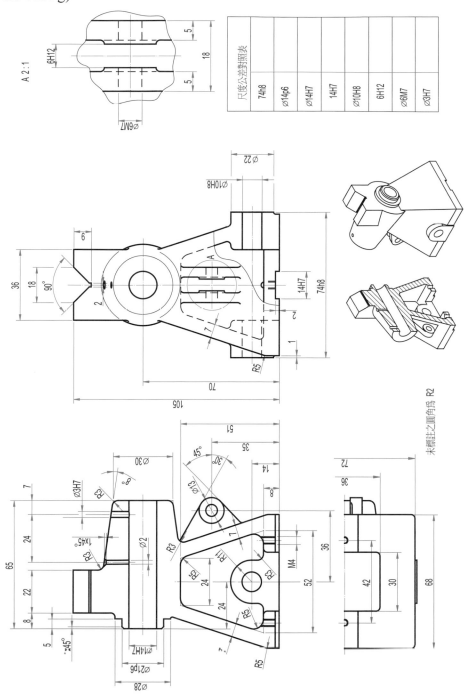

尺度公差對照表	74h8	Ø14p6	Ø14H7	14H7	Ø10H8	6H12	Ø6M7	Ø3H7

6. 請參考組合圖鍵、軸承規格查表繪製傳動軸工作圖，標註尺度公差，並填入合理的表面織構數值，說明幾何公差所代表的意義。(C7-2b-6.dwg)

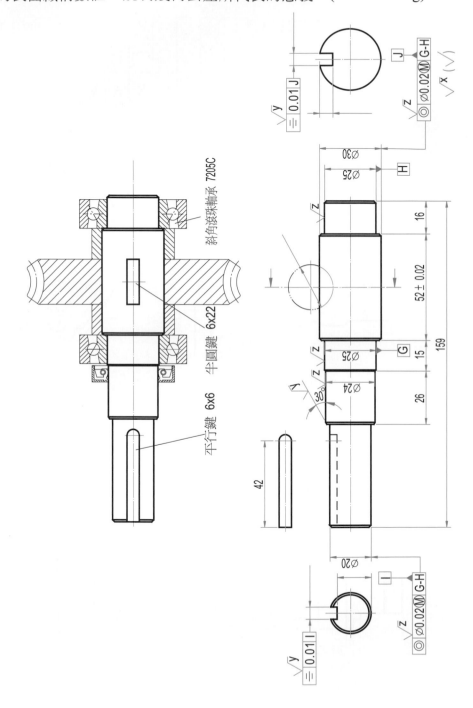

二、進階題型

1. 開啓檔案。(C7-3b-1.dwg)或直接繪製零件後，參考組合圖各零件位置，加畫剖面線。

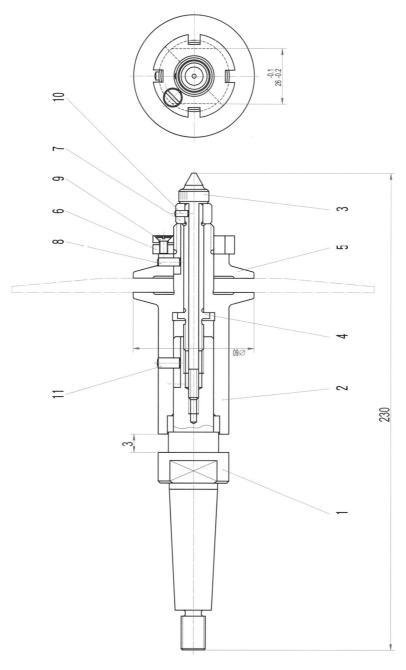

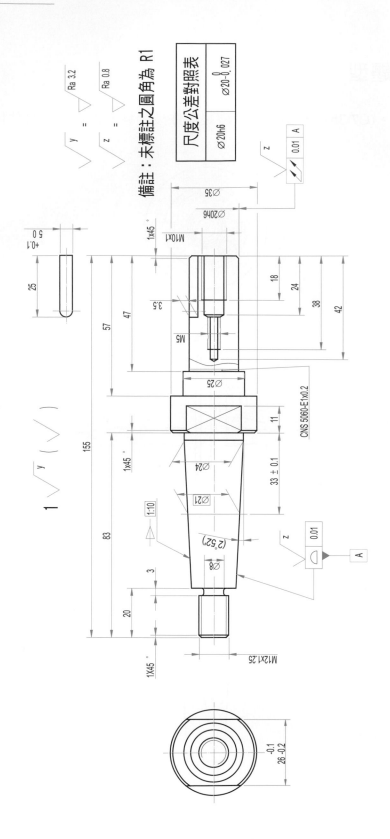

尺度公差對照表

⌀20h6	⌀20-0.027/0

備註：未標註之圓角為 R1

y = Ra 3.2

z = Ra 0.8

$1 \sqrt{y} (\sqrt{})$

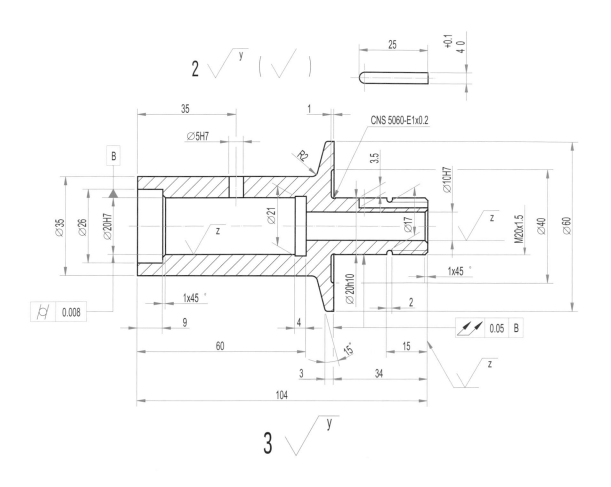

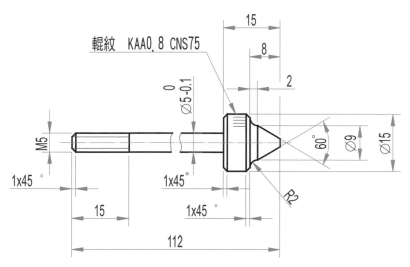

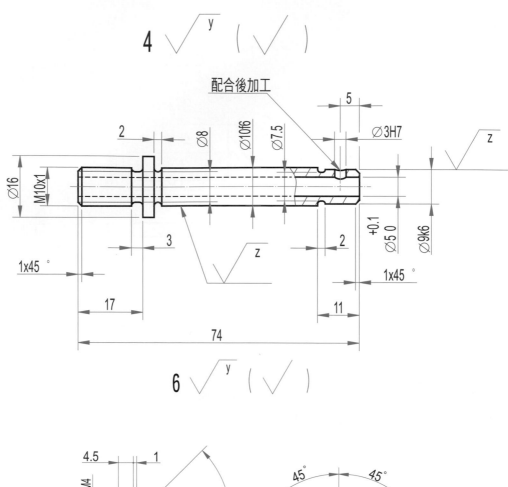

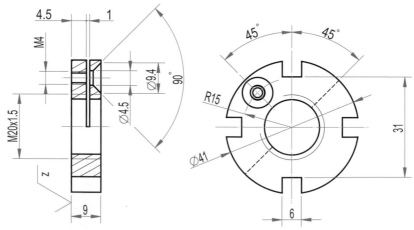

5

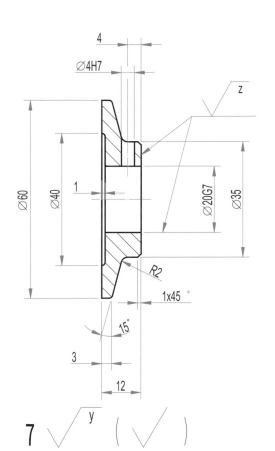

尺度公差對照表	
Ø20H7	$\varnothing 20^{+0.021}_{0}$
Ø10H7	$\varnothing 10^{+0.015}_{0}$
Ø5H7	$\varnothing 5^{+0.012}_{0}$
Ø20h10	$\varnothing 20^{0}_{-0.084}$
Ø4H7	$\varnothing 4^{+0.012}_{0}$
Ø20G7	$\varnothing 20^{+0.028}_{+0.007}$

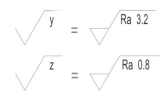

7

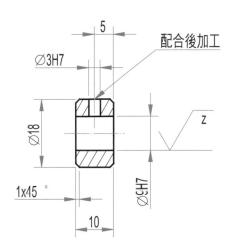

尺度公差對照表	
Ø10f6	$\varnothing 10^{-0.013}_{-0.022}$
Ø9k6	$\varnothing 9^{+0.010}_{+0.001}$
Ø9H7	$\varnothing 9^{+0.015}_{0}$
Ø3H7	$\varnothing 3^{+0.012}_{0}$

8

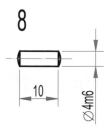

9

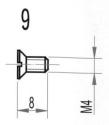

10

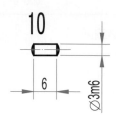

11

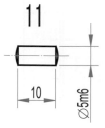

3D 實體繪製

8-1 3D 實體圖繪製指令

在「狀態列」之「工作區切換 ⚙ ▼」可以選取 3D 基礎，開啟新的操作介面。

「常用」頁籤之「建立」面板，如左圖所示。「方塊」指令包括最基本之實體單元圓柱、圓錐、圓球、角錐、楔形塊、圓環與聚合實體等。點選「建立」面板還有其他相關實體與曲面之指令，將擇要介紹。

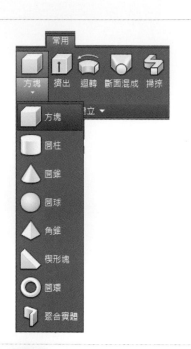

方塊

指令：_box
指定第一個角點或 [中心點(C)]：點任一點
指定其他角點或 [立方塊(C)/長度(L)]： L
指定長度 <20.0000>： 20
指定寬度 <20.0000>： 30
指定高度或 [兩點(2P)] <40.0000>： 40

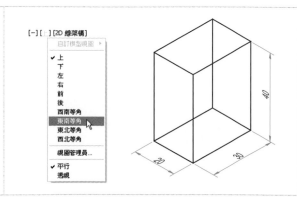

指令：_box

指定第一個角點或 [中心點 I]：點任一點

指定其他角點或 [立方塊 I/長度(L)]：@20,30

指定高度或 [兩點(2P)] <40.0000>：40

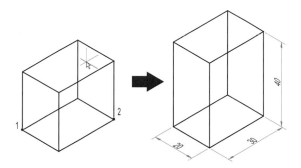

 圓柱

指令：_cylinder

指定底部的中心點或 [三點(3P)/兩點(2P)/相切、相切、半徑(T)/橢圓(E)]：點任一點為中心點

指定底部半徑或 [直徑(D)]：20 輸入半徑

指定高度或 [兩點(2P)/軸端點(A)] <27.7610>：30 輸入高度

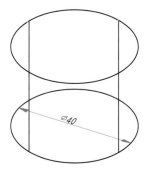

 圓錐

指令：_cone

指定底部的中心點或 [三點(3P)/兩點(2P)/相切、相切、半徑(T)/橢圓(E)]：點任一點為中心點

指定底部半徑或 [直徑(D)]<20.0000>：20 輸入半徑

指定高度或 [兩點(2P)/軸端點(A)/頂部半徑(T)] <29.5709>：30 輸入高度

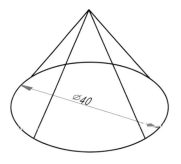

圓球

指令：_sphere

指定中心點或 [三點(3P)/兩點(2P)/相切、相切、半徑(T)]： 點任一點為中心點

指定半徑或 [直徑(D)] <20.0000>： 20 輸入半徑

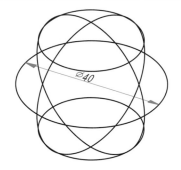

 角錐

指令：_pyramid

4 條邊外切

指定底部的中心點或 [邊(E)/邊(S)]： 點任一點為中心點

指定底部半徑或 [內接(I)] <20.0000>： 20 輸入半徑

指定高度或 [兩點(2P)/軸端點(A)/頂部半徑(T)] <30.0000>： 30 輸入高度

指令：_pyramid

4 條邊外切

指定底部的中心點或 [邊(E)/邊(S)]： E

指定邊的第一個端點： 點任一點

指定邊的第二個端點： @0,20

指定高度或 [兩點(2P)/軸端點(A)/頂部半徑(T)] <30.0000>： 40

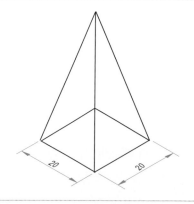

楔形塊

指令：_wedge

指定第一個角點或 [中心點(C)]：　點選點 1

指定其他角點或 [立方塊(C)/長度(L)]：　@30,10

指定高度或 [兩點(2P)] <40.0000>：40　輸入高度

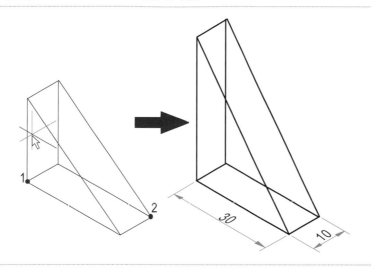

 圓環

指令：_torus

指定中心點或 [三點(3P)/兩點(2P)/相切、相切、

半徑(T)]：　點任一點爲中心點

指定半徑或[直徑(D)] <14.1421>：20 輸入圓環

半徑

指定細管半徑或 [兩點(2P)/直徑(D)]：5　輸入

細管半徑

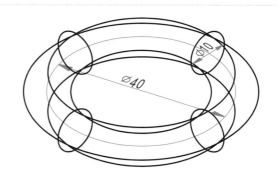

 聚合實體

指令：_Polysolid 高度= 20.0000，寬度= 5.0000，對正方式=置中

指定起點或 [物件(O)/高度(H)/寬度(W)/對正(J)] <物件>：　　H　輸入高度選項 H

指定高度 <20.0000>：　20　輸入高度

高度 = 20.0000，寬度 = 5.0000，對正方式 = 置中

指定起點或 [物件(O)/高度(H)/寬度(W)/對正(J)] <物件>： W 輸入寬度選項 W

指定寬度 <5.0000>： 2 輸入寬度

高度= 20.0000，寬度= 2.0000，對正方式=置中

指定起點或 [物件(O)/高度(H)/寬度(W)/對正(J)] <物件>： 點選起點

指定下一個點或 [弧(A)/退回(U)]： 以滑鼠點選下一點或輸入座標(@X,Y)

指定下一個點或 [弧(A)/退回(U)]：

指定下一個點或 [弧(A)/封閉(C)/退回(U)]：

指定下一個點或 [弧(A)/封閉(C)/退回(U)]：

指定下一個點或 [弧(A)/封閉(C)/退回(U)]： Enter

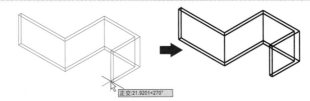

 聚合線擠出(P8-1-1.dwg)

指令： _extrude

目前的線架構密度：ISOLINES = 4，封閉輪廓的建立模式 = 實體

選取要擠出的物件或 [模式(MO)]：_MO 封閉輪廓建立模式 [實體(SO)/曲面(SU)] <實體>： _SO

選取要擠出的物件或 [模式(MO)]： 指定對角點： 找到 1 個 點選物件

選取要擠出的物件或 [模式(MO)]： Enter

指定擠出高度或 [方向(D)/路徑(P)/推拔角度(T)/表示式(E)]<40.0000>： 20 輸入高度

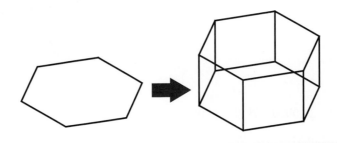

指令：_extrude

目前的線架構密度：ISOLINES＝4，封閉輪廓的建立模式 ＝ 實體

選取要擠出的物件或 [模式(MO)]：_MO 封閉輪廓建立模式 [實體(SO)/曲面(SU)] <實體>： _SO

選取要擠出的物件或 [模式(MO)]： 找到 1 個　點選物件

選取要擠出的物件或 [模式(MO)]： Enter

指定擠出高度或 [方向(D)/路徑(P)/推拔角度(T)/表示式(E)]<20.0000>： T　輸入選項 T

指定擠出的推拔角度或 [表示式(E)] <0>： 15　輸入角度 15

指定擠出高度或 [方向(D)/路徑(P)/推拔角度(T)/表示式(E)]<20.0000>： 25　輸入高度 25

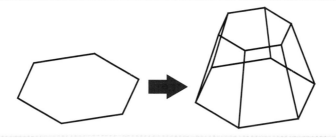

　一般圖形擠出(P8-1-2.dwg)

指令：_extrude

目前的線架構密度： ISOLINES＝4，封閉輪廓的建立模式 ＝ 實體

選取要擠出的物件或 [模式(MO)]：_MO 封閉輪廓建立模式 [實體(SO)/曲面(SU)] <實體>： _SO

選取要擠出的物件或 [模式(MO)]： 指定對角點：找到 8 個　寬選物件

選取要擠出的物件或 [模式(MO)]： Enter

指定擠出高度或 [方向(D)/路徑(P)/推拔角度(T)/表示式(E)] <10.0000>：6　輸入高度

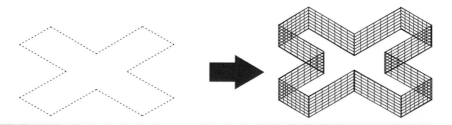

點選常用頁籤修改面板之接合「 ＊＊ 」，點選獨立線段，也可接合成聚合線。

另法：回到「 ⚙製圖與註解 」工作區，選取常用頁籤修改面板「編輯聚合線 ✐ 」編輯成聚合線後，回到「 ⚙3D 基礎 」工作區。

指令：_pedit 選取聚合線或 [多重(M)]：

選取的物件不是一條聚合線

您要將它轉成一條聚合線嗎? <Y> Enter

輸入選項 [封閉(C)/接合(J)/寬度(W)/編輯頂點(E)/擬合(F)/雲形線(S)/直線化(D)/線型生成(L)/反轉(R)/退回(U)]： J 輸入選項 J

選取物件：指定對角點： 找到 8 個

選取物件： Enter

已將 11 條線段加入聚合線

指令：_extrude

目前的線架構密度： ISOLINES＝4，封閉輪廓的建立模式 ＝ 實體

選取要擠出的物件或 [模式(MO)]：_MO 封閉輪廓建立模式 [實體(SO)/曲面(SU)] <實體>：_SO

選取要擠出的物件或 [模式(MO)]： 找到 1 個 點選物件

選取要擠出的物件或 [模式(MO)]： Enter

指定擠出高度或 [方向(D)/路徑(P)/推拔角度(T)/表示式(E)] <6.0000>： 8 輸入高度

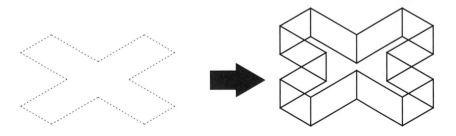

 單線建構之封閉區域，可以使用「按拉」指令，直接下按或上拉。(P8-1-3.dwg)

指令：_presspull

在有邊界區域內按一下以進行按或拉： 以滑鼠點選有邊之封閉區域

已萃取 1 個迴路。

已建立 1 個面域。

15 滑鼠向上移動輸入 15，為按拉之高度

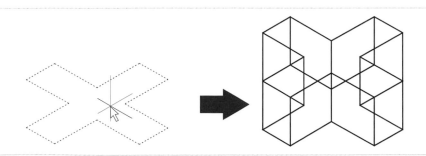

　一般單線建構之封閉區域也可以使用「按拉」指令，建立實體。(P8-1-4.dwg)

指令：

PRESSPULL

在有邊界區域內按一下以進行按或拉：

已萃取 1 個迴路。

已建立 1 個面域。

選取要從中減去的實體、曲面或面域…

正在減除內部面域...

12　滑鼠向上移動輸入 12，為按拉之高度

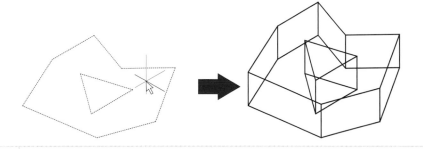

　(P8-1-5.dwg)

繪製草圖以視埠左
上角視埠控制「上」
繪製後，再轉換為
「東南等角」。

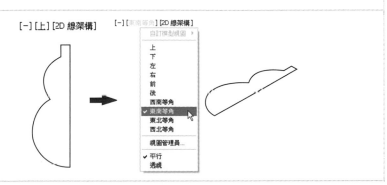

指令：_revolve

目前的線架構密度： ISOLINES＝4，封閉輪廓的建立模式 ＝ 實體

選取要迴轉的物件或 [模式(MO)]：_MO 封閉輪廓建立模式[實體(SO)/曲面(SU)]<實體>：SO

選取要迴轉的物件或 [模式(MO)]：指定對角點： 找到 5 個　框選物件

選取要迴轉的物件或 [模式(MO)]： Enter

指定軸起點或依據 [物件(O)/X/Y/Z] <物件> 來定義軸： 點選長直線之端點

指定軸端點： 點選長直線之另一端點

指定迴轉角度或 [起始角度(ST)/反轉(R)/表示式(EX)] <360>： Enter

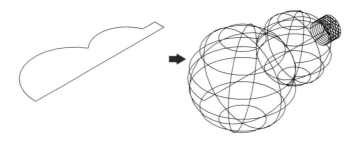

指令：_revolve

目前的線架構密度：ISOLINES＝4，封閉輪廓的建立模式 ＝ 實體

選取要迴轉的物件或 [模式(MO)]：_MO 封閉輪廓建立模式 [實體(SO)/曲面(SU)] <實體>： _SO

選取要迴轉的物件或 [模式(MO)]：指定對角點： 找到 5 個框選物件

選取要迴轉的物件或 [模式(MO)]： Enter

指定軸起點或依據 [物件(O)/X/Y/Z] <物件> 來定義軸： 點選點 1

指定軸端點： 點選點 2

指定迴轉角度或 [起始角度(ST)/反轉(R)/表示式(EX)] <360>： R　輸入選項 R

指定迴轉角度或 [起始角度(ST)/反轉(R)/表示式(EX)] <360>： 180　輸入角度 180

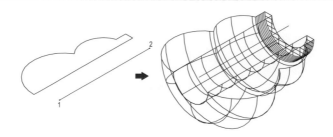

各種迴轉指令可完成圖例如下：

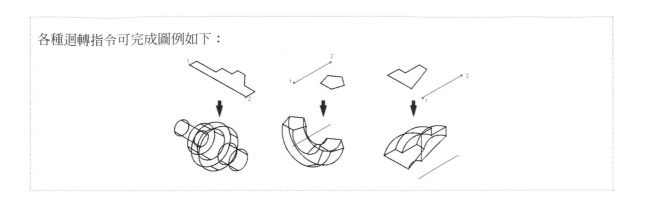

立即練習 (E8-1-1.dwg)

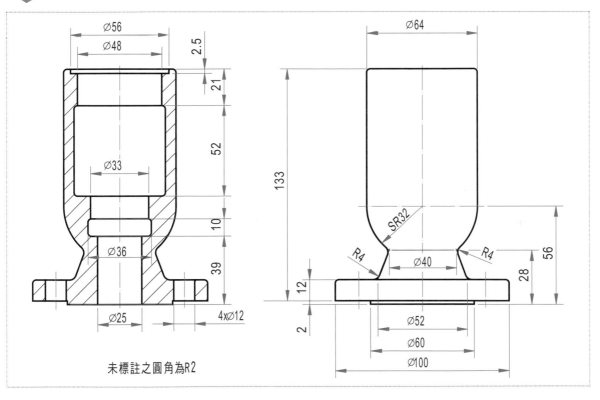

未標註之圓角為R2

斷面輪廓可以是開放曲線，也可以是封閉曲線。開放曲線會建立曲面，封閉曲線會建立實體或曲面。本圖例以 UCS 改變座標方式繪製不同高度草圖。依下圖尺度繪製六花瓣圖形，並編輯成聚合線。(P8-1-6.dwg)

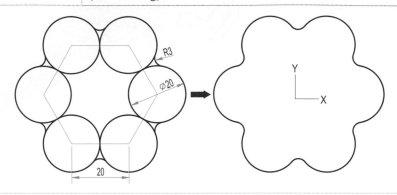

指令：UCS

目前的 UCS 名稱： ＊上＊

指定 UCS 的原點或 [面(F)/具名(NA)/物件(OB)/前一個(P)/視圖(V)/世界(W)/X/Y/Z/Z 軸(ZA)] <世界>： N　輸入新的 UCS 選項 N

指定新 UCS 原點或 [Z 軸(ZA)/三點(3)/物件(OB)/面(F)/視圖(V)/X/Y/Z] <0,0,0>： 0,0,50

輸入新的 UCS 原點座標往 Z 軸上升為 0,0,50

指令：Enter

指令： _loft

目前的線架構密度： ISOLINES＝4，封閉輪廓的建立模式 ＝ 實體

以斷面混成順序選取斷面或 [點(PO)/接合多條邊(J)/模式(MO)]： _MO 封閉輪廓建立模式

[實體(SO)/曲面(SU)] <實體>： _SO

以斷面混成順序選取斷面或 [點(PO)/接合多條邊(J)/模式(MO)]：找到 1 個 點選上斷面之圓

以斷面混成順序選取斷面或 [點(PO)/接合多條邊(J)/模式(MO)]：

已選取 2 個斷面 點選下斷面之圖形

輸入選項 [導引(G)/路徑(P)/僅限斷面(C)/設定(S)] <僅限斷面>： Enter

不同的視覺型式表現方式如下，讀者可自行參考其他型。

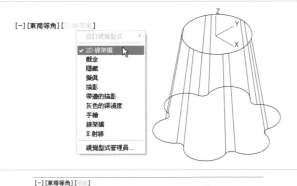

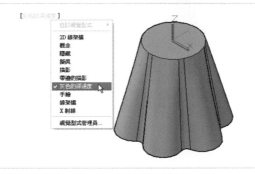

掃掠是透過沿路徑掃掠輪廓來建立 3D 實體或曲面。不論是路徑或物件畫在同一工作平面(如 XY 平面)即可掃掠。並以路徑為主產生實體或曲面。(P8-1-7.dwg)

指令：_sweep

目前的線架構密度：ISOLINES = 4，封閉輪廓的建立模式=實體

選取要掃掠的物件或 [模式(MO)]：_MO 封閉輪廓建立模式

[實體(SO)/曲面(SU)] <實體>：_SO

選取要掃掠的物件或 [模式(MO)]：找到 1 個 選取矩形框

選取要掃掠的物件或 [模式(MO)]： Enter

選取掃掠路徑或 [對齊方式(A)/基準點(B)/比例(S)/扭轉(T)]： 點選路徑曲線

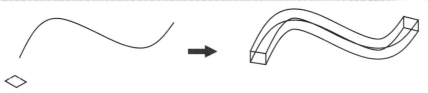

指令：_sweep

目前的線架構密度： ISOLINES = 4，封閉輪廓的建立模式 = 實體

選取要掃掠的物件或 [模式(MO)]：_MO 封閉輪廓建立模式

[實體(SO)/曲面(SU)] <實體>： _SO

選取要掃掠的物件或 [模式(MO)]：找到 1 個　選取矩形框

選取要掃掠的物件或 [模式(MO)]： Enter

選取掃掠路徑或 [對齊方式(A)/基準點(B)/比例(S)/扭轉(T)]： S　輸入選項 S

輸入比例係數或 [參考(R)/表示式(E)]<1.0000>： 3　輸入比例值 3，逐漸放大

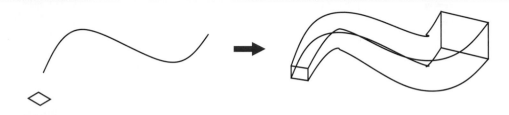

指令：_sweep

目前的線架構密度：ISOLINES = 4，封閉輪廓的建立模式= 體

選取要掃掠的物件或 [模式(MO)]：_MO 封閉輪廓建立模式

[實體(SO)/曲面(SU)] <實體>： _SO

選取要掃掠的物件或 [模式(MO)]：找到 1 個 選取矩形框

選取要掃掠的物件或 [模式(MO)]： Enter

選取掃掠路徑或 [對齊方式(A)/基準點(B)/比例(S)/扭轉(T)]： T　輸入選項 T

輸入扭轉角度或允許排列非平面掃掠路徑 [排列(B)/表示式(EX)]<0.0000>： 360

輸入 360，扭轉一圈

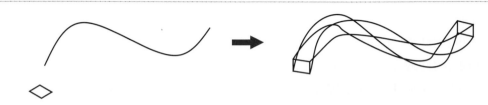

作圖解析　(A8-1-1.dwg)

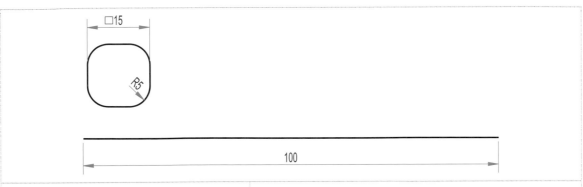

 **3D 基礎** 工作區圖面選擇「東南等

角」，點選「 **掃掠** 」先點選矩形，再點

選直線路徑，靠近矩形塊端。本例比例 S

= 2，路徑點選端為 1 逐漸變大。

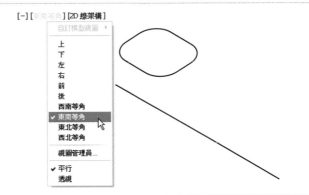

指令：_sweep

目前的線架構密度：ISOLINES = 4，封閉輪廓的建立模式=實體

選取要掃掠的物件或 [模式(MO)]：_MO 封閉輪廓建立模式 [實體(SO)/曲面(SU)] <實體>： _SO

選取要掃掠的物件或 [模式(MO)]：找到 1 個　點選矩形

選取要掃掠的物件或 [模式(MO)]：Enter

選取掃掠路徑或 [對齊方式(A)/基準點(B)/比例(S)/扭轉(T)]：S　輸入選項 S

輸入比例係數或 [參考(R)/表示式(E)]<1.0000>：2　輸入 2

選取掃掠路徑或 [對齊方式(A)/基準點(B)/比例(S)/扭轉(T)]：T　輸入選項 T

輸入扭轉角度或允許排列非平面掃掠路徑 [排列(B)/表示式(EX)] <0.0000>： 180　輸入角度 180

選取掃掠路徑或 [對齊方式(A)/基準點(B)/比例(S)/扭轉(T)]： 點選路徑

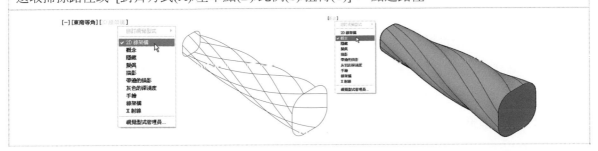

8-2 UCS 座標系統

UCS 是作用中的座標系統，建立 XY 平面 (工作平面) 和用於繪製和塑形的 Z 軸方向。在指定點、輸入座標及使用繪圖輔助 (如「正交模式」和格線) 時控制 UCS 原點和方位，使繪圖作業更便捷。使用一點、兩點或三點定義新 UCS：

1. 如果指定單一點，則目前 UCS 的原點會在不變更 X 軸、Y 軸和 Z 軸方位的情況下移動。
2. 如果指定第二個點，UCS 會旋轉以使 X 軸正方向通過這個點。
3. 如果指定第三個點，UCS 會繞著新的 X 軸旋轉以定義 Y 軸正方向。

也可以指定原點與一個或多個繞 X、Y 或 Z 軸的旋轉，來定義任意 UCS。

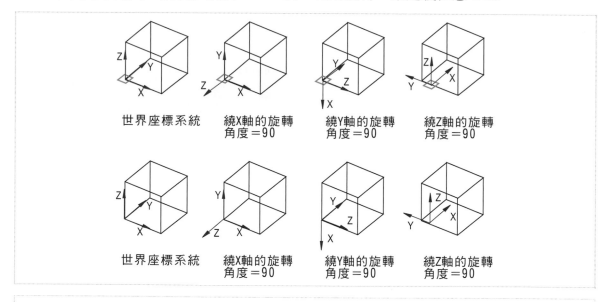

| 世界座標系統 | 繞X軸的旋轉
角度＝90 | 繞Y軸的旋轉
角度＝90 | 繞Z軸的旋轉
角度＝90 |

| 世界座標系統 | 繞X軸的旋轉
角度＝90 | 繞Y軸的旋轉
角度＝90 | 繞Z軸的旋轉
角度＝90 |

1. 以 3 點決定 UCS 座標

指令：UCS

目前的 UCS 名稱： *世界*

輸入選項 [新建(N)/移動(M)/正投影(G)/前次(P)/取回(R)/儲存(S)/刪除(D)/套用(A)/列示(?)/世界(W)]

<世界>：N　輸入新建選項 N

指定新的 UCS 原點或 [Z 軸(ZA)/三點(3)/物件(OB)/面(F)/視景(V)/X/Y/Z] <0,0,0>： 3

指定新原點 <0,0,0>：<打開物件鎖點> 以鎖點模式點取端點 1

指定在 X 軸正向的點 <1.0000,30.0000,0.0000>：以鎖點模式點取端點 2

指定在 UCS XY 平面的 Y 軸正向的點<0.0000,31.0000,0.0000>： 以鎖點模式點取端點 3

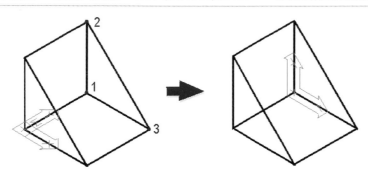

2. 以物件邊緣對齊 UCS 座標

指令：ucs

目前的 UCS 名稱： *無名稱*

輸入選項

[新建(N)/移動(M)/正投影(G)/前次(P)/取回(R)/儲存(S)/刪除(D)/套用(A)/列示(?)/世界(W)] <世界>：

N 輸入新建選項 N

指定新的 UCS 原點或 [Z 軸(ZA)/三點(3)/物件(OB)/面(F)/視景(V)/X/Y/Z] <0,0,0>： OB

選取要對齊 UCS 的物件： 點取點 1 所在邊緣對齊 UCS 之 X 軸

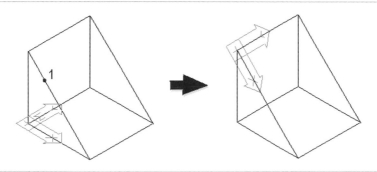

3. 以平面作為 UCS 參考座標

指令：ucs

目前的 UCS 名稱： *無名稱*

輸入選項

[新建(N)/移動(M)/正投影(G)/前次(P)/取回(R)/儲存(S)/刪除(D)/套用(A)/列示(?)/世界(W)] <世界>：
N　輸入新建選項 N

指定新的 UCS 原點或 [Z 軸(ZA)/三點(3)/物件(OB)/面(F)/視景(V)/X/Y/Z] <0,0,0>：　F

選取實體物件的面：靠近點 1 選取實體平面

輸入選項 [下一個(N)/X 翻轉(X)/Y 翻轉(Y)] <接受>：　N　以選項 N、X、Y 決定位置

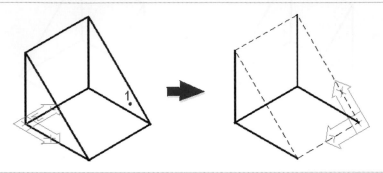

4. 繞 X、Y、Z 軸旋轉 UCS 座標

指令：ucs

目前的 UCS 名稱：　*無名稱*

輸入選項

[新建(N)/移動(M)/正投影(G)/前次(P)/取回(R)/儲存(S)/刪除(D)/套用(A)/列示(?)/世界(W)] <世界>:N
輸入新建選項 N

指定新的 UCS 原點或 [Z 軸(ZA)/三點(3)/物件(OB)/面(F)/視景(V)/X/Y/Z] <0,0,0>：X

指定繞著 Y 軸旋轉的角度 <90>：30　輸入繞 X 軸旋轉之角度 30

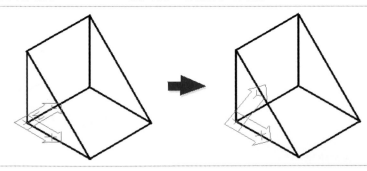

8-3　實體圖編輯指令

基本 3D 幾何形體或由聚合線擠出或迴轉形成實體後，可進行 3D 之實體編輯利用 2D 編輯指令如 MOVE、EXPLODE 等指令外，還有 3D 的聯集、差集及交集、圓角、倒角等指令。

8-3-1　聯集

聯集	指令：UNION 選取物件：1 找到點取矩形體 選取物件：1 找到，共 2 點取圓柱體

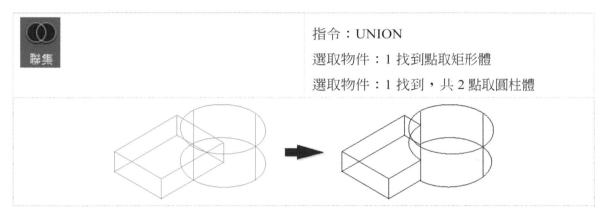

8-3-2　差集

差集	指令：SUBTRACT 選取要從它減去的實體或面域... 選取物件：1 找到　點取矩形體 選取物件：Enter 選取要減除的實體以及面域… 選取物件：1 找到　點取圓柱體

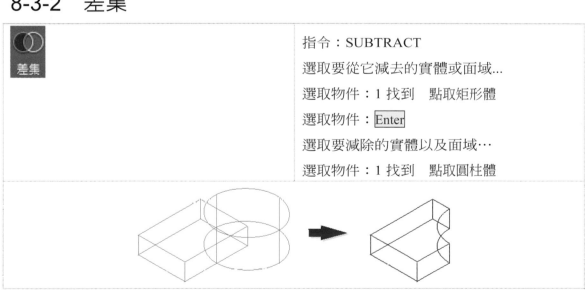

8-3-3 交集

指令：INTERSECT

選取物件：1 找到

選取物件：1 找到，共 2

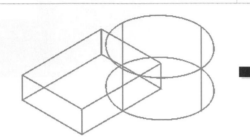

8-3-4 實體倒角

指令：_CHAMFEREDGE 距離 1 = 1.0000，距離 2 = 1.0000

選取邊或 [迴路(L)/距離(D)]： D 輸入選項 D

指定距離 1 或 [表示式(E)] <1.0000>： 3 輸入距離 3

指定距離 2 或 [表示式(E)] <1.0000>： 3 輸入距離 3

選取邊或 [迴路(L)/距離(D)]： 選取倒角邊

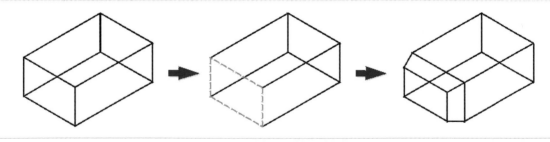

8-3-5　實體圓角

指令：

FILLETEDGE

半徑= 1.0000

選取邊緣或 [鏈(C)/迴路(L)/半徑(R)]：　R　輸入選項 R

輸入圓角半徑或 [表示式(E)] <1.0000>：5　輸入半徑 5

選取邊緣或 [鏈(C)/迴路(L)/半徑(R)]：　選取圓角邊

已選取要圓角的 1 個邊。

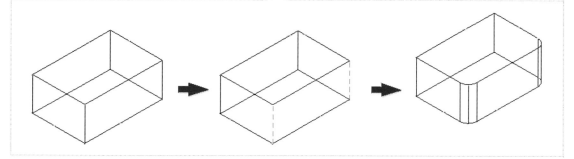

8-3-6　實體切面

指令：_slice

選取要切割的物件：找到 1 個

選取要切割的物件：

指定切割平面的起點或 [平面物件(O)/曲面(S)/Z 軸(Z)/視圖(V)/XY(XY)/YZ(YZ)/ZX(ZX)/三點(3)] <三點>：點取中點 1

在平面指定第二點：　點取中點 2

在所需的邊上指定一個點或 [保留兩邊(B)] <保留兩邊>：點取中點 3

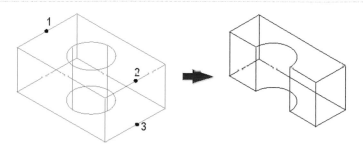

作圖解析 (A8-3-1.dwg)

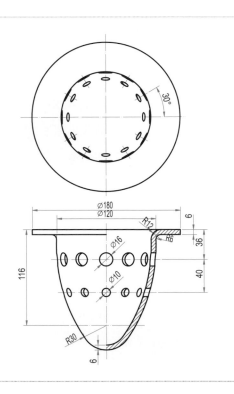

修剪圖形，如下圖，視圖控制以「東南等角」呈現。並將欲迴轉區域編輯成聚合線。

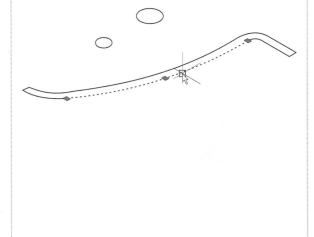

指令：_pedit 選取聚合線或 [多重(M)]：選取的物件不是一條聚合線

您要將它轉成一條聚合線嗎? <Y> Enter

輸入選項 [封閉(C)/接合(J)/寬度(W)/編輯頂點(E)/擬合(F)/雲形線(S)/直線化(D)/線型生成(L)/反轉(R)/退回(U)]： J

選取物件：指定對角點：找到 10 個

選取物件：Enter

已將 9 條線段加入聚合線

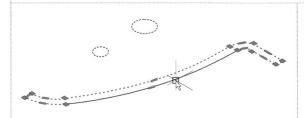

工作區切換至「 3D 基礎 」。點選「 」

迴轉

指令：_revolve

目前的線架構密度：ISOLINES = 4，封閉輪廓的建立模式=實體

選取要迴轉的物件或 [模式(MO)]：_MO 封閉輪廓建立模式 [實體(SO)/曲面(SU)] <實體>：_SO

選取要迴轉的物件或 [模式(MO)]：找到 1 個

選取要迴轉的物件或 [模式(MO)]：Enter

指定軸起點或依據[物件(O)/X/Y/Z] <物件>來定義軸：以迴轉物件下方之小線段為轉軸

指定軸端點：

指定迴轉角度或 [起始角度(ST)/反轉(R)/表示式(EX)] <360>：Enter

點選「 ⬆ 」，點選兩個小圓。
擠出

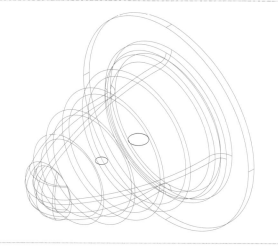

指令：_extrude

目前的線架構密度：ISOLINES = 4，封閉輪廓的建立模式=實體

選取要擠出的物件或 [模式(MO)]：_MO 封閉輪廓建立模式 [實體(SO)/曲面(SU)] <實體>：_SO

選取要擠出的物件或 [模式(MO)]：找到 1 個　點選圓 1

選取要擠出的物件或 [模式(MO)]：找到 1 個，共 2　點選圓 2

選取要擠出的物件或 [模式(MO)]：Enter

指定擠出高度或 [方向(D)/路徑(P)/推拔角度(T)/表示式(E)] <-3.0000>：　90　輸入 90

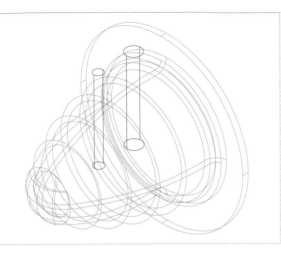

點選「常用」頁籤，「修改」面板之「」，進行環狀陣列。將左圖之 2 個圓柱體環狀陣列 12 個。

指令：_array

選取物件：找到 1 個　點選圓柱 1

選取物件：找到 1 個，共 2　點選圓柱 2

選取物件：Enter

輸入陣列類型 [矩形(R)/路徑(PA)/環形(PO)] <環形>：PO　輸入 PO

類型= 形　關聯式=是

指定陣列的中心點或 [基準點(B)/旋轉軸(A)]：　A　輸入 A

在旋轉軸上指定第一點：_cen 於　以圓 1 軸端中心點

在旋轉軸上指定第二點：_cen 於　以圓 2 軸端中心點

輸入項目的數目或 [夾角(A)/表示式(E)] <4>：　12　輸入 12

指定要佈滿的角度 (+ =逆時針，- =順時針) 或 [表示式(EX)] <360>：　Enter

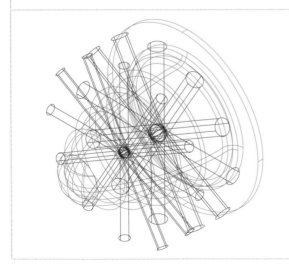

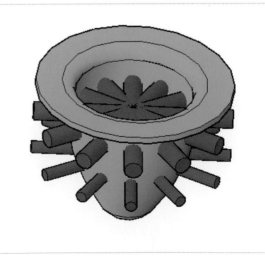

將陣列之圓柱分解「 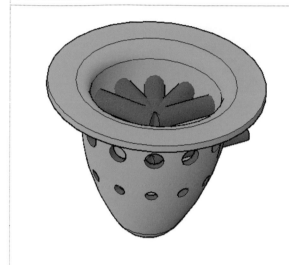 」(EXPLODE)，然後點選差集「 ◯◯ 」，點選綠色本體，減去圓柱，完成立體圖。

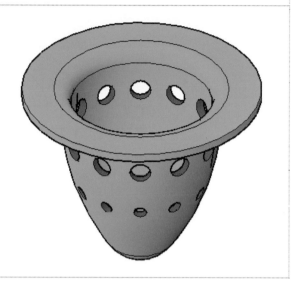

立即練習 (E8-3-1.dwg)

請參考尺度以比例 1：1 繪製立體圖。

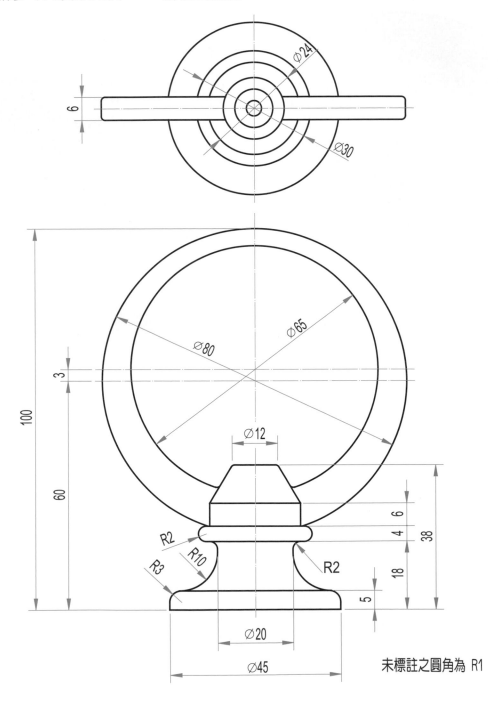

未標註之圓角為 R1

8-4 實體圖結構分析

利用基本 3D 實體如矩形體、圓球體、圓柱體、圓錐體、楔形體、圓環體等，配合擠出與迴轉，可以建構出各種基本的幾何實體。利用移動(MOVE)、3D 旋轉、聯集、差集等編輯指令，可以構成各種複雜實體圖。下圖將兩個矩形體移動到相關位置後，再聯集，即可產生實體。

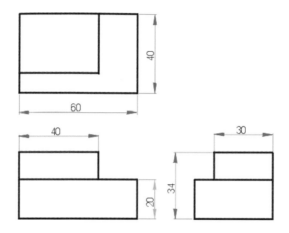

方塊

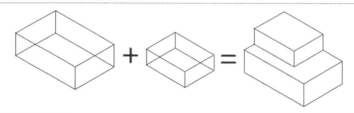

指令：_box
指定第一個角點或 [中心點(C)]： 滑鼠點選任一點
指定其他角點或 [立方塊(C)/長度(L)]： @60,40　輸入相對座標點
指定高度或 [兩點(2P)] <74.4474>： 20　輸入高度 20，以此方法繪製下列方塊

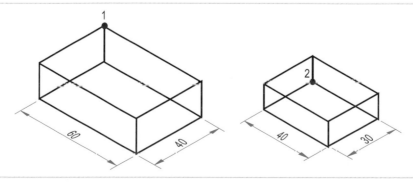

使用「」將小方塊點 2 移動到大方塊之點 1，然後聯集完成。

(P8-4-1.dwg)

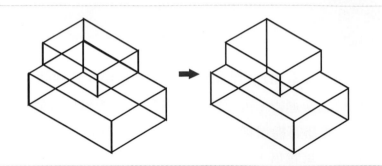

另法 1：使用「按拉」 指令

使用 UCS 移動新原點至點 1 處，如右圖。

指令：UCS

目前的 UCS 名稱：*世界*

指定 UCS 的原點或 [面(F)/具名(NA)/物件(OB)/前一個(P)/視圖(V)/世界(W)/X/Y/Z/Z 軸(ZA)] <世界>：

指定 X 軸上的點或 <接受>：滑鼠延 X 軸方向點一下或按 Enter

指定 XY 平面上的點或 <接受>：Enter

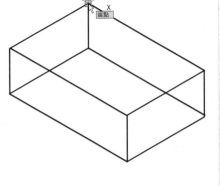

線　如右圖繪製矩形框

指令：_line 指定第一點：

指定下一點或 [退回(U)]：40

指定下一點或 [退回(U)]：30

指定下一點或 [封閉(C)/退回(U)]：40

指定下一點或 [封閉(C)/退回(U)]：C Enter

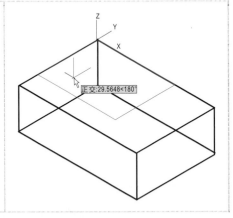

以按拉點選區域，滑鼠向上輸入高度 14，然後再刪

除多於線條。

指令：_presspull

在有邊界區域內按一下以進行按或拉： 點選區域

已萃取 1 個迴路。

已建立 1 個面域。

14　輸入 14

在有邊界區域內按一下以進行按或拉：

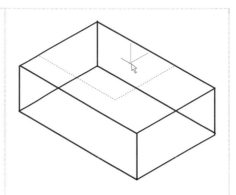

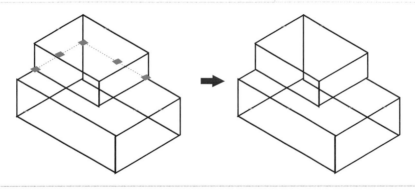

作圖解析 (A8-4-1.dwg)

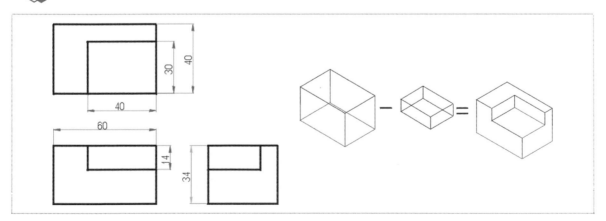

指令：_box 指定第一個角點或 [中心點(C)]： 指定其他角點或 [立方塊(C)/長度(L)]： @60,40 指定高度或 [兩點(2P)] <14.0000>： 34 完成矩形塊實體，以 UCS 移動新原點之右圖所示位置。	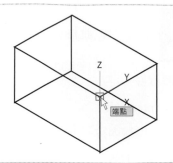
指令：_line 指定第一點： 指定下一點或 [退回(U)]： 指令：<正交 打開> 指令：_line 指定第一點： 指定下一點或 [退回(U)]： 40 指定下一點或 [退回(U)]： 30 指定下一點或 [封閉(C)/退回(U)]： 40 指定下一點或 [封閉(C)/退回(U)]： C	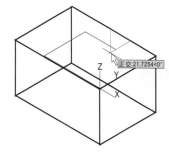
指令：_presspull 在有邊界區域內按一下以進行按或拉： 點選區域 已萃取 1 個迴路。 已建立 1 個面域。 -14 輸入-14 在有邊界區域內按一下以進行按或拉： 刪除多於線條，完成作圖。	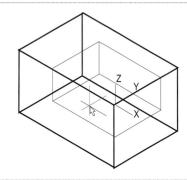

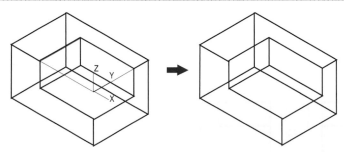

立即練習 (E8-4-1.dwg)

依照下列尺度繪製 3D 立體圖。

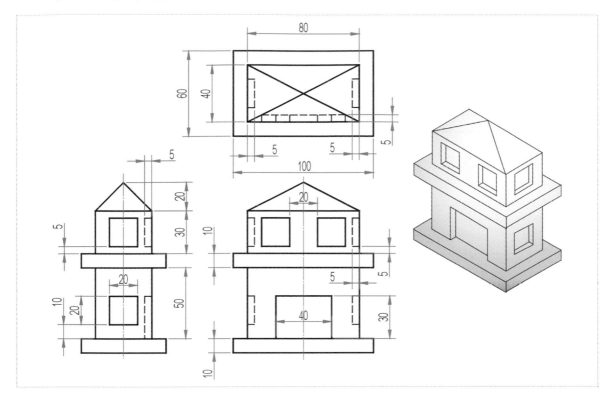

8-5　3D 實體圖陣列

8-5-1　矩形陣列

(A8-5-1.dwg)

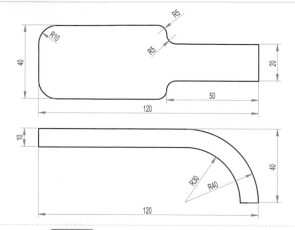

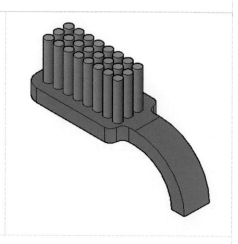

 ，建立實體後，原來草圖還存在，應予刪除，方便編輯。

指令：_presspull

在有邊界區域內按一下以進行按或拉：已萃取 1 個迴路。已建立 1 個面域。

40　滑鼠向上輸入 40

在有邊界區域內按一下以進行按或拉：Enter

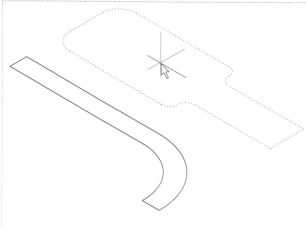

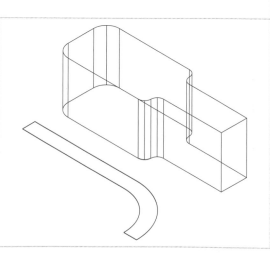

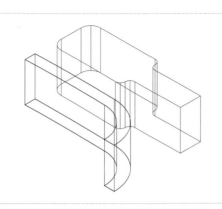

點選「3D 塑型」工作區，「常用」頁籤「修改」面板之「⊕」3D 旋轉。點選藍色之物件。

指令：_3drotate

目前使用者座標系統中的正向角：

ANGDIR =逆時鐘方向　ANGBASE = 0

選取物件：找到 1 個

選取物件：

指定基準點：

** 旋轉 **

指定旋轉角度或 [基準點(B)/複製(C)/退回(U)/參考(R)/結束(X)]： -90

正在重生模型。

點選物件後，出現三色立體球座標，當滑鼠移動到不同顏色，出現不同轉軸，左下圖「紅色」轉軸，點選後輸入「-90」，即可旋轉 3D 物件。

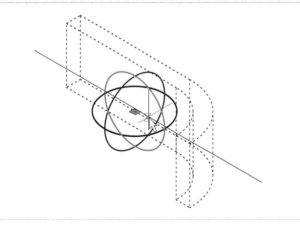

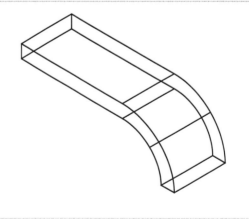

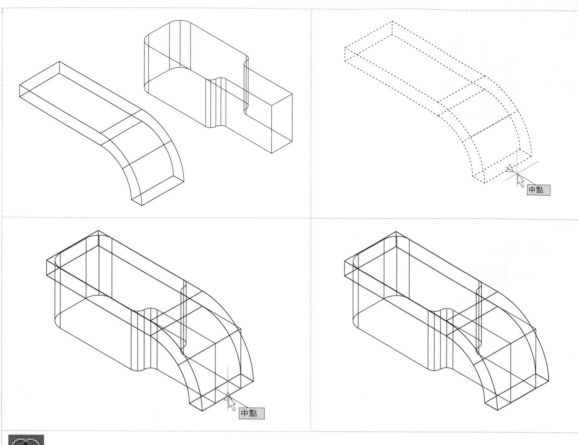

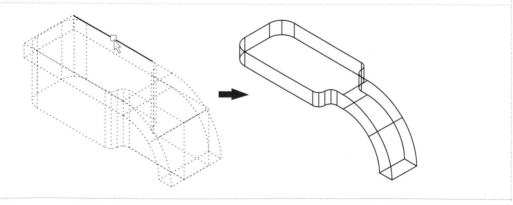

指令：_intersect

選取物件：找到 1 個　選取物件

選取物件：找到 1 個，共 2 選取物件

選取物件：Enter

將 UCS 移至下圖之平面上

指令：UCS

目前的 UCS 名稱：　*世界*

指定 UCS 的原點或 [面(F)/具名(NA)/物件(OB)/前一個(P)/視圖(V)/世界(W)/X/Y/Z/Z 軸(ZA)] <世界>：　N　輸入選項 N

指定新 UCS 原點或 [Z 軸(ZA)/三點(3)/物件(OB)/面(F)/視圖(V)/X/Y/Z] <0,0,0>：點選最上平面

在視圖控制「上」視圖，繪製如下右圖之圓弧。

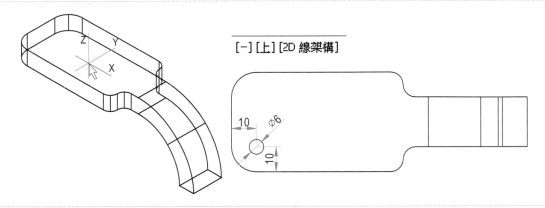

[-] [上] [2D 線架構]

指令：_extrude

目前的線架構密度：ISOLINES = 4，封閉輪廓的建立模式=實體

選取要擠出的物件或 [模式(MO)]：_MO 封閉輪廓

建立模式 [實體(SO)/曲面(SU)] <實體>：　_SO

選取要擠出的物件或 [模式(MO)]：找到 1 個

選取要擠出的物件或 [模式(MO)]： Enter

指定擠出高度或 [方向(D)/路徑(P)/推拔角度(T)/表示式(E)] <30.0000>：30　輸入高度 30

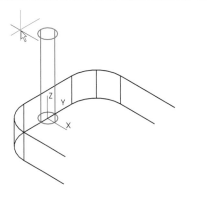

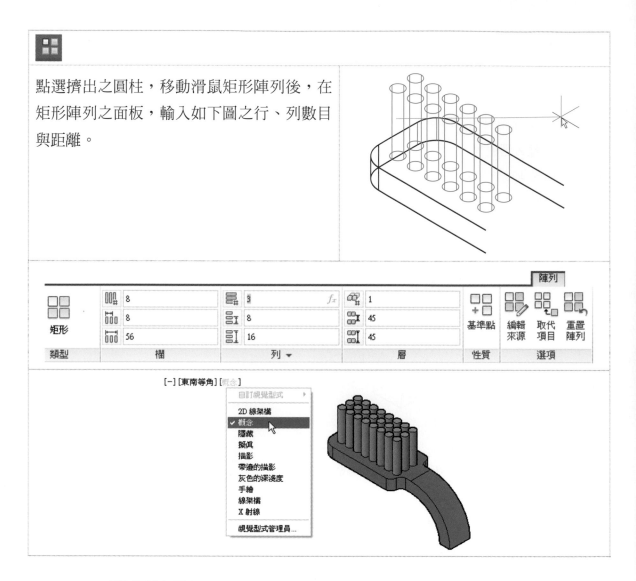

點選擠出之圓柱，移動滑鼠矩形陣列後，在矩形陣列之面板，輸入如下圖之行、列數目與距離。

8-5-2　路徑陣列

(A8-5-2.dwg)

選取「⚙製圖與註解」工作區，視圖控制「上」以 2D 繪製平面圖，如下圖所示。

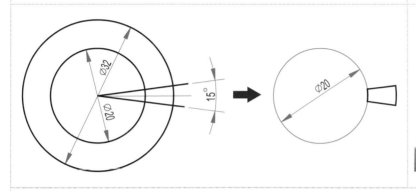

🌀 指令：_Helix

旋轉數目= 3.0000　扭轉=逆時鐘

指定底部的中心點：_cen 於　以鎖點「中心點」定中心

指定底部半徑或 [直徑(D)] <10.0000>：　10

指定頂部半徑或 [直徑(D)] <10.0000>：　10

指定螺旋線高度或 [軸端點(A)/旋轉(T)/旋轉高度(H)/扭轉(W)] <40.0000>：　T

輸入旋轉數目 <3.0000>：　1

指定螺旋線高度或 [軸端點(A)/旋轉(T)/旋轉高度(H)/扭轉(W)] <20.0000>：　30

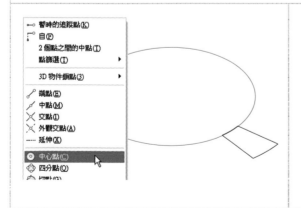

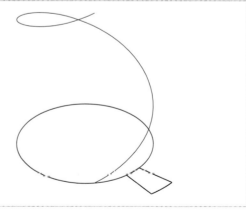

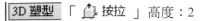 「 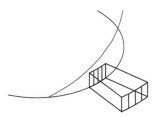 按拉 」高度：2

指令：_arraypath

選取物件：找到 1 個

選取物件：

類型=路徑　關聯式=是

選取路徑曲線：

輸入沿路徑項目的數目或 [方位(O)/表示式(E)] <方位>： 24

指定沿路徑項目之間的距離或 [等分(D)/總計(T)/表示式(E)] <沿路徑等分(D)>：

按　Enter　接受或 [關聯式(AS)/基準點(B)/項目(I)/列數(R)/圖層(L)/對齊項目(A)/Z 方向(Z)/結束(X)] <結束>：

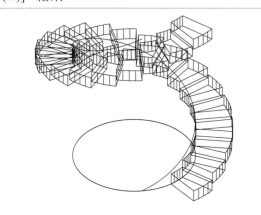

點選圓柱之圓，擠出 30。

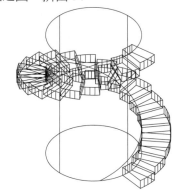

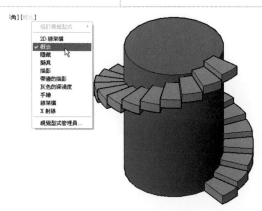

8-5-3 環狀陣列

(A8-5-3.dwg)

在「 **製圖與註解** 」工作區「[-][上][2D 線架構]」，依據右圖尺度繪製圖形，並以圓弧「 相切、相切、相切」繪製大圓弧。並以修剪、刪除等編輯指令編修。

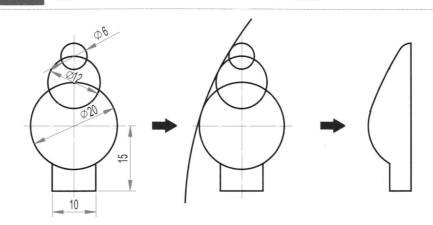

在「**3D 基礎**」工作區使用「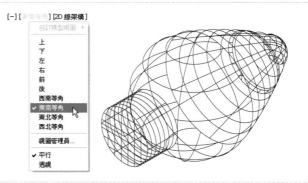 迴轉」迴轉物件，並以視圖控制以「東南等角」呈現。	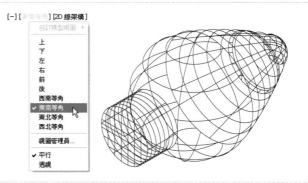
在「 {3D 塑型 」工作區使用「[-][上][2D 線架構]」點選右圖 P 點為聚合線之起點。	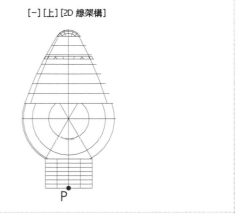

聚合線　　　　　　　聚合線

指令：_pline

指定起點：　點選 P 點為起點

目前的線寬是 0.0000

指定下一點或 [弧(A)/半寬(H)/長度(L)/退回(U)/寬度(W)]：　A

輸入弧端點選項或[角度(A)/中心點(CE)/方向(D)/半寬(H)/直線(L)/半徑(R)/第二點(S)/退回(U)/寬度(W)]：　A

指定夾角：　90

指定弧的端點或 [中心點(CE)/半徑(R)]：　R

指定弧的半徑：　20

指定弧弦的方向 <270>：　-45

指定弧的端點或[角度(A)/中心點(CE)/封閉(CL)/方向(D)/半寬(H)/直線(L)/半徑(R)/第二點(S)/退回(U)/寬度(W)]：>>輸入 ORTHOMODE 的新值 <0>：

繼續 PLINE 指令。

指定弧的端點或[角度(A)/中心點(CE)/封閉(CL)/方向(D)/半寬(H)/直線(L)/半徑(R)/第二點(S)/退回(U)/寬度(W)]：　L

指定下一點或 [弧(A)/封閉(C)/半寬(H)/長度(L)/退回(U)/寬度(W)]：　<正交 打開>

指定下一點或 [弧(A)/封閉(C)/半寬(H)/長度(L)/退回(U)/寬度(W)]：　A

指定弧的端點或[角度(A)/中心點(CE)/封閉(CL)/方向(D)/半寬(H)/直線(L)/半徑(R)/第二點(S)/退回(U)/寬度(W)]：　<正交 關閉>　A

指定夾角：　90

指定弧的端點或 [中心點(CE)/半徑(R)]：　R

指定弧的半徑：　40

指定弧弦的方向 <0>：　45

指定弧的端點或[角度(A)/中心點(CE)/封閉(CL)/方向(D)/半寬(H)/直線(L)/半徑(R)/第二點(S)/退回(U)/寬度(W)]：　L

指定下一點或 [弧(A)/封閉(C)/半寬(H)/長度(L)/退回(U)/寬度(W)]：　<正交 打開>　50

指定下一點或 [弧(A)/封閉(C)/半寬(H)/長度(L)/退回(U)/寬度(W)]：　Enter

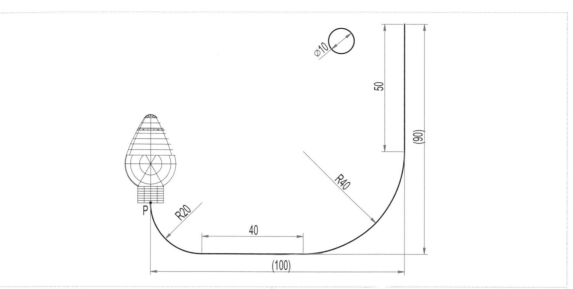

3D 基礎

指令：_sweep

目前的線架構密度：ISOLINES = 4，封閉輪廓的建立模式=實體

選取要掃掠的物件或 [模式(MO)]：_MO 封閉輪廓建立模式 [實體(SO)/曲面(SU)] <實體>：_SO

選取要掃掠的物件或 [模式(MO)]： 找到 1 個

點選圓弧

選取要掃掠的物件或 [模式(MO)]：Enter

選取掃掠路徑或 [對齊方式(A)/基準點(B)/比例(S)/扭轉(T)]： 點選路徑

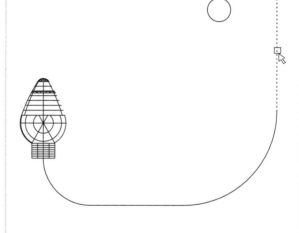

[-][東南等角][概念]

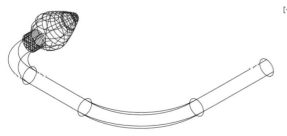

環形陣列

指令：_arraypolar

選取物件：指定對角點：找到 13 個

選取物件：Enter

類型=環形　關聯式=

指定陣列的中心點或 [基準點(B)/旋轉軸(A)]：　A　輸入選項 A

在旋轉軸上指定第一點：_cen 於 Shift 加按滑鼠右鍵，點中心點

在旋轉軸上指定第二點：<正交 打開>　按 F8 沿著 Y 軸方向按滑鼠左鍵點任一點

輸入項目的數目或 [夾角(A)/表示式(E)] <2>：8　輸入 8 個

指定要佈滿的角度 (+ = 逆時針，- = 順時針) 或 [表示式(EX)] <360>：　Enter

按 Enter 接受或 [關聯式(AS)/基準點(B)/項目(I)/夾角(A)/填滿角度(F)/列數(ROW)/圖層(L)/旋轉項目(ROT)/結束(X)] <結束>：　Enter

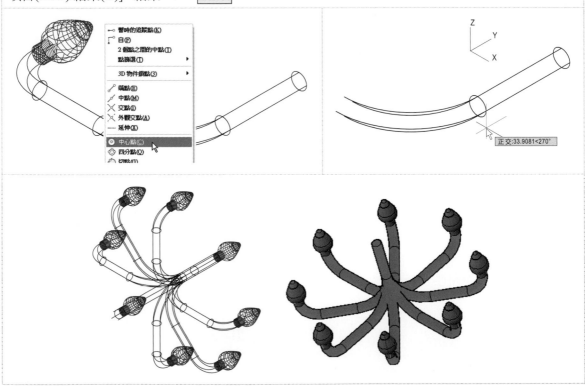

作圖解析　(A8-5-4.dwg)

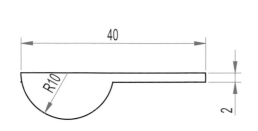

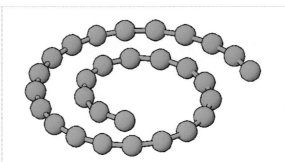

點選「常用」頁籤「修改」面板之「接合 ⁺⁺ 」，
編輯成聚合線。直接框選物件。

指令：_join 選取要一次接合的來源物件或多個物
件：指定對角點：找到 4 個

選取要接合的物件：

4 個物件已轉換爲 1 條聚合線

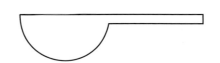

點選「3D 塑型」工作區，「常用」頁籤「塑型」
面板之「 ⬤ 迴轉 」，視 圖 控 制 點 選
「[東南等角][概念]」

🌀

指令：_Helix

旋轉數目= 1.6667　扭轉= 逆時鐘

指定底部的中心點：

指定底部半徑或 [直徑(D)] <120.0000>：　120

指定頂部半徑或 [直徑(D)] <120.0000>：　40

指定螺旋線高度或 [軸端點(A)/旋轉(T)/旋轉高度
(H)/扭轉(W)] <150.0000>：　0

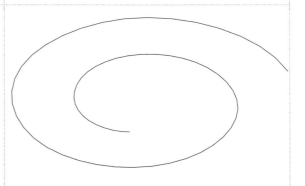

視圖控制「[−][上][概念]」，上視圖，使用移動「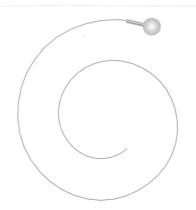」與旋轉「」，調整物件位置。

路徑陣列

依據指令指示，按 Enter 後移動滑鼠，得到右邊視圖。

然後點選陣列物件，修改路徑陣列之項目如下表所示。

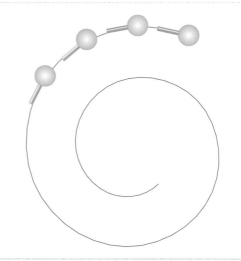

類型	項目		列 ▾		層	
路徑	28	1		1		
	30	30		30		
	810	30		30		

完成右圖之路徑陣列。但是尾端之小圓柱，還需要小圓球。

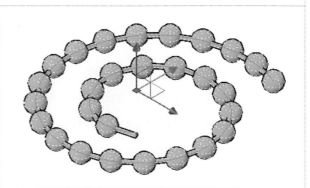

繪製右圖之半徑爲 10 之半圓後，接合「＊＊」
後旋轉。
完成整串鏈珠之陣列。

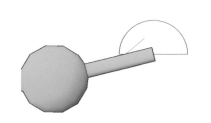

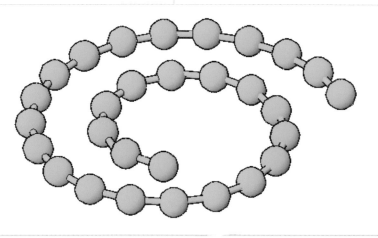

立即練習 (E8-5-1.dwg)

使用掃掠繪製下圖所示之鏈條，掃掠曲線自訂。

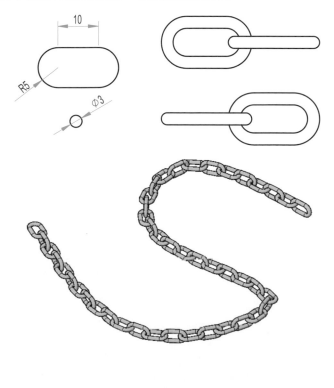

8-6 立體圖標尺度

本例除了介紹立體圖繪製過程外，也對於 UCS 座標系統的轉換，做詳細介紹，善加應用對於立體圖的繪製有很大的幫助。實體圖標註尺度一定要配合 UCS 座標之轉換，才能在 X、Y 平面上標註尺度。(P8-6-1.dwg)

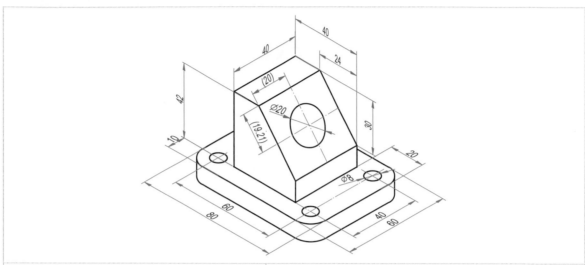

參考底座尺度繪製如右圖之平面圖。	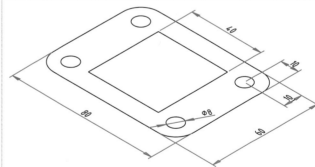
在「⚙3D 塑型」工作區使用「 擠出」， 滑鼠垂直向下移動，輸入 10，完成底座。 指令：_extrude 指定擠出高度或 [方向(D)/路徑(P)/推拔角度(T)/表示式(E)] <0.0000>： 10	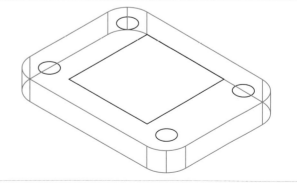

「常用」頁籤「修改」面板之接合「 ⁛ 」

矩形後，「 ⬆ 」，滑鼠垂直上移，輸
　　　　擠出

入 42，完成凸塊。

指令：_extrude

指定擠出高度或 [方向(D)/路徑(P)/推拔角

度(T)/表示式(E)] <-10.0000>： 42

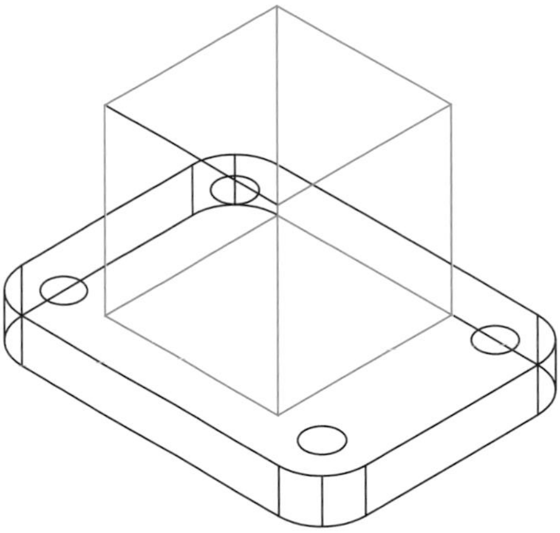

「 ⬆ 」點選四個圓，滑鼠垂直下移 10。
　擠出

指令：_extrude

指定擠出高度或 [方向(D)/路徑(P)/推拔角

度(T)/表示式(E)] <42.0000>： -10

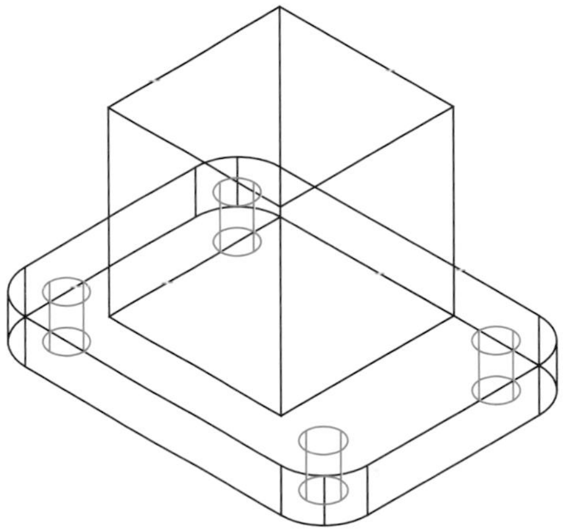

「 ⬯ 」，點選底座與凸塊，然後聯集完成

本體。

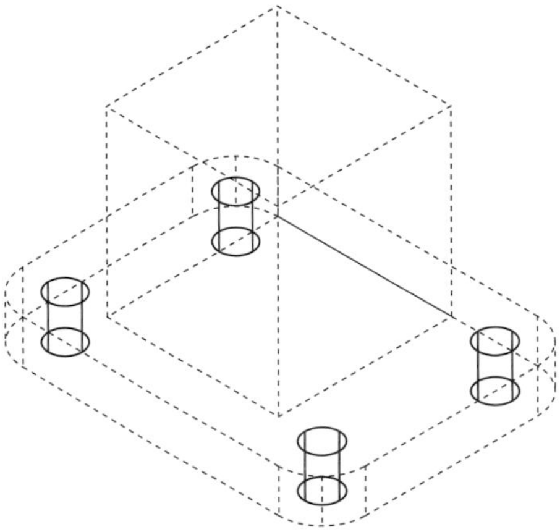

「 ◎ 」，點選本體後按 Enter ，再點選四個圓柱，差集去孔。

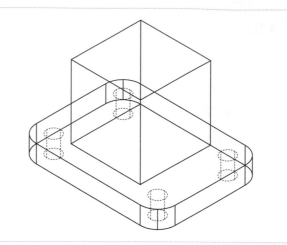

移動 UCS 至圖示之新原點，參考實體之 X、Y 軸方位指定 3 個點。繪製如圖尺度之三角形。

指令：UCS

目前的 UCS 名稱： *無名稱*

指定 UCS 的原點或 [面(F)/具名(NA)/物件(OB)/前一個(P)/視圖(V)/世界(W)/X/Y/Z/Z軸(ZA)]<世界>： N

指定新 UCS 原點或[Z 軸(ZA)/三點(3)/物件(OB)/面(F)/視圖(V)/X/Y/Z] <0,0,0>： 3

指定新原點 <0,0,0>：

指定在 X 軸正向的點

<-39.0000,0.0000,0.0000>：

指定在 UCS XY 平面的 Y 軸正向的點

<-40.0000,1.0000,0.0000>：

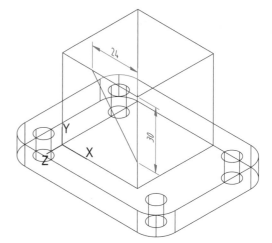

點選接合「 ↠ 」三角形成為聚合線後，「 ⬆ 按拉 」，移動滑鼠除去實體，如右圖所示。

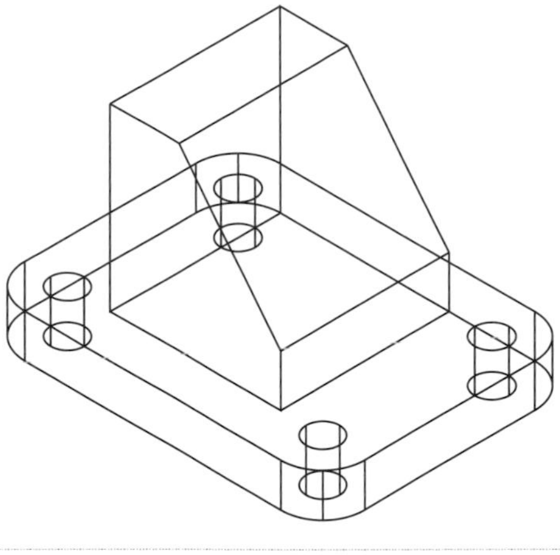

移動 UCS 至右圖之新原點，使用 3 點依據 X、Y 軸向，產生新的原點。

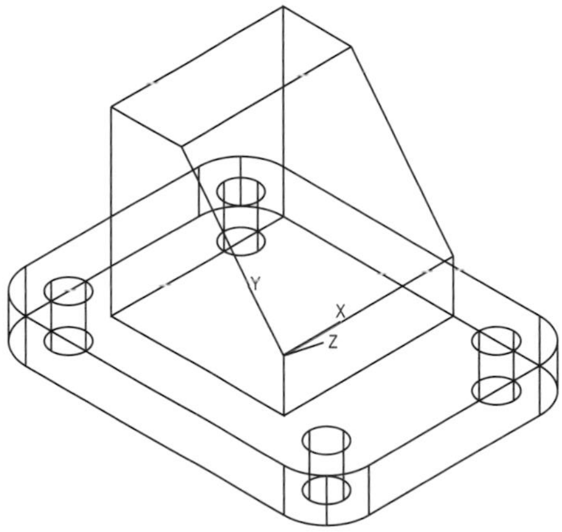

利用鎖點方式之「 ✗ 中點(M) 」繪製中心線後，畫直徑 20 之圓。

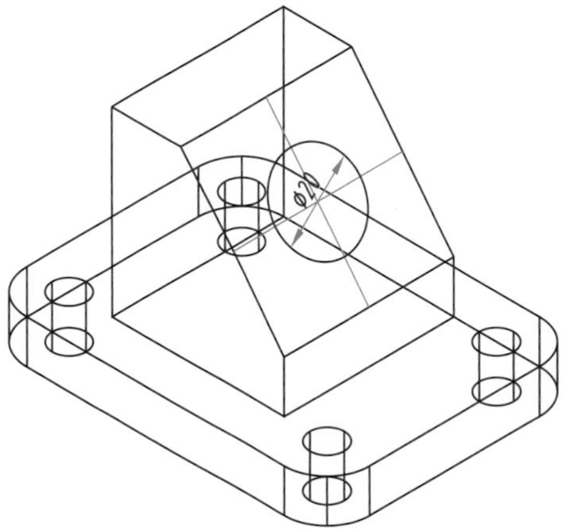

使用「 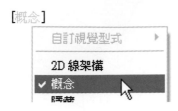 按拉 」配合滑鼠輸入 20，除去圓孔。

視覺型式控制點選「概念」，產生右圖之實體圖。

[概念]

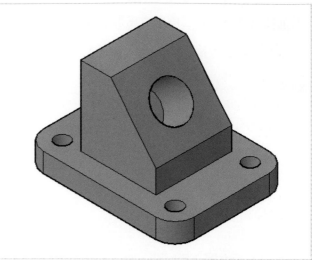

將 UCS 移至如右圖之位置，標註 X、Y 平面上之尺度。

視覺型式控制點選「隱藏」。

[隱藏]

將 UCS 移至如右圖之位置以 X 軸當轉軸旋轉 90 如右圖之方位後，標註 X、Y 平面上之尺度。

指令：UCS

目前的 UCS 名稱：　*無名稱*

指定 UCS 的原點或 [面(F)/具名(NA)/物件(OB)/前一個(P)/視圖(V)/世界(W)/X/Y/Z/Z軸(ZA)]<世界>：　X

指定繞著 X 軸旋轉的角度<90>：　90

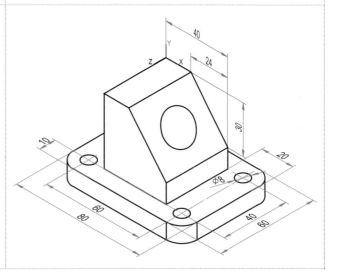

移動 UCS 之右圖處後，標註 X、Y 平面上
之尺度。

指令：UCS

目前的 UCS 名稱：　*無名稱*

指定 UCS 的原點或[面(F)/具名(NA)/物件
(OB)/前一個(P)/視圖(V)/世界(W)/X/Y/Z/Z
軸(ZA)] <世界>：　M

指定新原點或 [Z 軸深度(Z)] <0,0,0>：

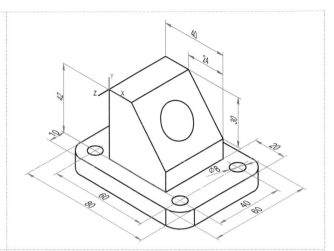

移動 UCS 之右圖處後，標註 X、Y 平面上
之尺度。

指令：UCS

目前的 UCS 名稱：　*無名稱*

指定 UC 的原點或[面(F)/具名(NA)/物件
(OB)/前一個(P)/視圖(V)/世界(W)/X/Y/Z/Z
軸(ZA)]<世界>：　y

指定繞著 Y 軸旋轉的角度<90>：　90

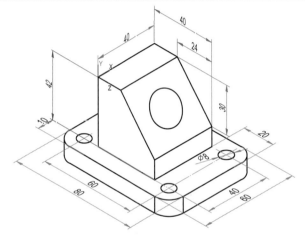

以 3 點方式移動 UCS 之右圖處後，標註 X、
Y 平面上之尺度。
指令：UCS
目前的 UCS 名稱：　*無名稱*
指定 UCS 的原點或 [面(F)/具名(NA)/物件
(OB)/前一個(P)/視圖(V)/世界(W)/X/Y/Z/Z
軸(ZA)]<世界>：　N
指定新UCS原點或 [Z軸(ZA)/三點(3)/物件
(OB)/面(F)/視圖(V)/X/Y/Z] <0,0,0>：　3
指定新原點 <0,0,0>：
指定在 X 軸正向的點
<1.0000,0.0000,0.0000>：
指定在 UCS XY 平面的 Y 軸正向的點
<0.0000,1.0000,0.0000>：
在斜面上利用鎖點「 ✗ 中點(M) 」繪製中
心線，標註尺度與直徑 20 之圓。

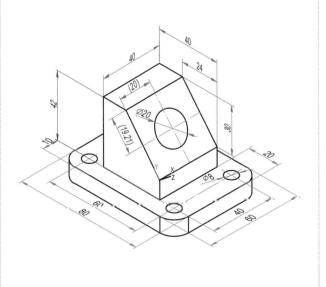

8-7 投影視圖

　　以 AutoCAD 建構立體圖後，產生正投影視圖是相當有需要的，因為此軟體的平面繪圖能力與表現功能相當強大，若是建構立體圖後，轉換正投影視圖，除了有彩現立體圖搭配外，正投影平面圖需要呈現之尺度標註等一併呈現在同一張圖面是很棒的表示法。在配置空間標註尺度是可行的。

點選左下角「　配置1　」，由模型空間轉換至配置空間。然後點選綠框，刪除。

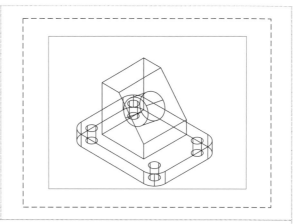

點選「　基礎視圖　」，如下列指令列之程序，決定前視圖位置後，移動滑鼠依序產生右側視圖、右上角立體圖、俯視圖、左上角立體圖、左側視圖、左下角立體圖、仰視圖、右下角立體圖等 8 個投影視圖(內定以第一角頭影法呈現)。

指令：_viewbase

類型=基準和投影　型式=有隱藏邊的線架構　比例= 1：1

指定基準視圖的位置或 [類型(T)/表現法(R)/方位(O)/型式(ST)/比例(SC)/可見性(V)] <類型>：　點選中央位置

選取選項 [表現法(R)/方位(O)/型式(ST)/比例(SC)/可見性(V)/移動(M)/結束(X)]<結束>：　Enter

指定投影視圖的位置或 <結束>：

指定投影視圖的位置或 [退回(U)/結束(X)] <結束>：

指定投影視圖的位置或 [退回(U)/結束(X)] <結束>：

指定投影視圖的位置或 [退回(U)/結束(X)] <結束>：

指定投影視圖的位置或 [退回(U)/結束(X)] <結束>：

指定投影視圖的位置或 [退回(U)/結束(X)] <結束>：

指定投影視圖的位置或 [退回(U)/結束(X)] <結束>：

指定投影視圖的位置或 [退回(U)/結束(X)] <結束>：

指定投影視圖的位置或 [退回(U)/結束(X)] <結束>：

已成功建立基準和 8 個投影視圖。

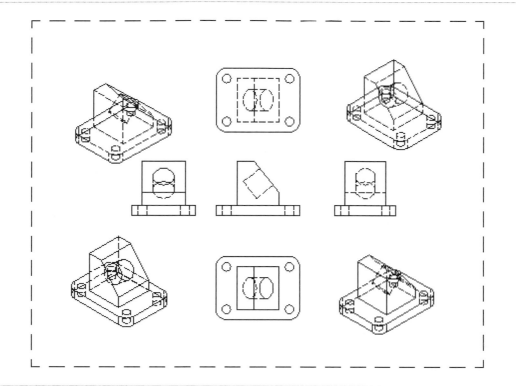

點選「 圖面視圖 ↘ 」之右下角箭頭出現製
圖標準之對話框，可以選擇投影類型與螺紋型
式。

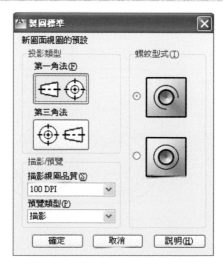

綜合練習

請依照尺度繪製 3D 立體圖

1. (C8-1-1.dwg)

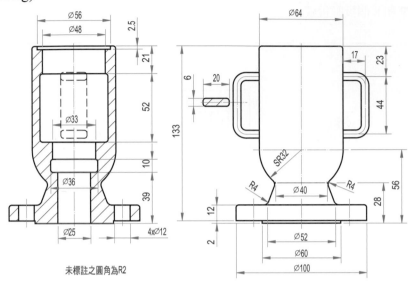

未標註之圓角為R2

2. (C8-1-2.dwg)

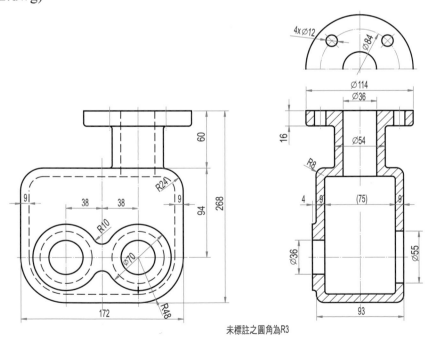

未標註之圓角為R3

3. (C8-1-3.dwg)

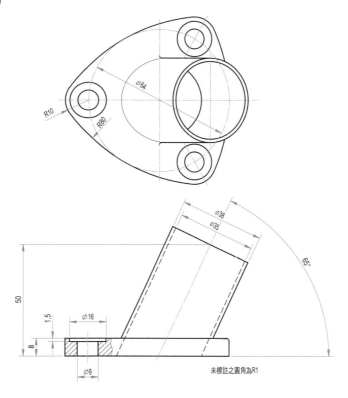

未標註之圓角為R1

4. (C8-1-4.dwg)

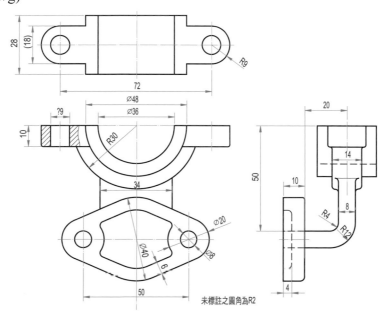

未標註之圓角為R2

5. (C8-1-5.dwg)

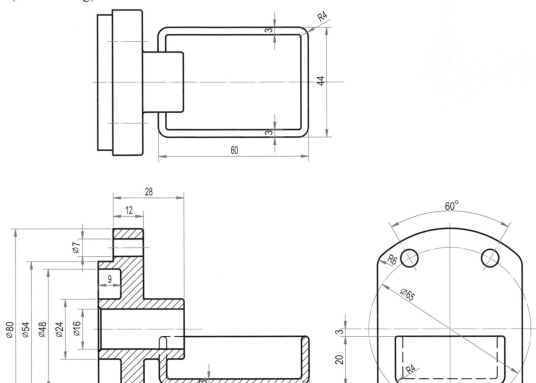

1.未標註之圓角為R1
2.未標註之去角為1x45°

6.　(C8-1-6.dwg)

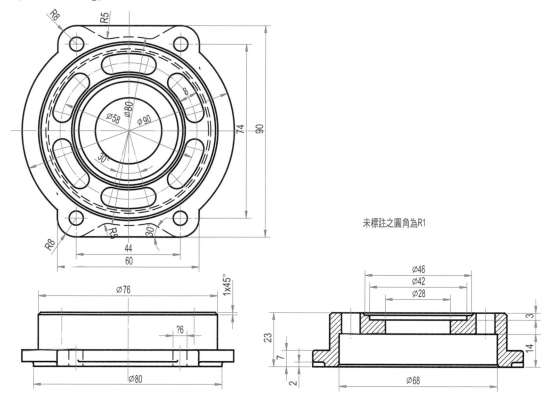

未標註之圓角為R1

7. (C8-1-7.dwg)

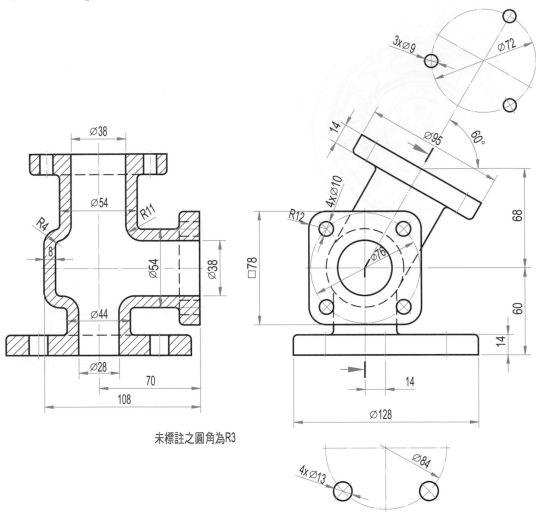

未標註之圓角為R3

8.　(C8-1-8.dwg)

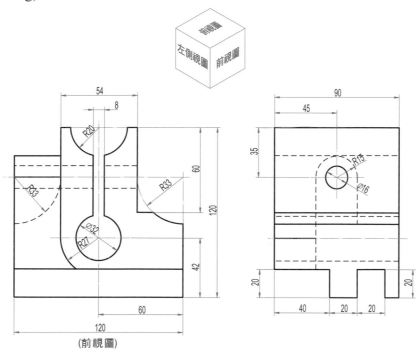

(前視圖)

9.　(C8-1-9.dwg)

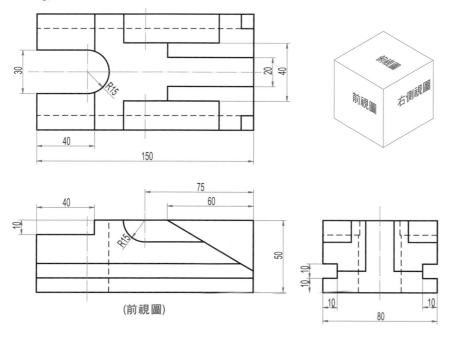

(前視圖)

10. (C8-1-10.dwg)

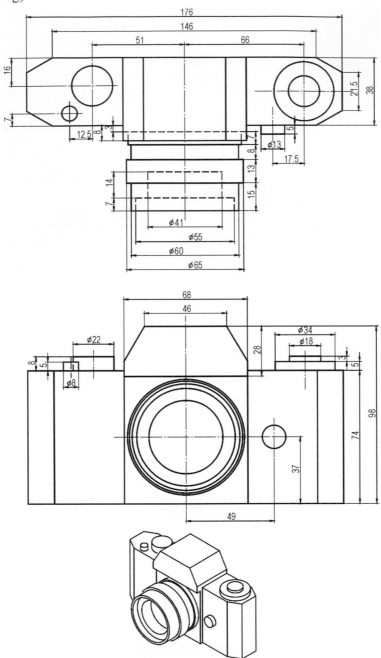

附錄

▼表 A-1　軸上下偏差數值表(單位：μ=0.001mm)

尺度之劃分 (mm) 逾	以下	b — b9	c — c9	d — d8	d — d9	e — e7	e — e8	e — e9	f — f6	f — f7	f — f8	g — g4	g — g5	g — g6
	3	-140 / -165	-60 / -85	-20 / -34	-20 / -45	-14 / -24	-14 / -28	-14 / -39	-6 / -12	-6 / -16	-6 / -20	-2 / -5	-2 / -6	-2 / -8
3	6	-140 / -170	-70 / -100	-30 / -48	-30 / -60	-20 / -32	-20 / -38	-20 / -50	-10 / -18	-10 / -22	-10 / -28	-4 / -8	-4 / -9	-4 / -12
6	10	-150 / -186	-80 / -116	-40 / -62	-40 / -76	-25 / -40	-25 / -47	-25 / -61	-13 / -22	-13 / -28	-13 / -35	-5 / -9	-5 / -11	-5 / -14
10	14	-150 / -193	-95 / -138	-50 / -77	-50 / -93	-32 / -50	-32 / -59	-32 / -75	-16 / -27	-16 / -34	-16 / -43	-6 / -11	-6 / -14	-6 / -17
14	18	-150 / -193	-95 / -138	-50 / -77	-50 / -93	-32 / -50	-32 / -59	-32 / -75	-16 / -27	-16 / -34	-16 / -43	-6 / -11	-6 / -14	-6 / -17
18	24	-160 / -212	-110 / -162	-65 / -98	-65 / -117	-40 / -61	-40 / -73	-40 / -92	-20 / -33	-20 / -41	-20 / -53	-7 / -13	-7 / -16	-7 / -20
24	30	-160 / -212	-110 / -162	-65 / -98	-65 / -117	-40 / -61	-40 / -73	-40 / -92	-20 / -33	-20 / -41	-20 / -53	-7 / -13	-7 / -16	-7 / -20
30	40	-170 / -232	-120 / -182	-80 / -119	-80 / -142	-50 / -75	-50 / -89	-50 / -112	-25 / -41	-25 / -50	-25 / -64	-9 / -16	-9 / -20	-9 / -25
40	50	-180 / -242	-130 / -192	-80 / -119	-80 / -142	-50 / -75	-50 / -89	-50 / -112	-25 / -41	-25 / -50	-25 / -64	-9 / -16	-9 / -20	-9 / -25
50	65	-190 / -264	-140 / -214	-100 / -146	-100 / -174	-60 / -90	-60 / -106	-60 / -134	-30 / -49	-30 / -60	-30 / -79	-10 / -18	-10 / -23	-10 / -29
65	80	-200 / -274	-150 / -224	-100 / -146	-100 / -174	-60 / -90	-60 / -106	-60 / -134	-30 / -49	-30 / -60	-30 / -79	-10 / -18	-10 / -23	-10 / -29
80	100	-220 / -307	-170 / -257	-120 / -174	-120 / -207	-72 / -107	-72 / -126	-72 / -159	-36 / -58	-36 / -71	-36 / -90	-12 / -22	-12 / -27	-12 / -34
100	120	-240 / -327	-180 / -267	-120 / -174	-120 / -207	-72 / -107	-72 / -126	-72 / -159	-36 / -58	-36 / -71	-36 / -90	-12 / -22	-12 / -27	-12 / -34
120	140	-260 / -360	-200 / -300	-145 / -208	-145 / -245	-85 / -125	-85 / -148	-85 / -185	-43 / -68	-43 / -83	-43 / -106	-14 / -26	-14 / -32	-14 / -39
140	160	-280 / -380	-210 / -310	-145 / -208	-145 / -245	-85 / -125	-85 / -148	-85 / -185	-43 / -68	-43 / -83	-43 / -106	-14 / -26	-14 / -32	-14 / -39
160	180	-310 / -410	-230 / -330	-145 / -208	-145 / -245	-85 / -125	-85 / -148	-85 / -185	-43 / -68	-43 / -83	-43 / -106	-14 / -26	-14 / -32	-14 / -39
180	200	-340 / -455	-240 / -355	-170 / -242	-170 / -285	-100 / -146	-100 / -172	-100 / -215	-50 / -79	-50 / -96	-50 / -122	-15 / -29	-15 / -35	-15 / -44
200	225	-380 / -495	-260 / -375	-170 / -242	-170 / -285	-100 / -146	-100 / -172	-100 / -215	-50 / -79	-50 / -96	-50 / -122	-15 / -29	-15 / -35	-15 / -44
225	250	-420 / -535	-280 / -395	-170 / -242	-170 / -285	-100 / -146	-100 / -172	-100 / -215	-50 / -79	-50 / -96	-50 / -122	-15 / -29	-15 / -35	-15 / -44
250	280	-480 / -610	-300 / -430	-190 / -271	-190 / -320	-110 / -162	-110 / -191	-110 / -240	-56 / -88	-56 / -108	-56 / -137	-17 / -33	-17 / -40	-17 / -49
280	315	-540 / -670	-330 / -460	-190 / -271	-190 / -320	-110 / -162	-110 / -191	-110 / -240	-56 / -88	-56 / -108	-56 / -137	-17 / -33	-17 / -40	-17 / -49
315	355	-600 / -740	-360 / -500	-210 / -299	-210 / -350	-125 / -182	-125 / -214	-125 / -265	-62 / -98	-62 / -119	-62 / -151	-18 / -36	-18 / -43	-18 / -54
355	400	-680 / -820	-400 / -540	-210 / -299	-210 / -350	-125 / -182	-125 / -214	-125 / -265	-62 / -98	-62 / -119	-62 / -151	-18 / -36	-18 / -43	-18 / -54
400	450	-760 / -915	-440 / -595	-230 / -327	-230 / -385	-135 / -198	-135 / -232	-135 / -290	-68 / -108	-68 / -131	-68 / -165	-20 / -40	-20 / -47	-20 / -60
450	500	-840 / -995	-480 / -635	-230 / -327	-230 / -385	-135 / -198	-135 / -232	-135 / -290	-68 / -108	-68 / -131	-68 / -165	-20 / -40	-20 / -47	-20 / -60

▼ 表 A-1　軸上下偏差數值表(續)

尺度之劃分 (mm)		h						js				k		
逾	以下	h4	h5	h6	h7	h8	h8	js4	js5	js6	js7	k4	k5	k6
	3	0 / -3	-4	-6	-10	-14	-25	±1.5	±2	±3	±5	+3 / 0	+4 / 0	+6 / 0
3	6	0 / -4	-5	-8	-12	-18	-30	±2	±2.5	±4.5	±7.5	+5 / +1	+6 / +1	+9 / +1
6	10	0 / -4	-6	-9	-15	-22	-36	±2	±3	±4.5	±7.5	+5 / +1	+7 / +1	+10 / +1
10	14	0 / -5	-8	-11	-18	-27	-43	±2.5	±4	±5.5	±9	+6 / +1	+9 / +1	+12 / +1
14	18													
18	24	0 / -6	-9	-13	-21	-33	-52	±3	±4.5	±6.5	±10.5	+8 / +2	+11 / +2	+15 / +2
24	30													
30	40	0 / -7	-11	-16	-25	-39	-62	±3.5	±5.5	±8	±12.5	+9 / +2	+13 / +2	+18 / +2
40	50													
50	65	0 / -8	-13	-19	-30	-46	-74	±4	±6.5	±9.5	±15	+10 / +2	+15 / +2	+21 / +2
65	80													
80	100	0 / -10	-15	-22	-35	-54	-87	±5	±7.5	±11	±17.5	+13 / +3	+18 / +3	+25 / +3
100	120													
120	140	0 / -12	-18	-25	-40	-63	-100	±6	±9	±12.5	±20	+15 / +3	+21 / +3	+28 / +3
140	160													
160	180													
180	200	0 / -14	-20	-29	-46	-72	-115	±7	±10	±14.5	±23	+18 / +4	+24 / +4	+33 / +4
200	225													
225	250													
250	280	0 / -16	-23	-32	-52	-81	-130	±8	±11.5	±16	±26	+20 / +4	+27 / +4	+36 / +4
280	315													
315	355	0 / -18	-25	-36	-57	-89	-140	±9	±12.5	±18	±28.5	+22 / +4	+29 / +4	+40 / +4
355	400													
400	450	0 / -20	-27	-40	-63	-97	-155	±10	±13.5	±20	±31.5	+25 / +5	+32 / +5	+45 / +5
450	500													

▼表 A-1　軸上下偏差數值表(續)

尺度之劃分 (mm)		m			n	p	r	s	t	u	x
逾	以下	m4	m5	m6	n6	p5	r6	s6	t6	u6	x6
	3	+5 / +2	+6 / +2	+8 / +2	+10 / +4	+12 / +6	+16 / +10	+20 / +14	----	+24 / +18	+26 / +20
3	6	+8 / +4	+9 / +4	+12 / +4	+16 / +8	+20 / +12	+23 / +15	+27 / +19	----	+31 / +23	+36 / +28
6	10	+15 / +6	+12 / +6	+15 / +6	+19 / +10	+24 / +15	+28 / +19	+32 / +23	----	+37 / +28	+43 / +34
10	14	+12 / +7	+15 / +7	+18 / +7	+23 / +12	+29 / +18	+34 / +23	+39 / +28	----	+44 / +33	+51 / +40
14	18	+12 / +7	+15 / +7	+18 / +7	+23 / +12	+29 / +18	+34 / +23	+39 / +28	----	+44 / +33	+56 / +45
18	24	+14 / +8	+17 / +8	+21 / +8	+28 / +15	+35 / +22	+41 / +28	+48 / +35	----	+54 / +41	+67 / +54
24	30	+14 / +8	+17 / +8	+21 / +8	+28 / +15	+35 / +22	+41 / +28	+48 / +35	+54 / +41	+61 / +48	+77 / +64
30	40	+16 / +9	+20 / +9	+25 / +9	+33 / +17	+42 / +26	+50 / +34	+59 / +43	+64 / +48	+76 / +60	+96 / +80
40	50	+16 / +9	+20 / +9	+25 / +9	+33 / +17	+42 / +26	+50 / +34	+59 / +43	+70 / +54	+86 / +70	+113 / +97
50	65	+19 / +11	+24 / +11	+30 / +11	+39 / +20	+51 / +32	+60 / +41	+72 / +53	+85 / +66	+106 / +87	+141 / +122
65	80	+19 / +11	+24 / +11	+30 / +11	+39 / +20	+51 / +32	+62 / +43	+78 / +59	+94 / +75	+121 / +102	+165 / +146
80	100	+23 / +13	+28 / +13	+35 / +13	+45 / +23	+59 / +37	+73 / +51	+93 / +71	+113 / +91	+146 / +124	+200 / +178
100	120	+23 / +13	+28 / +13	+35 / +13	+45 / +23	+59 / +37	+76 / +54	+101 / +79	+126 / +104	+166 / +144	+232 / +210
120	140	+27 / +15	+33 / +15	+40 / +15	+52 / +27	+68 / +43	+88 / +63	+117 / +92	+147 / +122	+195 / +170	+273 / +248
140	160	+27 / +15	+33 / +15	+40 / +15	+52 / +27	+68 / +43	+90 / +65	+125 / +100	+159 / +134	+215 / +190	+305 / +280
160	180	+27 / +15	+33 / +15	+40 / +15	+52 / +27	+68 / +43	+93 / +68	+133 / +108	+171 / +146	+235 / +210	+335 / +310
180	200	+31 / +17	+37 / +17	+46 / +17	+60 / +31	+79 / +50	+106 / +77	+151 / +122	+195 / +166	+265 / +236	+379 / +350
200	225	+31 / +17	+37 / +17	+46 / +17	+60 / +31	+79 / +50	+109 / +80	+159 / +130	+209 / +180	+287 / +258	+414 / +385
225	250	+31 / +17	+37 / +17	+46 / +17	+60 / +31	+79 / +50	+113 / +84	+169 / +140	+225 / +196	+313 / +284	+454 / +425
250	280	+36 / +20	+43 / +20	+52 / +20	+66 / +34	+88 / +56	+126 / +94	+190 / +158	+250 / +218	+347 / +315	+507 / +475
280	315	+36 / +20	+43 / +20	+52 / +20	+66 / +34	+88 / +56	+130 / +98	+202 / +170	+272 / +240	+382 / +350	+557 / +525
315	355	+39 / +21	+46 / +21	+57 / +21	+73 / +37	+98 / +62	+144 / +108	+226 / +190	+304 / +268	+426 / +390	+626 / +590
355	400	+39 / +21	+46 / +21	+57 / +21	+73 / +37	+98 / +62	+150 / +114	+244 / +208	+330 / +294	+471 / +435	+685 / +660
400	450	+43 / +23	+50 / +23	+63 / +23	+80 / +40	+108 / +68	+166 / +126	+272 / +232	+370 / +330	+530 / +490	+767 / +740
450	500	+43 / +23	+50 / +23	+63 / +23	+80 / +40	+108 / +68	+172 / +132	+292 / +252	+400 / +360	+580 / +540	+847 / +820

▼表 A-2 孔上下偏差數值表(單位：μ=0.001mm)

尺度之劃分 (mm) 逾	以下	B	C		D			E			F		
		B10	C9	C10	D8	D9	D10	E7	E8	E9	F6	F7	F8
	3	+180	+85	+100	+34	+45	+60	+24	+28	+39	+12	+16	+20
		+140		+60		+20			+14			+6	
3	6	+188	+100	+118	+48	+60	+78	+32	+38	+50	+18	+22	+28
		+140		+70		+30			+20			+10	
6	10	+208	+116	+138	+62	+76	+98	+40	+47	+61	+22	+28	+35
		+150		+80		+40			+25			+13	
10	14	+220	+138	+165	+77	+93	+120	+50	+59	+75	+27	+34	+43
14	18	+150		+95		+50			+32			+16	
18	24	+244	+162	+194	+98	+117	+149	+61	+73	+92	+33	+41	+53
24	30	+160		+110		+65			+40			+20	
30	40	+270	+182	+220	+119	+142	+180	+75	+89	+112	+41	+50	+64
		+170		+120									
40	50	+280	+192	+230		+80			+50			+25	
		+180		+130									
50	65	+310	+214	+260	+146	+174	+220	+90	+106	+134	+49	+60	+76
		+190		+140									
65	80	+320	+224	+270		+100			+60			+30	
		+200		+150									
80	100	+360	+257	+310	+174	+207	+260	+107	+126	+159	+58	+71	+90
		+220		+170									
100	120	+380	+267	+320		+120			+72			+36	
		+240		+180									
120	140	+420	+300	+360	+208	+245	+305	+125	+148	+185	+68	+83	+106
		+260		+200									
140	160	+440	+310	+370									
		+280		+210									
160	180	+470	+330	+390		+145			+85			+43	
		+310		+230									
180	200	+525	+355	+425	+242	+285	+355	+146	+172	+215	+79	+96	+122
		+340		+240									
200	225	+565	+375	+445									
		+380		+260									
225	250	+605	+395	+465		+170			+100			+50	
		+420		+280									
250	280	+690	+430	+510	+271	+320	+400	+162	+191	+240	+88	+108	+137
		+480		+300									
280	315	+750	+460	+540		+190			+110			+56	
		+540		+330									
315	355	+830	+500	+590	+299	+350	+440	+182	+214	+265	+98	+119	+151
		+600		+360									
355	400	+910	+540	+630		+230			+135			+68	
		+680		+400									
400	450	+1010	+595	+690	+327	+385	+480	+198	+232	+290	+108	+131	+165
		+760		+440									
450	500	+1090	+635	+730		+230			+135			+68	
		+840		+480									

▼表 A-2　孔上下偏差數值表(續)

尺度之劃分 (mm)		G		H						Js		
逾	以下	G6	G7	H5	H6	H7	H8	H9	H10	Js5	Js6	Js7
	3	+8 +2	+12	+4	+6	+10 0	+14	+25	+40	±2	±3	±5
3	6	+12 +4	+16	+5	+8	+12 0	+18	+30	+48	±2.5	±4	±6
6	10	+14 +5	+20	+6	+9	+15 0	+22	+36	+58	±3	±4.5	±7.5
10	14	+17 +6	+24	+8	+11	+18 0	+27	+43	+70	±4	±5.5	±9
14	18											
18	24	+20 +7	+28	+9	+13	+21 0	+33	+52	+84	±4.5	±6.5	±10.5
24	30											
30	40	+25 +9	+34	+11	+16	+25 0	+39	+62	+100	±5.5	±8	±12.5
40	50											
50	65	+29 +10	+40	+13	+19	+30 0	+46	+74	+120	±6.5	±9.5	±15
65	80											
80	100	+34 +12	+47	+15	+22	+35 0	+54	+87	+140	±7.5	±11	±17.5
100	120											
120	140	+39 +14	+54	+18	+25	+40 0	+63	+100	+160	±9	±12.5	±20
140	160											
160	180											
180	200	+44 +15	+61	+20	+29	+46 0	+72	+115	+185	±10	±14.5	±23
200	225											
225	250											
250	280	+49 +17	+69	+23	+32	+52 0	+81	+130	+210	±11.5	±16	±26
280	315											
315	355	+54 +18	+75	+25	+36	+57 0	+89	+140	+230	±12.5	±18	±28.5
355	400											
400	450	+60 +20	+83	+27	+40	+63 0	+97	+155	+250	±13.5	±20	±31.5
450	500											

▼ 表 A-2　孔上下偏差數值表(續)

尺度之劃分 (mm) 逾	以下	K5	K6	K7	M5	M6	M7	N6	N7	P6	P7	R7	S7	T7	U7	X7
	3	0 / -4	0 / -6	0 / -10	-2 / -6	-2 / -8	-2 / -12	-4 / -10	-4 / -14	-6 / -12	-6 / -16	-10 / -20	-14 / -24	----	-18 / -28	-20 / -30
3	6	0 / -5	+2 / -6	+3 / -9	-3 / -8	-1 / -9	-0 / -12	-5 / -13	-4 / -16	-9 / -17	-8 / -20	-11 / -23	-15 / -27	----	-19 / -31	-24 / -36
6	10	+1 / -5	+2 / -7	+5 / -10	-4 / -10	-3 / -12	-0 / -15	-7 / -16	-4 / -19	-12 / -21	-9 / -24	-13 / -28	-17 / -32	----	-32 / -37	-28 / -43
10	14	+2 / -6	+2 / -9	+6 / -12	-4 / -12	-4 / -15	-0 / -18	-9 / -20	-5 / -23	-15 / -26	-11 / -29	-16 / -34	-21 / -39	----	-26 / -44	-33 / -51
14	18	+2 / -6	+2 / -9	+6 / -12	-4 / -12	-4 / -15	-0 / -18	-9 / -20	-5 / -23	-15 / -26	-11 / -29	-16 / -34	-21 / -39	----	-26 / -44	-38 / -56
18	24	+1 / -6	+2 / -11	+6 / -15	-5 / -14	-4 / -17	-0 / -21	-11 / -24	-7 / -28	-18 / -31	-14 / -35	-20 / -41	-27 / -48	----	-33 / -54	-46 / -67
24	30	+1 / -6	+2 / -11	+6 / -15	-5 / -14	-4 / -17	-0 / -21	-11 / -24	-7 / -28	-18 / -31	-14 / -35	-20 / -41	-27 / -48	-33 / -54	-40 / -61	-56 / -77
30	40	+2 / -9	+3 / -13	+7 / -18	-5 / -16	-4 / -20	-0 / -25	-12 / -28	-8 / -33	-21 / -37	-17 / -42	-25 / -50	-34 / -59	-39 / -64	-51 / -76	-71 / -96
40	50	+2 / -9	+3 / -13	+7 / -18	-5 / -16	-4 / -20	-0 / -25	-12 / -28	-8 / -33	-21 / -37	-17 / -42	-25 / -50	-34 / -59	-45 / -70	-61 / -86	-88 / -113
50	65	+3 / -10	+4 / -15	+9 / -21	-6 / -19	-5 / -24	-0 / -30	-14 / -33	-9 / -39	-26 / -45	-21 / -51	-30 / -60	-42 / -72	-55 / -85	-76 / -106	-111 / -141
65	80	+3 / -10	+4 / -15	+9 / -21	-6 / -19	-5 / -24	-0 / -30	-14 / -33	-9 / -39	-26 / -45	-21 / -51	-32 / -62	-48 / -78	-64 / -94	-91 / -121	-135 / -165
80	100	+2 / -13	+4 / -18	+10 / -25	-8 / -23	-6 / -28	-0 / -35	-16 / -38	-10 / -45	-30 / -52	-24 / -59	-38 / -73	-58 / -93	-78 / -113	-111 / -146	-165 / -200
100	120	+2 / -13	+4 / -18	+10 / -25	-8 / -23	-6 / -28	-0 / -35	-16 / -38	-10 / -45	-30 / -52	-24 / -59	-41 / -76	-66 / -101	-91 / -126	-131 / -166	-197 / -232
120	140	+3 / -15	+4 / -21	+12 / -28	-9 / -27	-8 / -33	-0 / -40	-20 / -45	-12 / -52	-36 / -61	-28 / -68	-48 / -88	-77 / -177	-107 / -147	-155 / -195	-233 / -273
140	160	+3 / -15	+4 / -21	+12 / -28	-9 / -27	-8 / -33	-0 / -40	-20 / -45	-12 / -52	-36 / -61	-28 / -68	-50 / -90	-85 / -125	-119 / 159	-175 / -215	-265 / -305
160	180	+3 / -15	+4 / -21	+12 / -28	-9 / -27	-8 / -33	-0 / -40	-20 / -45	-12 / -52	-36 / -61	-28 / -68	-53 / -93	-93 / -133	-131 / -171	-195 / -235	-295 / -335
180	200	+2 / -18	+5 / -24	+13 / -33	-11 / -31	-8 / -37	-0 / -46	-22 / -51	-14 / -60	-41 / -70	-33 / -79	-60 / -106	-105 / -151	-149 / -195	-219 / -265	-333 / -379
200	225	+2 / -18	+5 / -24	+13 / -33	-11 / -31	-8 / -37	-0 / -46	-22 / -51	-14 / -60	-41 / -70	-33 / -79	-63 / -109	-113 / -159	-163 / -209	-241 / -287	-368 / -414
225	250	+2 / -18	+5 / -24	+13 / -33	-11 / -31	-8 / -37	-0 / -46	-22 / -51	-14 / -60	-41 / -70	-33 / -79	-67 / -113	-123 / -169	-179 / -225	-267 / -313	-408 / -454
250	280	+3 / -20	+5 / -27	+16 / -36	-13 / -36	-9 / -41	-0 / -52	-25 / -57	-14 / -66	-47 / -79	-36 / -88	-74 / -126	-138 / -190	-198 / -250	-295 / -347	-455 / -507
280	315	+3 / -20	+5 / -27	+16 / -36	-13 / -36	-9 / -41	-0 / -52	-25 / -57	-14 / -66	-47 / -79	-36 / -88	-78 / -130	-150 / -202	-220 / -272	-330 / -382	-505 / -557
315	355	+3 / -22	+7 / -29	+17 / -40	-14 / -39	-10 / -46	-0 / -57	-26 / -62	-16 / -73	-51 / -87	-41 / -98	-87 / -144	-169 / 226	-247 / -304	-369 / -426	-569 / -626
355	400	+3 / -22	+7 / -29	+17 / -40	-14 / -39	-10 / -46	-0 / -57	-26 / -62	-16 / -73	-51 / -87	-41 / -98	-93 / -150	-187 / -244	-273 / -330	-414 / -471	-639 / -696
400	450	+2 / -25	+8 / -32	+18 / -45	-16 / -43	-10 / -50	-0 / -63	-27 / -67	-17 / -80	-55 / -95	-45 / -108	-103 / -166	-209 / -272	-307 / -370	-467 / -530	-717 / -780
450	500	+2 / -25	+8 / -32	+18 / -45	-16 / -43	-10 / -50	-0 / -63	-27 / -67	-17 / -80	-55 / -95	-45 / -108	-109 / -172	-229 / -292	-337 / -400	-517 / -580	-797 / -860

▼表 A-3

真直度——、真平度　▱

| 公差 | 主　參　數　　　　L　　mm | | | | | | | | | | | | | | | |
等級	≦10	>10 ~16	>16 ~25	>25 ~40	>40 ~63	>63 ~100	>100 ~160	>160 ~250	>250 ~400	>400 ~630	>630 ~1000	>1000 ~1600	>1600 ~2500	>2500 ~4000	>4000 ~6300	>6300 ~10000
	公　差　值　　　　　　　　μm															
1	0.2	0.25	0.3	0.4	0.5	0.6	0.8	1	1.2	1.5	2	2.5	3	4	5	6
2	0.4	0.5	0.6	0.8	1	1.2	1.5	2	2.5	3	4	5	6	8	10	12
3	0.8	1	1.2	1.5	2	2.5	3	4	5	6	8	10	12	15	20	25
4	1.2	1.5	2	2.5	3	4	5	6	8	10	12	15	20	25	30	40
5	2	2.5	3	4	5	6	8	10	12	15	20	25	30	40	50	60
6	3	4	5	6	8	10	12	15	20	25	30	40	50	60	80	100
7	5	6	8	10	12	15	20	25	30	40	50	60	80	100	120	150
8	8	10	12	15	20	25	30	40	50	60	80	100	120	150	200	250
9	12	15	20	25	30	40	50	60	80	100	120	150	200	250	300	400
10	20	25	30	40	50	60	80	100	120	150	200	250	300	400	500	600
11	30	40	50	60	80	100	120	150	200	250	300	400	500	600	800	1000
12	60	80	100	120	150	200	250	300	400	500	600	800	1000	1200	1500	2000

▼表 A-4

真圓度 ○、圓柱度 /◯/

| 公差 | 主　參　數　　　　L　　mm | | | | | | | | | | | | |
等級	≦3	>3 ~6	>6 ~10	>10 ~18	>18 ~30	>30 ~50	>50 ~80	>80 ~120	>120 ~180	>180 ~250	>250 ~315	>315 ~400	>400 ~500
	公　差　值　　　　　　μm												
0	0.1	0.1	0.12	0.15	0.2	0.25	0.3	0.4	0.6	0.8	1.0	1.2	1.5
1	0.2	0.2	0.25	0.25	0.3	0.4	0.5	0.6	1	1.2	1.6	2	2.5
2	0.3	0.4	0.4	0.5	0.6	0.6	0.8	1	1.2	2	2.5	3	4
3	0.5	0.6	0.6	0.8	1	1	1.2	1.5	2	3	4	5	6
4	0.8	1	1	1.2	1.5	1.5	2	2.5	3.5	4.5	6	7	8
5	1.2	1.5	1.5	2	2.5	2.5	3	4	5	7	8	9	10
6	2	2.5	2.5	3	4	4	5	6	8	10	12	13	15
7	3	4	4	5	6	7	8	10	12	14	16	18	20
8	4	5	6	8	9	11	13	15	18	20	23	25	27
9	6	8	9	11	13	16	19	22	25	29	32	36	40
10	10	12	15	18	21	25	30	35	40	46	52	57	63
11	14	18	22	27	33	39	46	54	63	72	81	89	97
12	25	30	36	43	52	62	74	87	100	115	130	140	155

▼表 A-5

平行度 ∥、垂直度⊥、傾斜度∠

公差	主 參 數　　　　L　　　mm															
	≦10	>10~16	>16~25	>25~40	>40~63	>63~100	>100~160	>160~250	>250~400	>400~630	>630~1000	>1000~1600	>1600~2500	>2500~4000	>4000~6300	>6300~10000
等級	公 差 值　　　　　　μm															
1	0.4	0.5	0.6	0.8	1	1.2	1.5	2	2.5	3	4	5	6	8	10	12
2	0.8	1	1.2	1.5	2	2.5	3	4	5	6	8	10	12	15	20	25
3	1.5	2	2.5	3	4	5	6	8	10	12	15	20	25	30	40	50
4	3	4	5	6	8	10	12	15	20	25	30	40	50	60	80	100
5	5	6	8	10	12	15	20	25	30	40	50	60	80	100	120	150
6	8	10	12	15	20	25	30	40	50	60	80	100	120	150	200	250
7	12	15	20	25	30	40	50	60	80	100	120	150	200	250	300	400
8	20	25	30	40	50	60	80	100	120	150	200	250	300	400	500	600
9	30	40	50	60	80	100	120	150	200	250	300	400	500	600	800	1000
10	50	60	80	100	120	150	200	250	300	400	500	600	800	1000	1200	1500
11	80	100	120	150	200	250	300	400	500	600	800	1000	1200	1500	2000	2500
12	120	150	200	250	300	400	500	600	800	1000	1200	1500	2000	2500	3000	4000

▼表 A-6

同心度 ◎、對稱度 ═、圓偏轉∕ 和總偏轉度∕∕

公差	主 參 數　　　　L　　　mm																
等級	≦1	>1~3	>3~6	>6~10	>10~18	>18~30	>30~50	>50~120	>120~250	>250~500	>500~800	>800~1250	>1250~2000	>2000~3150	>3150~5000	>5000~8000	>8000~10000
	公 差 值　　　　　　μm																
1	0.4	0.4	0.5	0.6	0.8	1	1.2	1.5	2	2.5	3	4	5	6	8	10	12
2	0.6	0.6	0.8	1	1.2	1.5	2	2.5	3	4	5	6	8	10	12	15	20
3	1	1	1.2	1.5	2	2.5	3	4	5	6	8	10	12	15	20	25	30
4	1.5	1.5	2	2.5	3	4	5	6	8	10	12	15	20	25	30	40	50
5	2.5	2.5	3	4	5	6	8	10	12	15	20	25	30	40	50	60	80
6	4	4	5	6	8	10	12	15	20	25	30	40	50	60	80	100	120
7	6	6	8	10	12	15	20	25	30	40	50	60	80	100	120	150	200
8	10	10	12	15	20	25	30	40	50	60	80	100	120	150	200	250	300
9	15	20	25	30	40	50	60	80	100	120	150	200	250	300	400	500	600
10	25	40	50	60	80	100	120	150	200	250	300	400	500	600	800	1000	1200
11	40	60	80	100	120	150	200	250	300	400	500	600	800	1000	1200	1500	2000
12	60	120	150	200	250	200	400	500	600	800	1000	1200	1500	2000	2500	3000	4000

讀者回函卡

填寫日期： / /

姓名： 生日：西元 年 月 日 性別：□男 □女

電話：( ) 傳真：( ) 手機：

e-mail：（必填）

註：數字零，請用 Φ 表示，數字 1 與英文 L 請另註明並書寫端正，謝謝。

通訊處：□□□□□

學歷：□博士 □碩士 □大學 □專科 □高中·職

職業：□工程師 □教師 □學生 □軍·公 □其他

學校/公司：_____ 科系/部門：_____

· 需求書類：

□A. 電子 □B. 電機 □C. 計算機工程 □D. 資訊 □E. 機械 □F. 汽車 □I. 工管 □J. 土木

□K. 化工 □L. 設計 □M. 商管 □N. 日文 □O. 美容 □P. 休閒 □Q. 餐飲 □B. 其他

· 本次購買圖書為：_____ 書號：_____

· 您對本書的評價：

封面設計：□非常滿意 □滿意 □尚可 □需改善，請說明_____

內容表達：□非常滿意 □滿意 □尚可 □需改善，請說明_____

版面編排：□非常滿意 □滿意 □尚可 □需改善，請說明_____

印刷品質：□非常滿意 □滿意 □尚可 □需改善，請說明_____

書籍定價：□非常滿意 □滿意 □尚可 □需改善，請說明_____

整體評價：請說明_____

· 您在何處購買本書？

□書局 □網路書店 □書展 □團購 □其他

· 您購買本書的原因？（可複選）

□個人需要 □幫公司採購 □親友推薦 □老師指定之課本 □其他

· 您希望全華以何種方式提供出版訊息及特惠活動？

□電子報 □DM □廣告（媒體名稱_____）

· 您是否上過全華網路書店？（www.opentech.com.tw）

□是 □否 您的建議_____

· 您希望全華出版那方面書籍？_____

· 您希望全華加強那些服務？_____

～感謝您提供寶貴意見，全華將秉持服務的熱忱，出版更多好書，以饗讀者。

全華網路書店 http://www.opentech.com.tw 客服信箱 service@chwa.com.tw

2011.03 修訂

親愛的讀者：

感謝您對全華圖書的支持與愛護，雖然我們很慎重的處理每一本書，但恐仍有疏漏之處，若您發現本書有任何錯誤，請填寫於勘誤表內寄回，我們將於再版時修正，您的批評與指教是我們進步的原動力，謝謝！

全華圖書 敬上

勘 誤 表

書 號		書 名	作 者
頁 數	行 數	錯誤或不當之詞句	建議修改之詞句

我有話要說： （其它之批評與建議，如封面、編排、內容、印刷品質等···）